高 等 学 校 教 材

专 科 适 用

水力机组辅助设备

南昌水利水电高等专科学校　陈存祖
湖南省水利水电学校　吕鸿年
合编

中国水利水电出版社
www.waterpub.com.cn

内 容 提 要

本书是根据高等专科学校《水电站动力设备》专业的教学大纲编写的，它系统地论述水力机组辅助设备与水力监测的基本原理、有关的设计计算和测试技术。内容包括：水轮机进水阀及常用阀门，油系统，压缩空气系统，技术供水系统，排水系统，水力监测系统及起重设备等。本书取材以反映中小型水电站及大中型水泵站的辅助设备与量测技术的目前状况为主，适当地介绍有关的先进技术及发展方向。

本书可作为高等专科学校《水电站动力设备》专业的教材，也可作有关专业的教学参考书，还可供有关工程技术人员参考。

高 等 学 校 教 材

专 科 适 用

水力机组辅助设备

南昌水利水电高等专科学校 陈存祖 合编

湖 南 省 水 利 水 电 学 校 吕鸿年

*

中国水利水电出版社（原水利电力出版社） 出版、发行

（北京市海淀区玉渊潭南路 1 号 D 座 100038）

网址：www. waterpub. com. cn

E-mail：sales@mwr. gov. cn

电话：（010） 68545888（营销中心）

北京科水图书销售有限公司

电话：（010） 68545874、63202643

全国各地新华书店和相关出版物销售网点经售

天津嘉恒印务有限公司印刷

*

184mm×260mm 16 开本 14 印张 332 千字

1995 年 9 月第 1 版 2024 年 7 月第 8 次印刷

印数 14571—15570 册

ISBN 978-7-80124-620-2

（原 ISBN 7-120-02204-0/TV·868）

定价 **42.00** 元

前　　言

本书是根据水利部1988年11月召开的《水利水电类专科教材编写分工会议》的精神，按照高等专科学校《水电站动力设备》专业培养目标的要求而编写的。

本书由南昌水利水电高等专科学校陈存祖副教授和湖南省水利水电学校吕鸿年高级讲师合编，其中第一章、第四章和第五章由吕鸿年编写，绪论、第二章、第三章、第六章和第七章由陈存祖编写，全书由陈存祖统稿。

全书由陕西机械学院张潜曾副教授主审。

在编写过程中，有关科研、设计和运行单位以及兄弟院校为我们提供了许多参考资料和宝贵的意见，在此表示衷心的感谢。

由于我们的学识水平和实践经验有限，书中缺点和错误在所难免，恳请读者予以批评指正。

编　者

1994年8月

目　录

绪　论

高等专科学校《水力机组辅助设备》这门课程，主要是研究中、小型水电站和大、中型水泵站的辅助设备和水力监测装置的基本原理和实际应用，以及设备的选择设计和运行维护等内容。考虑到水电站和水泵站的辅助设备在许多方面有相同或相似的性能和要求，因此，本书的内容以中、小型水电站辅助设备有关设计、运行维护的内容为主，配合介绍一些水泵站的有关内容和要求。

在习惯上，人们通常把水轮机和水泵等机械统称为水力机械。在水电站中，一般把水轮机和发电机所组成的系统称为水轮发电机组，简称为机组，因为它是水电站中担任发电任务的主体设备，所以习惯上也将其称为主机。同样的，在水泵站中，也把水泵和原动机（例如以电动机或内燃机等作为动力的原动机）称为机组，它是水泵站中的主体设备，所以也称为主机。可见，主机在生产中担负着能量转换的主要职能。为了保证其能量转换得最有效，如水轮机和全调叶片式的大中型轴流式水泵，除了水力机械本身之外，它还应当有附属的调节设备，以根据能量转换的需要随时调节水轮机导叶的开度或轴流式水泵叶片的角度。在水轮机中这种调节设备通常称为调速器，在水泵中则称为调节器，它是水力机械的附属设备。

水电站或水泵站除了拥有水力机组及其附属设备之外，还应有保证机组安全、经济运行的辅助设备，这些辅助设备包括油的供应与维护系统、压缩空气系统、技术供水系统、排水系统、水力监测系统以及某些水电站装设的水轮机进水阀等内容。考虑到专业教学的要求，本书还设有起重机一章，主要介绍设备的安装和检修中所使用的各种起重设备的基本工作原理、基本要求以及主要参数的选择，安排 2 学时，在教学过程中可根据具体教学情况予以取舍。

水力机组辅助设备是水电站和水泵站中必不可少的设备，只是依照水电站的规模及其在电力系统中的地位不同，对其配备会有所区别而已。例如随着电站容量的增大，在电力系统中的地位也就提高，因此，辅助设备的设置就要求更齐全，自动化程度要求也就更高一些；容量较小的小型水电站的辅助设备则可作适当地简化，相应地也可减少一些投资。随着生产技术的发展，愈来愈多的小型水电站并入电网运行，因此，对电站的自动化要求也愈高，相应地对辅助设备的设置要求也更齐全。

根据专业教学大纲的要求，本书在内容上尽量突出实用性与系统性，强调理论联系实际，加强基本概念和基础理论知识的阐述，增加一些工程实例，以使学生在学完本课程之后，能较快地适应工作要求，同时为拓宽知识面创造了条件。在书中统一采用国家《量和单位》标准，各种系统图的图例符号均采用国家统一标准或部颁标准，这将给学生阅读有关参考资料提供方便。为了增强本书的系统性，把辅助设备各系统中常用的各种阀门集中归并，安排在水轮机进水阀一章的独立一节，有利于以后各章的教学；水力监测一章中常用的各种监测仪表合并为一节统一阐述，考虑到随着生产水平的提高，许多水力监测项目的自动化程度要求愈来愈高，因而电动单元组合仪表在水力监测工作中的应用也愈来愈普遍，因此，在常用仪表这节中也对电动单元组合仪表的主要工作原理及分类方法作一些简介。这样内容相对集中，便于系统地掌握领会，形成了一个较完整的系统。

通过对本课程系统的理论学习和实习、练习和课程设计等实践环节的训练，要求能了解中、小型水电站和大、中型水泵站辅助设备各系统的工作原理及应用，掌握辅助设备各系统的设计原理及计算方法，常用水力量测装置的工作原理及测试方法。对辅助设备建立起清晰的概念，能根据给出的具体条件，进行油、气、水各系统的设计，对辅助设备在运行中出现的问题具有初步分析和解决的能力。

第一章　水轮机进水阀及常用阀门

第一节　水轮机进水阀的作用及技术要求

在水轮机的过水系统中，根据水电站运行和检修的需要，在不同的位置上装设有相应的闸门或阀门，通常将装置在水轮机蜗壳前的阀门称为进水阀。

一、进水阀的作用

（1）岔管引水时，为机组检修构成安全的工作条件。

当一根压力引水总管给几台机组供水时，若其中某一台机组需要停机检修，为保证其他机组的正常运行，则可关闭该机组的进水阀。

（2）停机时减少机组漏水量和缩短重新启动的时间。

机组停机时，导叶漏水是不可避免的。特别是经过一段较长时间运行后，由于导叶间隙处产生的气蚀和磨损，更使漏水量增大。据统计，一般导叶漏水量为水轮机最大流量的2%～3%，严重时可达5%，造成水能的大量损失。因此，当机组停机时间较长时，便将进水阀关闭。由于进水阀密封较严，止漏效果好，可以大量减少水能损失。

机组停机时，往往不希望关闭进水口闸门，因为一旦放掉了压力引水管的水后，机组再投入运行又要重新充水，既延长了机组的启动时间，又使机组不能随时处于备用状态，失去了水力机组运行的灵活性和速动性。因此，装设进水阀对于高水头长压力引水管的水电站，作用尤为明显。

（3）防止机组飞逸事故的扩大。当机组事故又遇调速系统失灵时，水轮机导叶失去控制，此时可紧急关闭进水阀，截断水流，防止机组飞逸时间超过允许值，避免事故扩大。

二、进水阀的设置条件

基于上述作用，设置进水阀是必要的。但因其投资昂贵，安装工作量较大，还要增加土建费用，因此，设置进水阀应符合下列条件：

（1）由一根压力引水总管供几台机组用水时，应在每台水轮机前装设进水阀。

（2）对水头大于120m的单元压力引水管，可考虑在每台水轮机前装设进水阀。原因是高水头水电站压力引水管较长，充水时间长，且水头越高导叶的漏水越严重，能量的损失也越大。

（3）对于最大水头小于120m、长度较短的单元压力引水管，如坝后式水电站，一般是在进水口装设快速闸门。若装设进水阀，应有充分论证。

三、对进水阀的技术要求

由于进水阀是机组和水电站的重要保安设备，所以对进水阀的结构和性能应有一定的技术要求：

（1）进水阀应工作可靠，操作简便。

(2) 进水阀应结构简单，体积小，重量轻。

(3) 进水阀应性能优越，有严密的止水密封装置，减少漏水，以便对阀后部件进行检修工作。

(4) 进水阀及其操作机构的结构和强度应满足运行要求，能承受各种工况的水压力和振动，而且不致有过大的变形。当机组发生事故时，能在动水压力下迅速关闭，其关闭时间应满足发电机飞逸允许延续的时间和压力引水管允许水锤压力值的要求，一般不大于两分钟。而采用液压操作直径小于 3m 的蝴蝶阀、直径小于 1m 的闸阀或球阀则不大于 1min。

仅作为机组检修时截断水流用的进水阀，启闭时间根据运行要求确定，一般为 2～5min。此时阀门是在静水中关闭的。

进水阀通常只有全开和全关两种工况，不允许部分开启来调节流量，以免造成过大的水力损失和影响水流稳定，从而引起过大的振动。进水阀也不允许在动水情况下开启，这样既加大了操作力矩，运行上也不需要。

第二节　水轮机进水阀的型式及组成部件

一、进水阀的型式及其特点

由于水电站的型式多种多样，条件、要求各不相同，因而产生了多种类型的进水阀。

比较广泛采用的型式有：蝴蝶阀、球阀和闸阀。

(一) 蝴蝶阀

蝴蝶阀主要是由圆筒形的阀体和可在其间绕轴转动的活门及其他部件组成。蝴蝶阀关闭时，活门的圆周与阀体接触，封闭水流通路；当开启时，活门与水流方向平行，水流绕活门两侧流过，如图 1-1 所示。

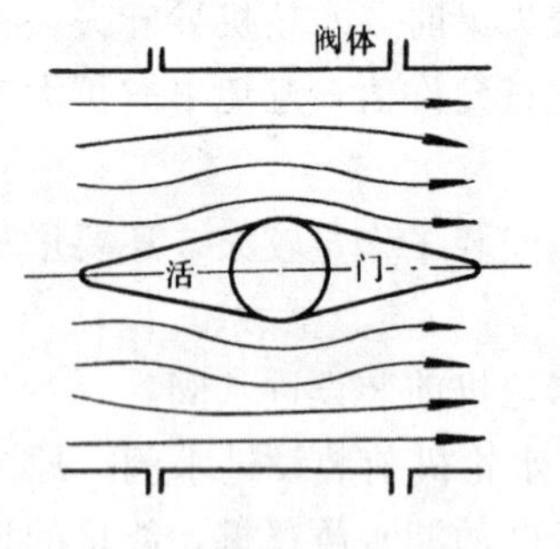

图 1-1　水流绕活门流动示意图

蝴蝶阀阀轴的装置型式有立轴和卧轴两种，如图 1-2 和图 1-3 所示。

这两种型式的蝴蝶阀水力性能没有明显差别，均得到广泛采用。其各自特点为：

(1) 立轴蝴蝶阀的操作机构位于阀体的顶部，有利于防潮和运行人员维护检修，但需要在阀体上固定一个刚度很大的支座。为了支承活门的重量，还需要在阀轴下端设置推动轴承。因此，它的结构较为复杂。

卧轴蝴蝶阀的操作机构可布置在阀体的一侧或两侧，利用混凝土浇注基础，不需支持活门重量的推力轴承，因此，结构比较简单。另外，卧轴蝴蝶阀水压力的合力中心在阀轴中心线以下，当活门离开全开位置时，会受到有利于关闭的水力矩。

(2) 立轴蝴蝶阀阀体的组合面大多在水平位置，安装时可就地逐件拆装。卧轴蝴蝶阀阀体的组合面大多在垂直位置，需要在安装场装配好后，整体吊装就位，因此，电站的安装与检修变得复杂。

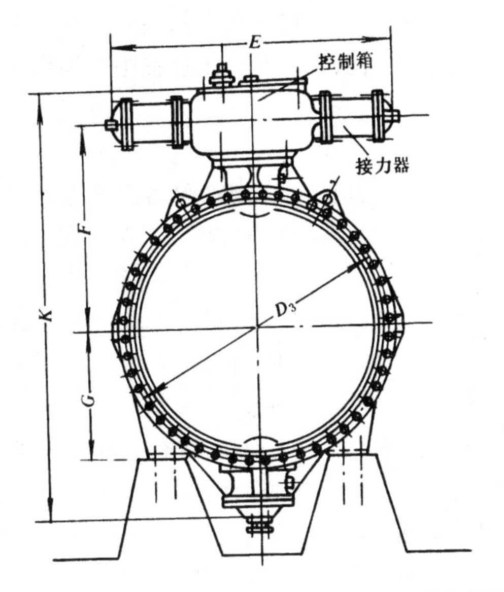

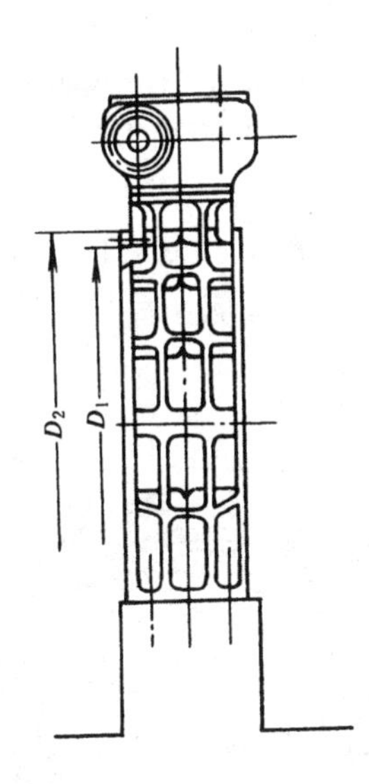

图 1－2　立轴蝴蝶阀

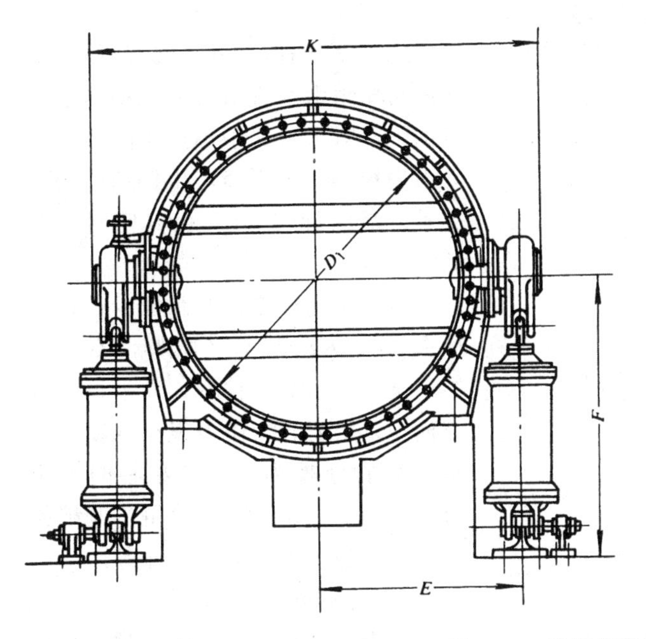

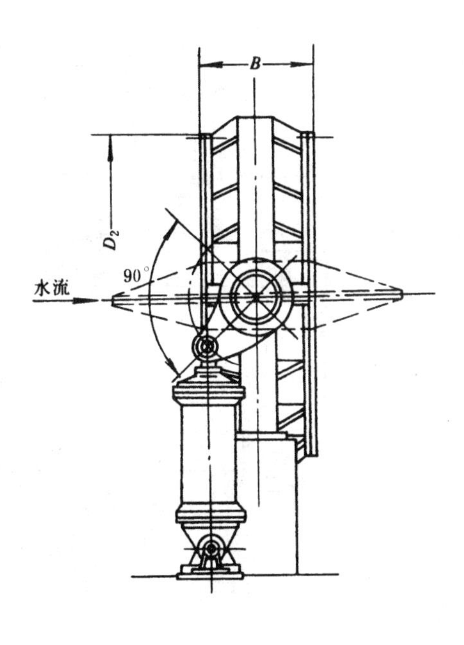

图 1－3　卧轴蝴蝶阀

(3) 由于操作机构位置不同，立轴蝴蝶阀比卧轴蝴蝶阀布置紧凑，占用厂房面积小。

(4) 立轴蝴蝶阀的下部轴承容易沉积泥沙，需要定期清洗。否则，下部轴承会很快磨损，严重时可引起活门下沉，影响密封性能。卧轴蝴蝶阀无此问题。

由于立轴蝴蝶阀下部轴承沉积泥沙，磨损很难防止，因此，在一般情况下，特别是多泥沙河道，宜优先选用卧轴蝴蝶阀。

蝴蝶阀与其他型式进水阀比较，具有结构简单、尺寸小、重量轻、造价低、操作方便等优点，其缺点是活门影响水流流态，水力损失大。特别在高水头时，活门厚度大，影响更甚。它的密封性能也不如其他型式进水阀，当密封环在启闭过程中被擦伤或磨损，漏水量将更大。因此，蝴蝶阀的适用水头小于 200m。

（二）球阀

当进水阀工作在水头大于 200m 时，由于水压力大，蝴蝶阀结构笨重，漏水量大，水力损失大，已不能适应，因此，对于压力引水管直径在 2m 以下，水头在 200m 以上，常采用球阀。

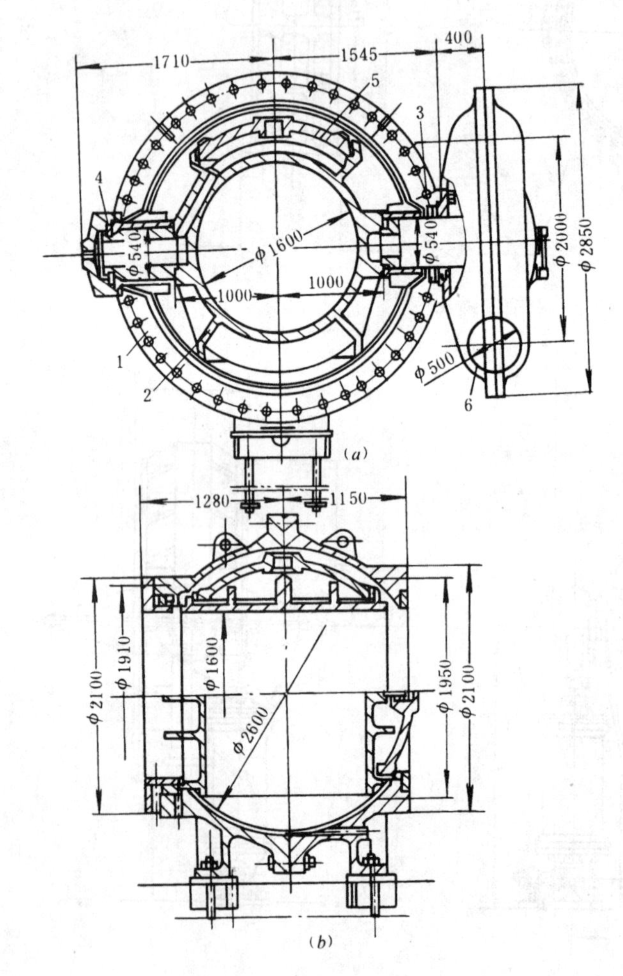

图 1-4　φ1600mm 卧轴球阀

球阀主要由两个可拆卸的半球形阀体和圆筒形活门等组成，如图 1-4 所示。

球阀亦有立轴和卧轴两种，立轴球阀因结构复杂，运行中存在积沙易卡等缺点，已被淘汰。卧轴球阀的密封型式有单面和双面两种，双面密封可在不放空压力引水管的情况下，对其工作密封等进行检修。

球阀全开时，圆筒形活门的过水断面与压力引水管道直通，相当于一段钢管，对水流几乎不产生阻力，水力损失很小，也不会产生振动。当全关时，活门旋转 90°，由其密封装置截断水流。

球阀关闭严密，漏水极少；止水环在活门转动时不受摩擦，不易磨损；全开时水流条件好，几乎没有水力损失；启闭时操作力很小（动水操作时只有摩擦力矩 5%左右的水阻力），有利于动水紧急关闭。但结构复杂，体积、重量大、造价高。

（三）闸阀

对于高水头，压力引水管直径小于 1m 的小型水电站常用闸阀作为检修和事故阀门。

闸阀主要由阀体、阀盖和闸板等组成。闸阀关闭时，闸板在最低位置，其侧面与阀体接触，切断水流通路。当开启时，闸板沿阀体中的闸槽向上移动至阀盖空腔内，水流通道全部打开，水流平顺，水力损失很小。

闸阀按阀杆螺纹和螺母是否与水接触分为明杆式和暗杆式。

明杆式闸阀，如图 1-5 所示。其阀杆螺纹和螺母在阀盖外，不与水接触。阀门启闭时，在操作机构驱动下螺母旋转，使阀杆向上或向下移动，从而与阀杆连接在一起的闸板也随之启闭。

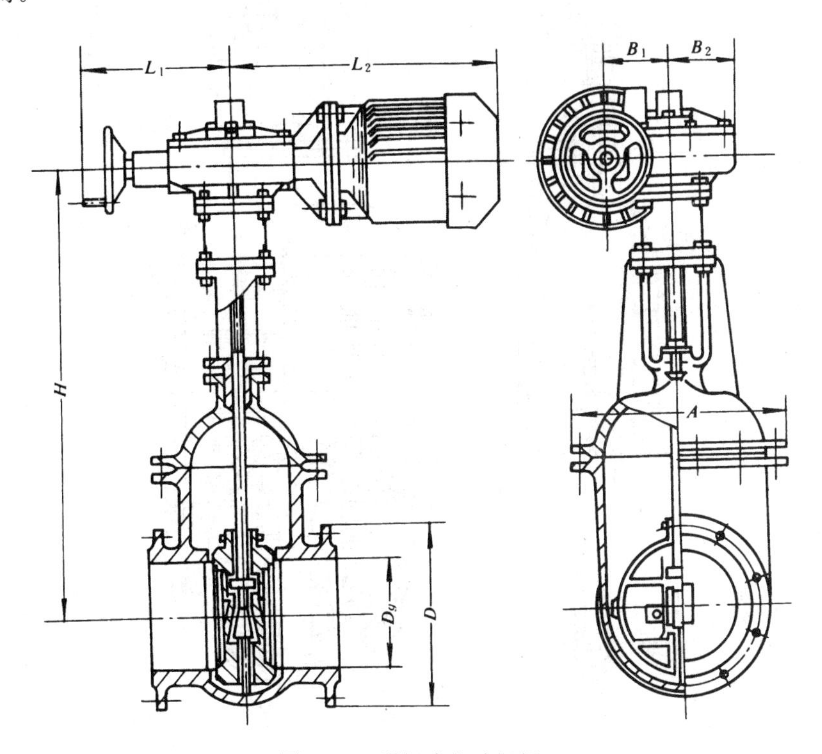

图 1-5　明杆式电动闸阀

暗杆式闸阀，如图 1-6 所示。其阀杆螺纹和螺母在阀盖内与水接触。阀门启闭时，在操作机构驱动下阀杆旋转，使螺母向上或向下移动，从而与螺母连在一起的闸板也随之启闭。

明杆式闸阀阀杆螺纹和螺母的工作条件较好，但由于阀杆作上下移动，因此，阀门全开时的总高度较大，而暗杆式闸阀全开时总高度不变。

作为进水阀使用的闸阀，一般应为立式安装。

闸阀全开时，水力损失很小，全关时有良好的密封性能，漏水量少，不会由于水流冲击而自行开启或关闭，因而不需要锁锭装置。但其体积、重量大、操作力大，启闭时间长，一般仅用于截断水流。

闸阀的适用水头为 400m 以下。在压力引水管直径小于 1m 卧式机组的小水电站中广泛采用。

二、进水阀的主要部件

（一）蝴蝶阀的主要部件

蝴蝶阀的主要部件有：阀体、活门、阀轴、轴承、密封装置和锁锭等。

1. 阀体

阀体是蝴蝶阀的主要部件，呈圆筒形，水流从其中通过，既承受水压力，支持蝴蝶阀全部部件，还要承受操作力和力矩，需有足够的刚度和强度。

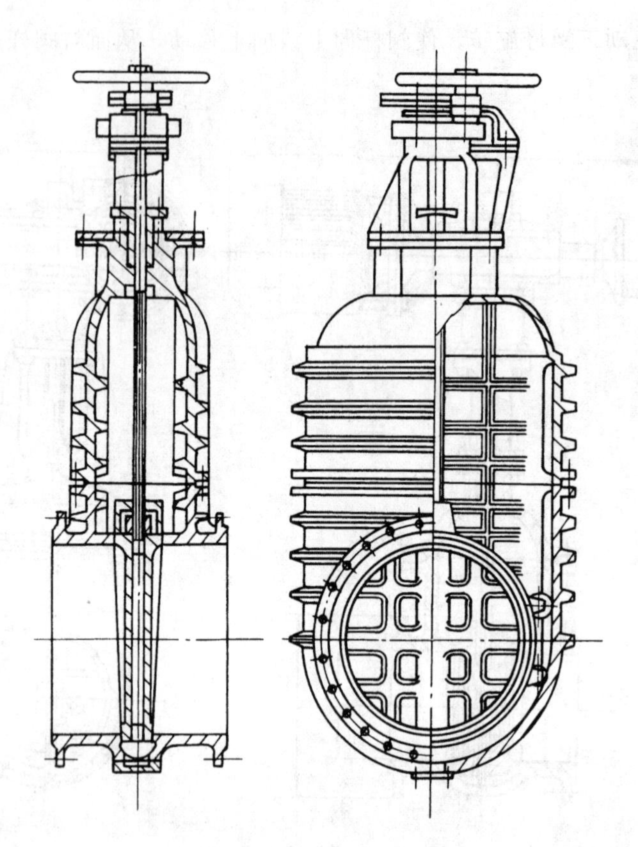

图 1-6　暗杆式手动闸阀

直径较小，工作水头不高的阀体，采用铸铁铸造，中型阀体多采用铸钢结构。

阀体分瓣与否决定于运输，制造和安装条件。当活门与阀轴为整体结构或不易拆装时，可以采用两瓣组合。

2. 活门

活门装于阀体内，在全开位置时，它处于水流中心且平行于水流。在全关位置时，承受全部水压，因此，不仅要有足够的强度和刚度，而且还要有良好的水力性能。

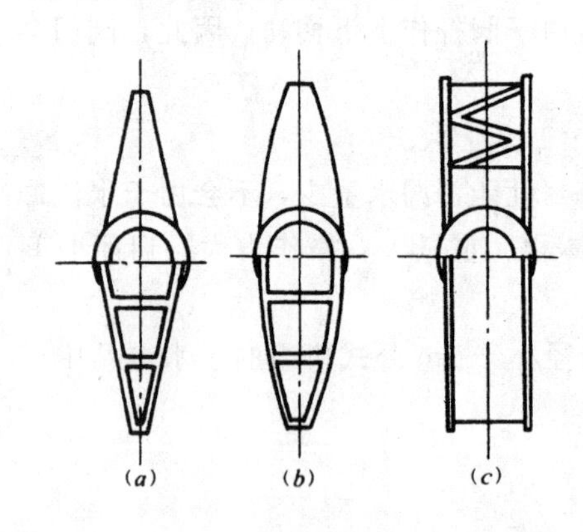

图 1-7　活门
(a) 菱形；(b) 铁饼形；(c) 双平板形

常用的活门形状，如图 1-7 所示。

图中 (a) 为菱形，其阻力系数最小，但强度较弱，适用于低水头电站。图 (b) 为铁饼形，其阻力系数较菱形大，但其强度较好，适用于高水头。水头越高，活门在全关时承受的水压越大，因此，活门的厚度随水头的增加而增大，这就会产生很大的水力损失。图 (c) 为了减小水力损失，改善密封性能而出现的双平板形活门。此种型式的活门两侧各有一块圆形平板，由若干条沿水流方向的筋板连接。全开时，两平板之间也通过水流。又由于是箱形结构，所以不但水力损失小，密封性能好，刚度大，而且能承受较大的水压力。

3. 阀轴和轴承

中小型蝴蝶阀阀轴与活门的连接方式有：阀轴贯穿整个活门和用螺钉固定在活门上两种。前者多用于直径较小、水头不高的蝴蝶阀，后者多用于水头较高的蝴蝶阀。

阀轴由装在阀体上的轴承支持。卧轴蝴蝶阀有左右两个导轴承，立轴蝴蝶阀除上下两个导轴承外，在阀轴下端还有支承活门重量的推力轴承。轴承轴瓦一般采用铸锡青铜，轴瓦装在钢套上，钢套用螺钉固定在阀体上，以便检修轴瓦。

4. 密封装置

蝴蝶阀关闭后有两处漏水，一是阀体和阀轴连接处的活门端部，另一处是活门外圆圆周。这些部位都应装设密封装置。密封装置又分为端部密封和圆周密封。

端部密封的型式很多，其中效果较好的如图 1-8 所示。图（*a*）为青铜涨圈式，只适用于直径较小的蝴蝶阀。图（*b*）为橡胶围带式，适用于直径较大的蝴蝶阀，围带的结构与下述圆周密封的橡胶围带相同。

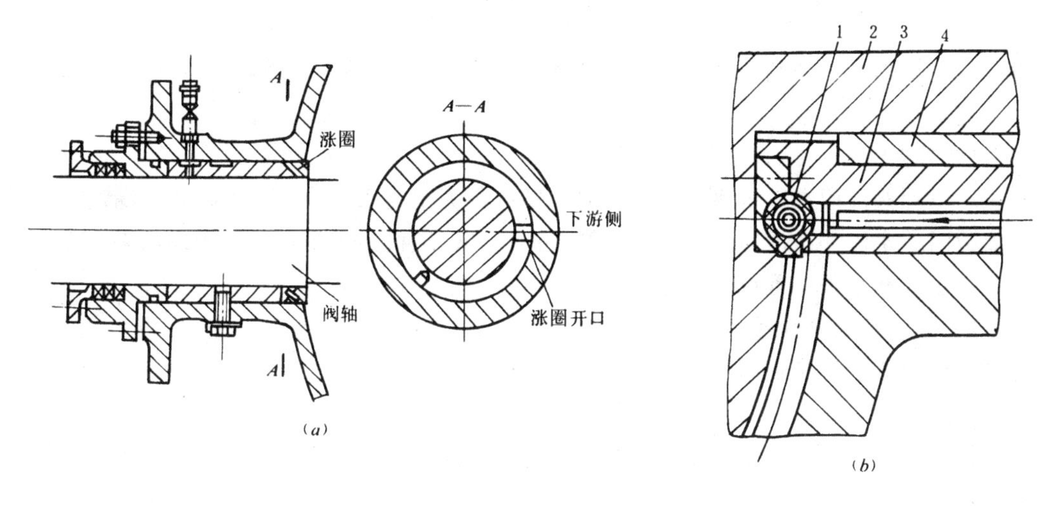

图 1-8　端部密封

（*a*）青铜涨圈式；（*b*）橡胶围带式

1—橡胶围带；2—活门；3—钢套；4—轴瓦

圆周密封的型式有两种，如图 1-9 所示。一种是依靠阀门关闭的操作力将活门压紧在阀体上的压紧式（*a*），其活门由全开至全关的转角为 80°～85°。密封环采用青铜板或硬橡胶板制成，阀体与活门上的密封环接触处加装不锈钢板。适用于小型蝴蝶阀。另一种是空气围带式（*b*），当活门关闭后，依靠密封环的充气膨胀，封住间隙，其活门由全开至全关的转角为 90°。图中橡胶围带装在阀体上，当活门关闭后，向围带内充入压缩空气，围带膨胀，封住周围间隙。活门开启前应先排气，使围带收缩，否则围带遭损坏。充入围带内的压缩空气压力，应大于最高水头（不包括水锤升压值）$(0.2\sim0.4)\times10^6$Pa。当不充压时，围带与活门间隙为 0.5～1.0mm。适用于较大直径的蝴蝶阀。

端部密封结构复杂，且密封性能较差，圆周密封只要安装，使用符合要求，密封性能

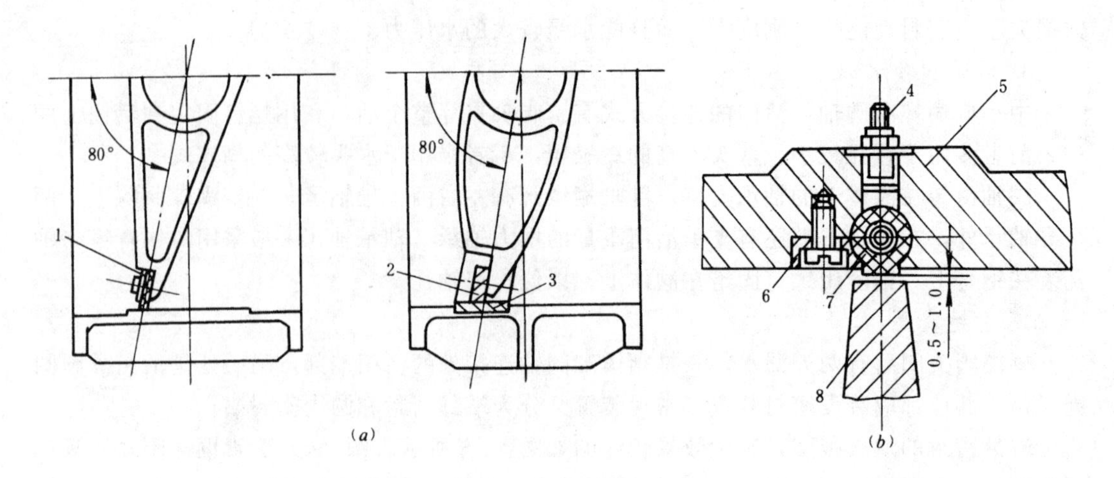

图 1-9　圆周密封

(*a*) 压紧式；(*b*) 空气围带式

1—橡胶密封环；2—青铜密封环；3—不锈钢衬板；4—围带嘴；5—阀体；6—压条；7—橡胶围带；8—活门

较好。双平板形活门使圆周密封移到阀轴外部，形成一个整圈，取消了端部密封，所以漏水小，密封性能好。

5. 锁定装置

由于蝴蝶阀活门在稍偏离全开位置时，即有自关闭的水力矩。为了防止因漏油或液压系统事故时，水流冲击活门而引起的误开或误关，保证机组正常运行，蝴蝶阀需装设锁定装置，在全开和全关位置投入。

（二）球阀的主要部件

球阀的主要部件是：阀体、活门和密封装置等。

1. 阀体

阀体由两件组成，通常采用对称分瓣，将分瓣面放在阀轴中心线上，如图 1-4 所示。一般多为铸钢件。

2. 活门

活门呈圆筒形，上有一块可移动的球面圆板止漏盖，在由其间隙进入的压力水作用下，推动止漏盖封住出口侧的孔口，随着阀后水压力的降低，形成严密的密封。由于承受水压的工作面是一球面，与其他结构阀门相比，不仅改善了受力条件，能承受更大的水压力，而且还节省了材料，减轻了重量。

3. 密封装置

球阀的密封装置有单侧和双侧两种结构。单侧密封的球阀仅在活门下游侧设有密封装置。这样对于一些重要的高水头电站，就要在压力引水管上串联两个球阀，前者为检修球阀，经常开启；后者为工作球阀，当工作球阀需要检修时，则关闭检修球阀。

双侧密封的球阀在活门上游侧设有检修密封，下游侧设有工作密封。当工作密封损坏时，只需将检修密封投入即可进行检修。如图 1-10 所示为双侧密封结构的球阀。

工作密封由圆筒形活门外壁上可移动的球面密封盖和阀体上的密封环等组成。其动作

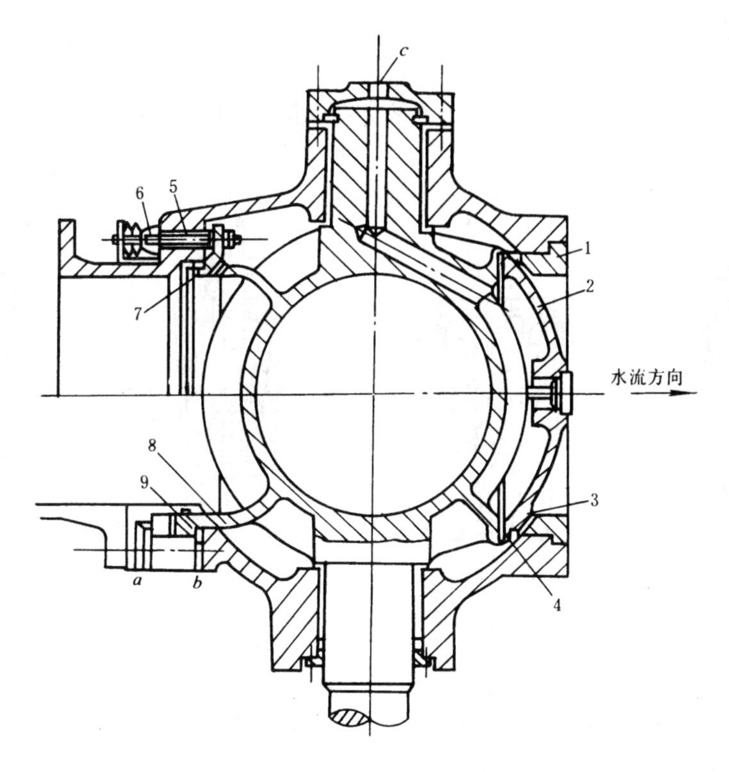

图 1-10　双侧密封结构的球阀

1—密封环；2—密封盖；3—密封面；4—护圈；5—螺杆；
6—调整螺母；7—密封环；8—密封面；9—密封环

程序为：

球阀开启前，先由旁通阀向下游侧充水，同时孔 c 将密封盖 2 内压力水排出，随着下游侧水压力的升高，密封盖 2 逐渐脱离密封环 1，这时即可开启活门。相反，球阀关闭后，孔 c 已关闭，上游侧压力水由活门和密封盖护圈 4 间的间隙流进密封盖 2 内腔，随着下游侧水压力的下降，密封盖 2 逐渐突出，直至与密封环 1 压紧为止。

检修密封有机械操作和水压操作两种结构。如图 1-10 左上侧所示为机械操作结构。利用调整螺母 6 和螺杆 5 调整密封环，使其压紧或脱开密封面。此种结构零件多，易因周围螺杆作用力不均匀造成偏卡，动作不灵，故已被水压操作替代。图 1-10 左下侧所示为水压操作结构。当需投入检修密封时，孔 a 充入压力水，孔 b 排水，在水压力作用下密封环 9 紧压在密封面 8 上。退出检修密封时，孔 b 充压力水，孔 a 排水，密封环 9 与密封面 8 脱离。

（三）闸阀的主要部件

1. 阀体

阀体是闸阀的承重部件，呈圆筒形，其中通过水流。在阀体上部，开有供闸板升降的孔口，内壁上设有与闸板密封的闸槽。阀体应有足够的强度和刚度，一般采用铸造结构。

2. 阀盖

阀盖与阀体的上部连接，共同构成闸阀开启时容纳闸板的腹腔。阀盖的顶部装有阀杆密封装置，通常采用石棉盘根密封。

3. 闸板

闸板按其结构型式分为楔式和平行式两类，如图 1-11 所示。

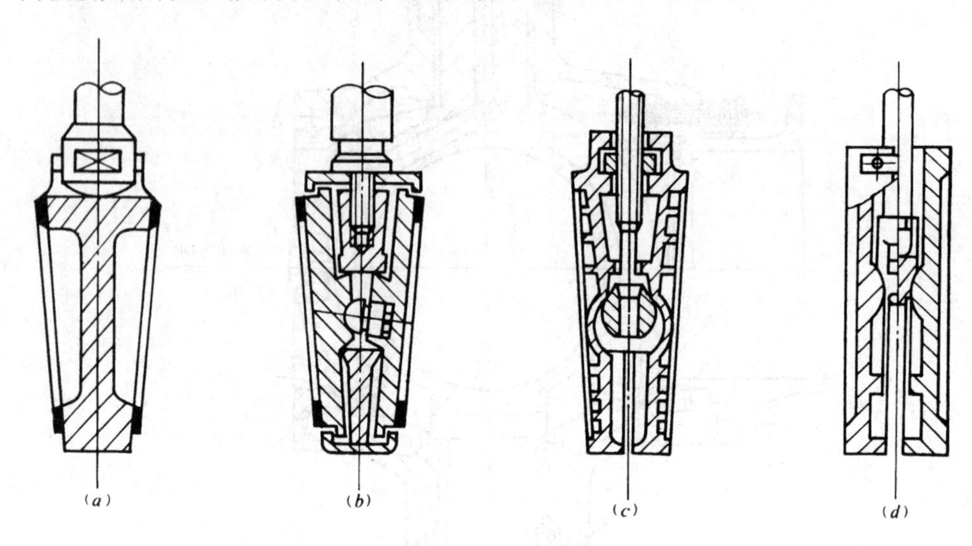

图 1-11 闸板结构

(a) 楔式单闸板；(b) 楔式双闸板（明杆）；(c) 楔式双闸板（暗杆）；(d) 平行式双闸板

楔形闸板落于阀体中楔形闸槽内，靠操作力压紧来密封。楔式单闸板结构简单，尺寸小，但配合精度要求高。楔式双闸板楔角精度要求低，容易密封，但结构较复杂。

平行式闸板从发展趋势上将被楔式闸板所取代。特别是平行式单闸板已无产品，平行式双闸板落于阀体中平行闸槽内，靠操作力作用，通过中心顶锥将两块闸板压紧两侧而密封。此种结构密封面之间相对移动小，不易擦伤，制造维修方便，但结构复杂。

三、进水阀的附属部件

（一）*旁通管和旁通阀*

根据前述作用，进水阀应能在动水关闭，但不允许在动水情况下开启。所以，除少数直径很小者外，大多数进水阀都装有旁通管和旁通阀。进水阀开启前，先开旁通阀，经旁通管对阀后充水，当两侧平压后，再在静水中开启进水阀。

旁通阀的断面积一般为进水阀过流断面的 1%～2%，但经过旁通阀的流量，必须大于导叶的漏水量。旁通阀多为小直径的闸阀，有液压，电动和手动操作之分。

（二）空气阀

空气阀设置在进水阀下游侧压力引水管的顶部，其作用是：当进水阀紧急关闭时，由它来补给空气，防止阀后产生真空破坏管道；而在进水阀开启充水平压过程中，则又由它来排出空气。

如图 1-12 所示为空气阀原理简图。由导向活塞、通气孔和空心浮筒组成。当进水阀后水面降低，空心浮筒 3 下沉，则蜗壳或引水管道经通气孔 2 与大气相通，实现补气或排气，当进水阀后充满水时，空心浮筒 3 上升到顶部位置，蜗壳或引水管道与通气孔 2 和大气隔绝，防止水流溢出。

（三）伸缩节

在进水阀的上游侧或下游侧，通常装有伸缩节，既可补偿钢管的轴向温度变形，又便于进水阀的安装和检修。如图1-13所示为一种常用的伸缩节结构。伸缩节与进水阀采用螺栓连接。伸缩缝中装有3～4层石棉盘根或橡胶盘根3，用压环4压紧，防止伸缩缝漏水。当多台机组共用一根引水总管，且其支管外露部分不长时，伸缩节最好安装在进水阀下游侧，以便在不影响其他机组正常运行的情况下，检修伸缩节或更换止水盘根。

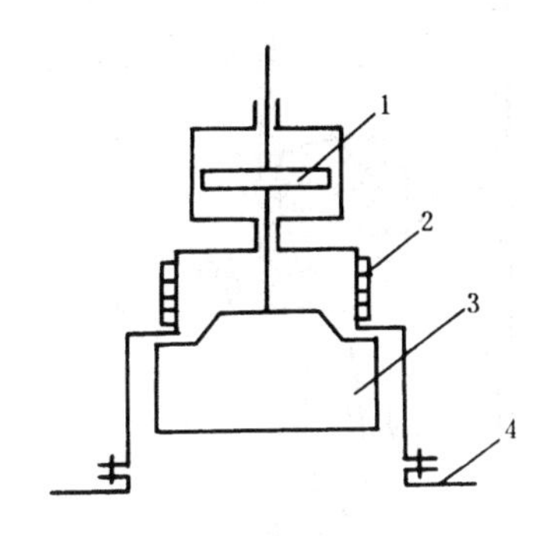

图1-12 空气阀原理简图

1—导向活塞；2—通气孔；3—空心浮筒；4—压力引水管

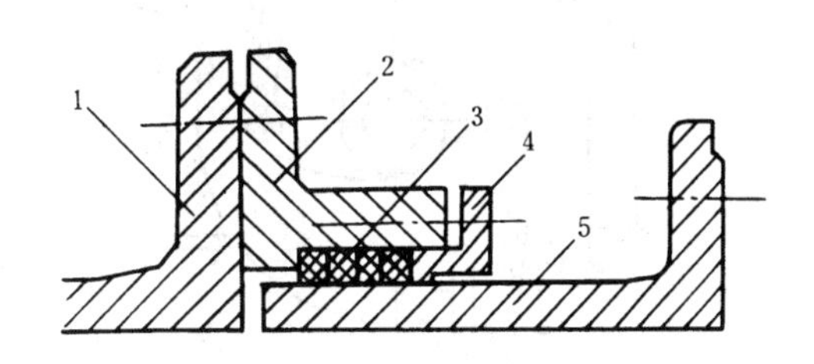

图1-13 伸缩节

1—进水阀；2—伸缩节座；3—盘根；4—压环；5—伸缩管

第三节 水轮机进水阀的操作方式及操作系统

一、进水阀的操作方式

进水阀的操作方式，按操作动力的不同，分为液压、电动和手动操作三种。

直径较大并作事故用的进水阀，为保证能迅速关闭，绝大多数都用液压操作；低水头、小直径以及作检修用的进水阀，可采用电动操作；对于不要求远方操作的小型进水阀，因其操作力较小，则采用手动操作。

进水阀液压操作的压力油源可由专门的油压装置、油泵或调速器的油压装置取得。具体采用什么方式，要根据电站的实际情况慎重选择，可以单一也可以组合，但应注意，由于进水阀操作用油容易混入水分，使油质变坏，如与调速系统共用压力油源时，对调速系统的油质是有影响的。

当电站水头大于100～150m时，也可以引用压力钢管中的高压水操作，以简化液压设备。但需保证水质清洁和考虑配压阀、接力器的防锈。

当水头小于120～150m时，若水压操作则需加大接力器直径，增加设备的笨重，故通常采用油压操作。

进水阀的液压操作机构，根据其作用直径大小常采用以下几种型式。

如图1-14所示为装在立轴进水阀上的导管式接力器。根据操作力矩的大小，采用一个或两个接力器，布置在一个盆状的控制箱上，控制箱固定在阀体上，是较常用的一种操作机构。

如图 1－15 所示为装在卧轴进水阀上的摇摆式接力器。为适应摇摆式接力器缸体的摆动，接力器下部用铰链和地基连接，管接头应为高压软管接头或铰链式管接头。由于摇摆式接力器工作时随着转臂摆动，可不需要导管，因此，在同样操作力矩下，接力器活塞直径比导管式接力器要小，为大中型卧轴进水阀广泛采用。

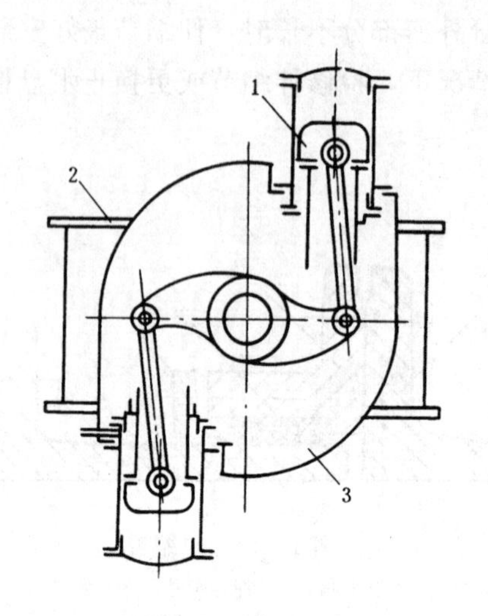

图 1－14　导管式接力器

1—接力器；2—阀体；3—控制箱

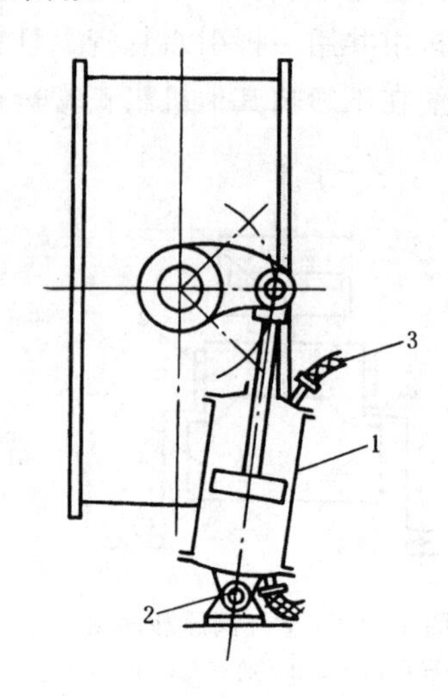

图 1－15　摇摆式接力器

1—接力器；2—铰链；3—高压软管

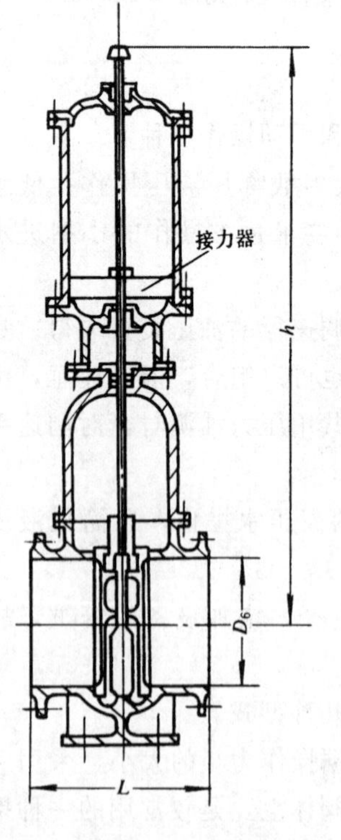

图 1－16　液压操作闸阀

如图 1－16 所示为液压操作的闸阀，其结构组成较为简单，多用于小直径的引水管道上。

二、进水阀的操作系统

进水阀的操作系统属于自动控制系统，由控制元件、放大元件、执行元件及连接管道等组成。当接受给它的动作讯号后，即按拟定的程序实现进水阀关闭或开启的自动操作。由于各水电站进水阀的结构、功用、操作机构、自动化元件和启闭程序各不相同，因此，进水阀的操作系统也是多种多样的。这里只介绍典型的液压操作和电动操作系统。

（一）液压操作系统

1. 蝴蝶阀的液压操作系统

如图 1－17 所示为水电站采用较多的蝴蝶阀机械液压系统图（各元件位置相应于蝴蝶阀全关状态），其动作过程如下：

（1）开启蝴蝶阀。

1）当发出开启蝴蝶阀的信号后，蝴蝶阀开启继电器使 1DP13 开启线圈带电，阀塞提起，完成下列动作：

YF12 活塞顶部经 1DP13 排油，YF 开启，压力油进入 HF11 中腔；

压力油经 1DP13，一路进入 YP9 顶部，将其活塞压下，

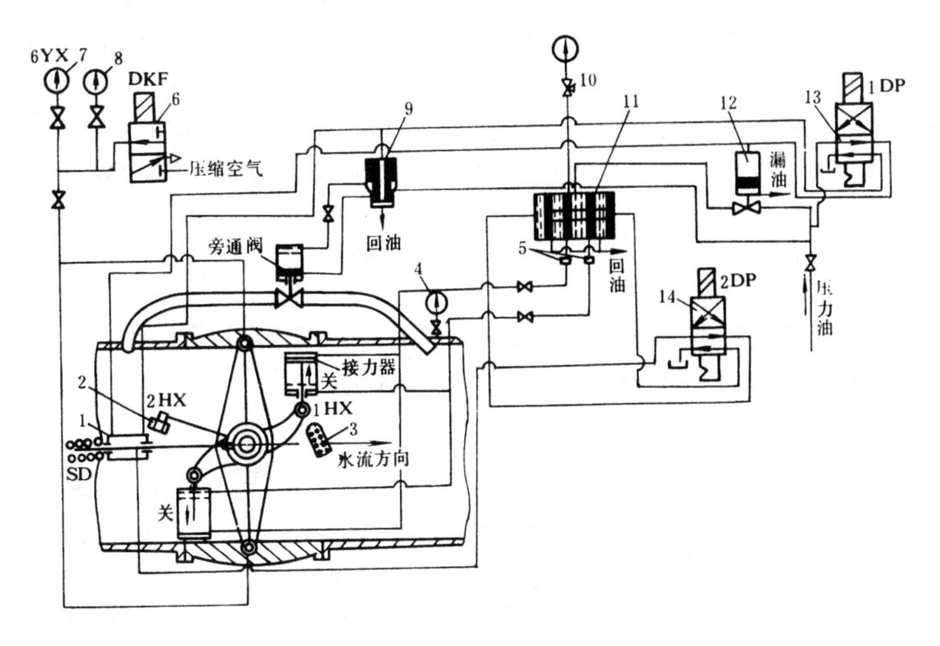

图 1-17 蝴蝶阀机械液压系统图

1—锁定 SD；2，3—行程开关 HX；4，7—压力信号器 YX；5—限流器 XL；6—电磁空气阀 DKF；8，10—压力表；9—液动配压阀 YP；11—四通滑阀 HF；12—油阀 YF；13，14—电磁配压阀 DP

使压力油经 YP9 进入旁通阀活塞下腔，旁通阀活塞顶部经 YP9 排油，旁通阀开启，蜗壳充水。另一路进入 SD1 活塞右腔，左腔经 1DP13 排油，SD1 拔出，压力油来到 2DP14；

待蜗壳水压上升达 YX4 的整定值时，使 DKF6 开启线圈带电，阀塞提起，空气围带放气。

2）当空气围带放气完毕，反映空气围带无压的 YX7 动作，使 2DP14 开启线圈带电，阀塞提起，完成下列动作：

使压力油经 2DP14 进入 HF11 的右端，其活塞左移，使 HF11 中腔的压力油经 XL5 进入接力器开启腔，接力器关闭腔经 HF11 排油，蝴蝶阀开启；

待蝴蝶阀开到全开位置时，反映其全开位置的行程开关 1HX3 动作，使全开位置的红色信号灯亮，将蝴蝶阀开启继电器释放，1DP13 关闭线圈带电，1DP13 复归，则旁通阀关闭，SD1 投入，YF12 关闭，切断主油源。

（2）关闭蝴蝶阀：

1）当发出关闭蝴蝶阀的信号后，蝴蝶阀关闭继电器使 1DP13 开启线圈带电，阀塞提起，完成动作与开启过程相同：

YF12 开启，HF11 中腔积聚压力油；

旁通阀开启，SD1 拔出。

2）当完成上述动作后，蝴蝶阀关闭继电器使 2DP14 关闭线圈带电，阀塞落下，完成下列动作：

使压力油经 2DP14 进入 HF11 左端，其活塞右移，使 HF11 中腔压力油经 XL5 进入接力器关闭腔，接力器开启腔经 HF11 排油，蝴蝶阀关闭；

待蝴蝶阀关到全关位置时，反映全关位置的行程开关 2HX2 动作，使全关位置的绿色信号灯亮，将蝴蝶阀关闭继电器释放，1DP13 关闭线圈带电，1DP13 复归，从而旁通阀关闭，SD1 投入，YF12 关闭，切断主油源，使 DKF6 关闭线圈带电，阀塞落下，空气围带充气，封住水流。

蝴蝶阀的开启和关闭时间，可以通过 XL5 进行调整。

2. 球阀的液压操作系统

如图 1-18 所示为一球阀机械液压系统图。它可以在球阀现场手动操作，现场或机旁自动操作，以及在中控室与机组联动操作。其动作程序如下：

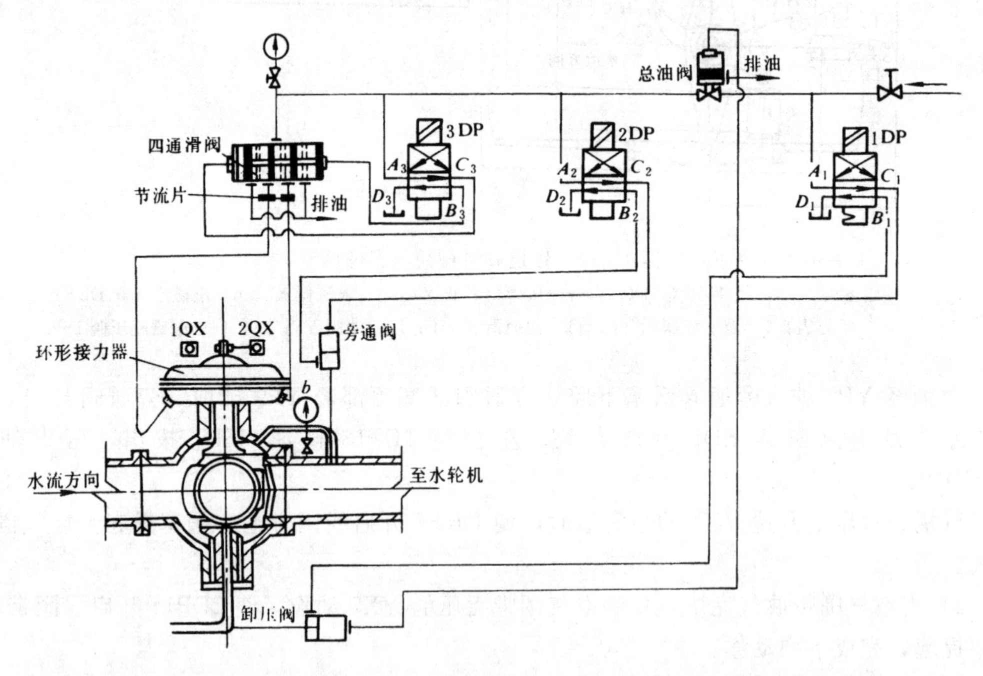

图 1-18　球阀机械液压系统图

(1) 开启球阀的过程。

1) 当发出开启球阀信号后，球阀开启继电器使 1DP、2DP 开启线圈带电，阀塞提起，实现下列动作：

压力油经 1DPA_1B_1 到卸压阀左腔，其右腔经 1DPC_1D_1 排油，卸压阀开启，密封盖与活门间水压消失。

总油阀活塞顶部经 1DPC_1D_1 排油，油阀自动开启。压力油经 2DPA_2B_2 到旁通阀活塞下腔，其上腔经 2DPC_2D_2 排油，旁通阀开启，向蜗壳充水，待密封盖外压大于内压时，密封盖自动缩回，脱离阀体上的密封环。

2) 当球阀前后水压平衡时，压力信号器 b 接通，使 3DP 开启线圈带电，阀塞提起，实现下列动作：

压力油经 3DPA_3B_3 到四通滑阀右侧，其左侧经 3DPC_3D_3 排油，四通滑阀左移，压力油经四通滑阀中腔和限流器进入接力器开启腔，其关闭腔则经限流器和四通滑阀排油，球阀开启；

待球阀全开时，反映全开位置的行程开关 1QX 动作，使全开位置红色信号灯亮，将球阀开启继电器释放，1DP，2DP 复归，卸压阀与旁通阀关闭，总油阀关闭，切断油源。

（2）关闭球阀的过程：

1）当发出关闭球阀信号后，球阀关闭继电器动作，实现下列动作：

使 1DP 开启线圈带电，阀塞提起，卸压阀开启，密封盖缩回，总油阀开启，供给压力油源；

使 3DP 关闭线圈带电，阀塞落下，四通滑阀右移，压力油经四通滑阀进入接力器关闭腔，球阀关闭。

2）当球阀全关后，反映全关位置的行程开关 2QX 动作，使全关位置绿色信号灯亮，将球阀关闭继电器释放，1DP 复归，卸压阀关闭，密封盖自动紧压在阀体密封环上，总油阀关闭。

球阀的开启和关闭时间，可通过限流器进行调整。

（二）电动操作系统

电动操作装置分为 Z 型和 Q 型两种，Z 型的输出轴能旋转多圈，适用于闸阀；Q 型的输出轴只能旋转 90°，故适用于蝴蝶阀和球阀。

阀门电动操作装置主要组成是：

阀门专用电动机，是为了适应阀门开启之初扭矩最大和关闭末了迅速停转的要求选用的，其特点是启动转矩大，转动惯量小，短时工作制；

减速器，用于电动操作装置中的结构型式很多，其中蜗轮传动结构简单，速比较大；

转矩限制机构，是一种过载安全机构，用以保证电动操作装置输出转矩不超过预定值。蜗杆窜动式工作可靠，适用扭矩范围大；

行程控制机构，是保证阀门启闭位置准确的机构。要求灵敏、精确、可靠和便于调整。其中计数器式精度高、调整方便；

手—电动切换机构，用于改变操作方式，分全自动、半自动和全人工三种。半自动结构简单，工作可靠；

开度指示器，用来显示阀门在启闭过程中的行程位置，有直接机械指示部分，供现场操作时观察用，和机电讯号转换部分，则供远距离操作时使用；

控制箱，用以安装各种电气元件和控制线路。可装在阀门现场，也可装在控制室内。

1. 闸阀的电动操作系统

如图 1－19 所示为 Z 型电动操作装置传动原理：

（1）开启阀门。向开阀控制回路发出讯号，接通电动机电源，电动机向开阀方向旋转，经带离合器齿轮 12、离合器 9、花键轴 18、蜗杆套 2、蜗轮 3、输出轴 4、带动阀杆

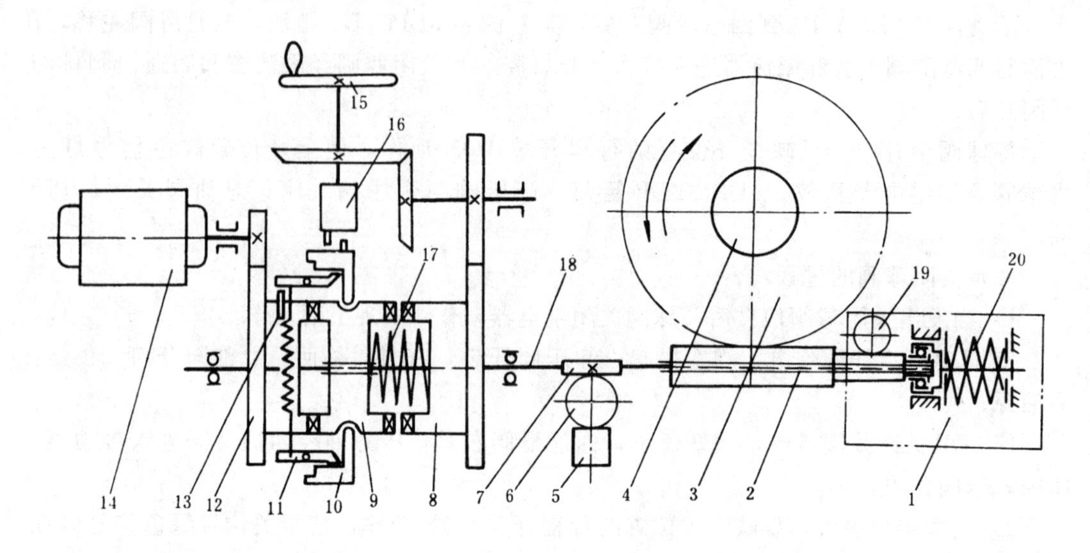

图 1-19　Z 型电动操作装置传动原理图

1—转矩限制机构；2—蜗杆套；3—蜗轮；4—输出轴；5—行程控制器；6—中间传动轮；7—控制蜗杆；8，12—带离合器齿轮；9—离合器；10—活动支架；11—卡钳；13—圆销；14—专用电动机；15—手轮；16—偏心拨头；17—弹簧；18—花键轴；19—齿轮；20—蝶形弹簧

转动，使阀门开启。当阀门达到全开位置时，行程控制器 5 中的微动开关动作，切断电动机电源。若在开启过程中阀门卡住，或到达全开位置时，行程控制机构失灵不能切断电源，将会产生过载情况。此时，输出转矩超过转矩限制机构 1 由蝶形弹簧 20 预先整定的限制转矩，则蜗轮 3 不能转动，而使蜗杆套 2 所受向右方向的轴向力大于蝶形弹簧的弹力，蜗杆套 2 在花键轴 18 上向右移动，经齿轮 19 使双向扭矩开关（图 1-19 中未示出）中的微动开关动作，切断电动机电源，保护操作装置不遭破坏。

（2）关闭阀门。动作过程与开启阀门相同，仅通过关阀控制回路发出讯号、传动机构动作方向相反而已。

（3）手动操作。Z 型电动操作装置设有自动的手—电动切换机构。当需手动操作时，转动手轮 15，即自动切断电动机电源，继续转动手轮 15，则偏心拨头 16 拨动活动支架 10，使离合器 9 右移，压缩弹簧 17 而与带离合器齿轮 8 啮合，经花键轴 18 使阀门动作，进入手动状态。离合器 9 的位置靠卡钳 11 撑住活动支架 10 保持。当需恢复电动操作时，只要接通电动机电源，带离合器齿轮 12 转动，使其上面的圆销 13 在离心力作用下将卡钳 11 左端向外顶起，则右端收缩，离合器 9 在弹簧 17 作用下自动左移，重新与带离合器齿轮 12 啮合，进入电动状态。

2. 蝴蝶阀、球阀的电动操作系统

如图 1-20 所示为 Q 型电动操作装置传动原理。

其自动和手动操作过程与 Z 型电动操作装置基本相同，不予赘述。

如图 1-21 所示为电动蝴蝶阀。

如图 1-22 所示为电动球阀。

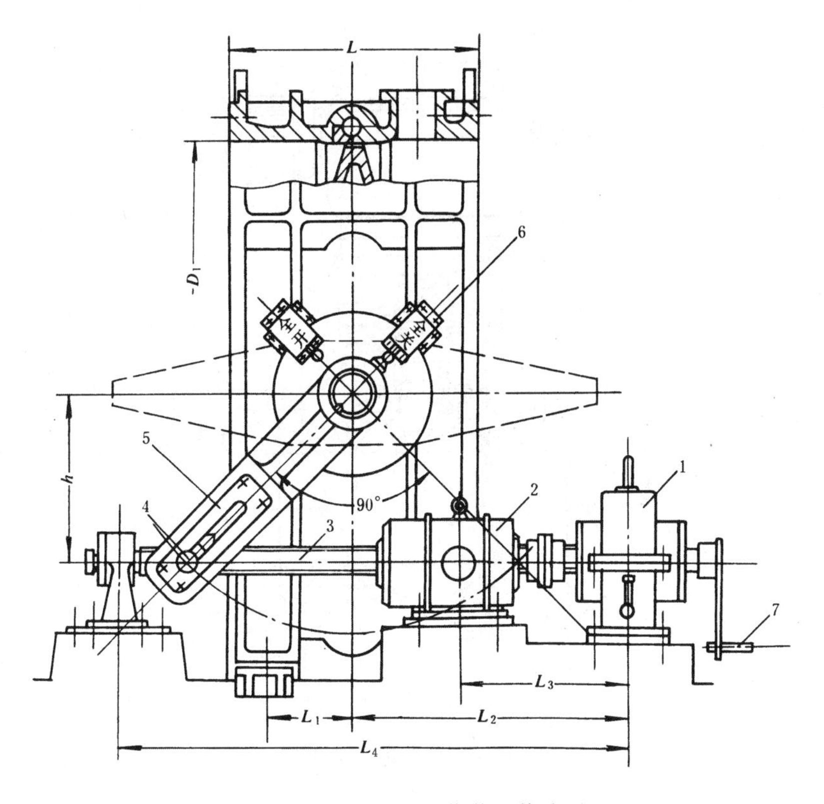

图 1 - 20　Q 型电动操作装置传动原理

1—减速箱；2—电动机；3—螺杆；4—螺母；5—转臂；6—行程开关；7—手动操作手柄

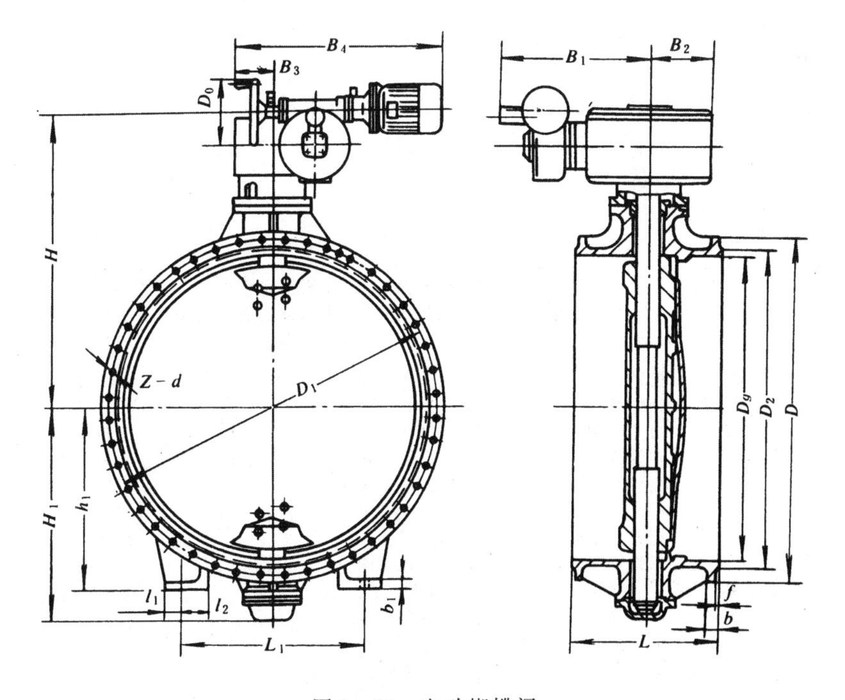

图 1 - 21　电动蝴蝶阀

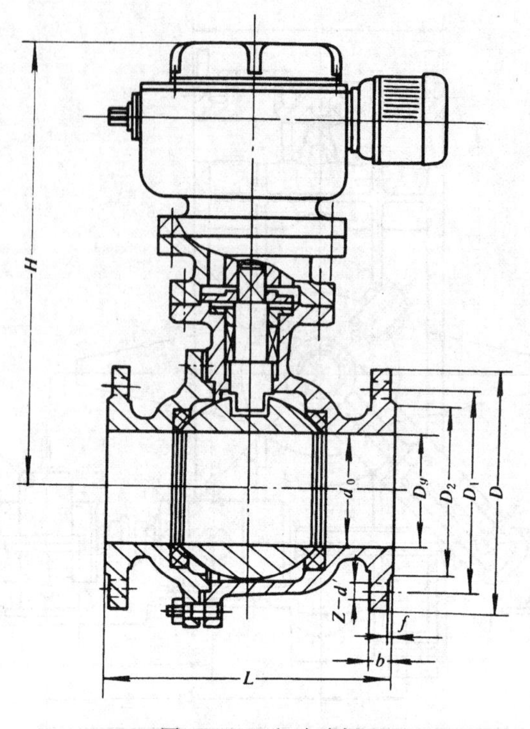

图 1－22　电动球阀

第四节　辅助设备中常用的阀门及其选择

一、阀门型号

阀门产品型号，由七个单元组成。具体含义见表 1－1。

表 1－1

阀门型号含义：

1	2	3	4	5	6	7
汉语拼音字母表示阀门类型	一位数字表示驱动方式	一位数字表示连接形式	一位数字表示结构形式	汉语拼音字母表示密封面或衬里材料	数字表示公称压力（MPa）	字母表示阀体材料
Z 闸　阀	0 电磁动	1 内螺纹		T 铜合金		Z HT25－47
J 截止阀	1 电磁-液动	2 外螺纹		X 橡　胶		K KT30－6
L 节流阀	2 电-液动	3 法兰（用于双		N 尼龙塑料		Q QT40－15
Q 球　阀	3 蜗轮	弹簧安全阀）		F 氟塑料		T H－62
D 蝶　阀	4 正齿轮	4 法兰		B 锡基轴承合金		G 2G25 Ⅱ
H 止回阀	5 伞齿轮	5 法兰（用于杠		H 合金钢		I Cr5Mo
G 隔膜阀	6 气　动	杆式安全阀，		D 渗氮钢		P 1Cr18Ni9Ti
A 安全阀	7 液　动	单弹簧安全阀）		Y 硬质合金		P_1 Cr18Ni12Mo2Ti
T 调节阀	8 气-液动	6 焊　接		J 衬　胶		V 12Cr1MoV
X 旋　塞	9 电　动	7 对夹式		Q 衬　铅		注：
Y 减压阀		8 卡　箍		G 搪　瓷		
S 疏水器		9 卡　套		P 渗硼钢		

续表

类别＼代号	1	2	3	4	5	6	7	8	9	0
闸阀	明杆楔式单闸板	明杆楔式双闸板	明杆平行式单闸板	明杆平行式双闸板	暗杆楔式单闸板	暗杆楔式双闸板		暗杆平行式双闸板		明杆楔式弹性闸板
截止阀、节流阀	直通式			角式	直流式	平衡直通式	平衡角式			
蝶阀	垂直板式		斜板式							杠杆式
球阀	浮动直通式			浮动L形三通式	浮动T形三通式		固定直通式			
隔膜阀	屋脊式		截止式				闸板式			
旋塞阀			填料直通式	填料T形三通式	填料四通式		油封直通式	油封T形三通式		
止回阀和底阀	升降直通式	升降立式		旋启单瓣式	旋启多瓣式	旋启双瓣式				
安全阀	弹簧封闭微启	弹簧封闭全启	弹簧不封闭带扳手双弹簧微启式	弹簧封闭带扳手全启式	弹簧不封闭带扳手微启式	弹簧不封闭控制全启式	弹簧不封闭带扳手微启式	弹簧不封闭带扳手微启式	脉冲式	弹簧封闭带散热片全启
减压阀	薄膜式	弹簧薄膜式	活塞式	波纹管式	杠杆式					
疏水阀				钟罩浮子式			脉冲式	热动力式		

注 公称压力 $P_g \leqslant 1.6$MPa 的灰铸铁阀体（z）和 $P_g \geqslant 2.5$MPa 的碳素铸钢阀体（c），本代号可省略。

示例1：Z945T－6型电动暗杆楔式闸阀。表示电动机驱动，法兰连接，暗杆楔式单闸板，阀体密封面或衬里材料为铜合金，公称压力为0.6MPa，阀体材料为灰铸铁。

示例2：Z44W－10型平行双闸板闸阀。表示手轮传动，法兰连接，明杆平行式双闸板，阀体密封面由阀体直接加工成，公称压力为1MPa，阀体材料为灰铸铁。

二、辅助设备中常用的阀门

在水电站辅助设备中常用的阀门可分为两大类：

（一）需要外力驱动的阀门

这种阀门需由人力、电动、液压、气压等驱动，主要用于截断或放开液流之用，故又称截断阀，包括闸阀、截止阀、旋塞等。

1. 闸阀

闸阀的组成和结构如前所述。带手轮、手柄操作闸阀的安装与其结构形式有关，双闸板闸阀宜直立安装，单闸板闸阀可任意安装。但用于水电站水系统上的阀门不宜倒装，以免泥沙沉积。手轮、手柄不允许作起吊受力之用。

2. 截止阀

截止阀主要由阀体、阀盖和阀盘组成。按阀体结构分为直通式、直流式和直角式，直流式损失最小，适用于输送粘性介质或腐蚀性介质，水电站中常用的为直通式，如图1－23所示。阀门关闭时，阀盘紧压在阀体中的阀座上，切断介质通路；开启时，阀盘被阀杆提起，流体通路打开。用手轮、手柄操作的截止阀，可安装在管道或设备的任何位置上，对于水电站水系统的截止阀亦不宜倒装。截止阀在安装时应注意使介质的流向与阀体上箭头所示的方向一致。手轮、手柄亦不允许作起吊受力之用。

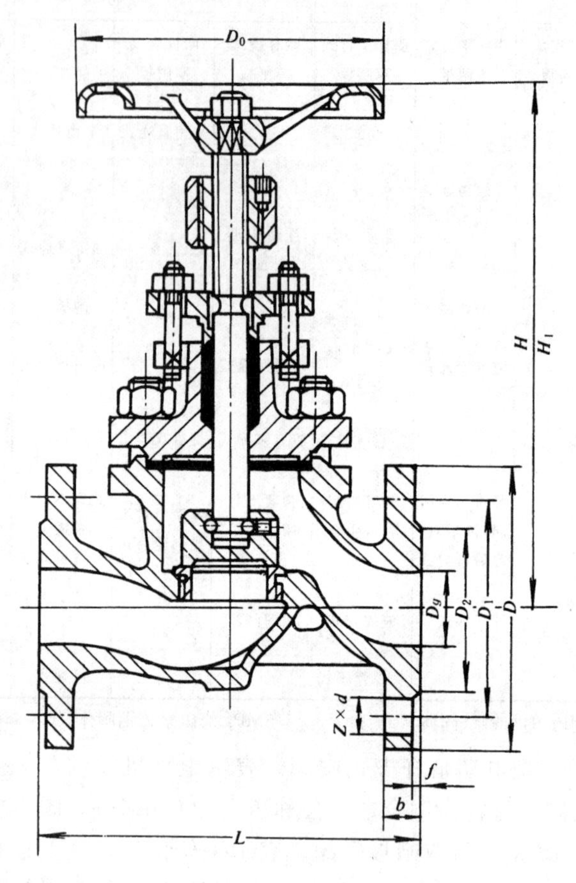

图 1-23 截止阀

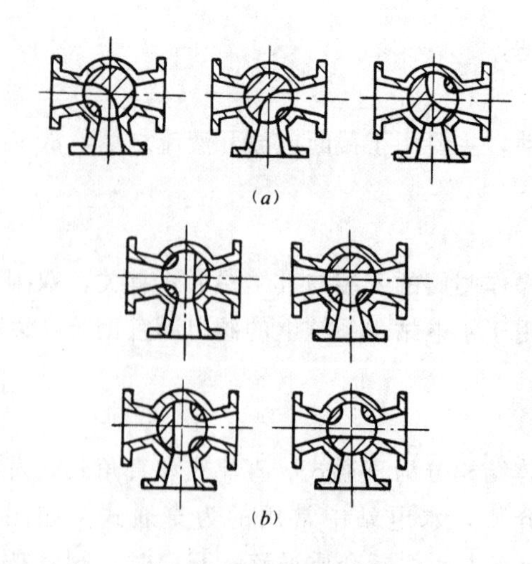

图 1-24 三通旋塞阀

(a) L形；(b) T形

3. 旋塞阀

旋塞（即旋塞阀），主要用来开启或关闭管道中的介质，也可作一定程度的节流用。旋塞阀主要由阀体、阀塞组成，具有直通和三通两种结构形式。三通旋塞根据阀塞通道形状又有L形和T形，如图 1-24 所示。旋转阀塞，可以改变流体通路。在辅助设备中，三通旋塞用于测量仪表，作为测量、放气和切断之用。旋塞的安装位置，不受任何限制。

关于截断阀的类型、特点详见表 1-2。

（二）自动阀

自动阀门不需要外力来驱动，用于自动控制流体的方向和压力。它包括止回阀，安全阀，减压阀等。

表 1-2　　截断阀的类型和特点比较表

类型	结构	流体阻力	启闭扭矩	启闭时间	密封性能	应用范围
闸阀	结构复杂，零件较多，结构长度比截止阀短，但高度较高	较小	小	长	密封面间有相对摩擦，易损伤。全开时密封面受冲击较小	压力、温度、通径使用范围较宽（P_g 为 100～16000kPa，D_g 为 50～1800mm，$t \leqslant 550℃$）
截止阀	结构比闸阀简单，但结构长度比闸阀长，开启高度比闸阀小	最大	大	较长	密封面相对摩擦小，密封性能好，全开时阀瓣经常受冲击	压力、温度使用范围较宽，但通径受限制（P_g 为 600～32000kPa，D_g 为 3～200mm，$t \leqslant 550℃$）
旋塞	结构简单，外形尺寸小	小	大	短	密封面大，易卡损，高温易产生变形而被卡住	一般用于低压小口径管道，温度不宜过高或过低（P_g 为 600～1600kPa，D_g 为 15～150mm，$t \leqslant 100℃$）
蝶阀	结构简单，外形尺寸小	较小	较小	短	密封圈材料一般采用橡胶、塑料、密封性能好，但密封圈受冲刷腐蚀	多用于低压和中、大口径的管道（P_g 为 250～1000kPa，D_g 为 100～300mm，$t \leqslant 50℃$）

1. 止回阀

止回阀是依靠介质本身的压力来自动开启、关闭阀瓣，作为管道和设备中防止介质倒流的阀门。按其结构分为升降式和旋启式两种。升降式止回阀的阀瓣沿着阀体垂直中心线上下移动，旋启式止回阀的阀瓣绕着阀座上的销轴旋转，如图 1-25 所示。

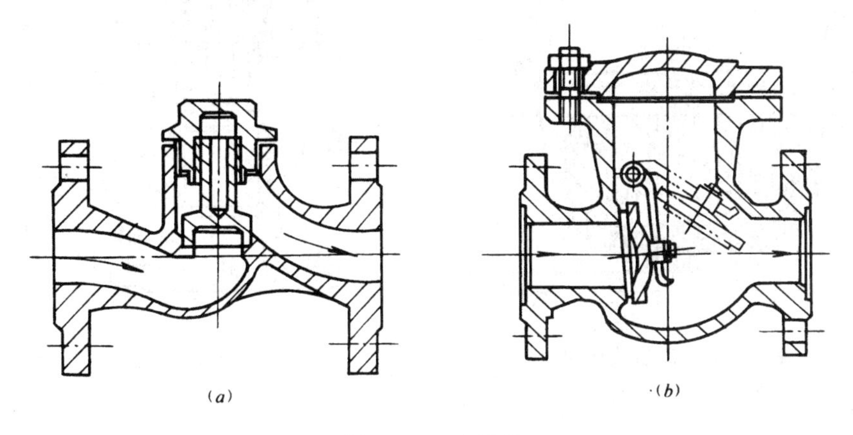

图 1-25　止回阀

(a) 升降式；(b) 旋启式

底阀属于止回阀，只是专门用于水泵吸水管的底部，如图 1-26 所示。

在使用上，升降式止回阀，应安装在水平管道上，旋启式止回阀还可安装在垂直管道上，底阀则宜安装在垂直管道上，还应注意使介质流动方向与阀体所示箭头方向一致。在止回阀前后一般需要装设闸阀或截止阀。

由于旋启式阀瓣压向阀座的力比升降式少了阀瓣自重，因此，在低压情况下，旋启式的密封性不如升降式的好。但旋启式的水力损失小，水流方向没有大的改变，故多用于中、高压或较大管径场合。

2. 安全阀

安全阀用于受内压的管道和容器上，起着防止设备事故，保证运行安全的作用。当被保护系统由介质压力升高超过规定数值（即安全阀的开启压力）时，能自动开启，排放部分介质，防止压力继续升高；当介质压力降到规定数值（即安全阀的回座压力）时，又能自动关闭。

安全阀的结构形式按阀瓣开启的高度分为微启式和全启式，按加于阀瓣的负荷方式又有杠杆重锤式、弹簧式和先导式。在水电站的辅助设备中，广泛采用弹簧式，其中水系统多为封闭弹簧微启式，气系统多为封闭弹簧全启式，如图 1-27 所示。封闭则是指排除的介质不外泄，全部沿着出口流到指定的地方。

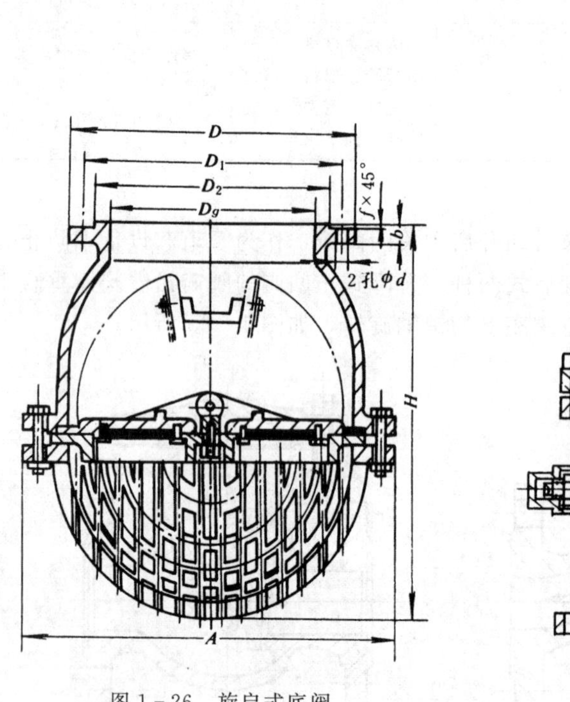

图 1-26　旋启式底阀

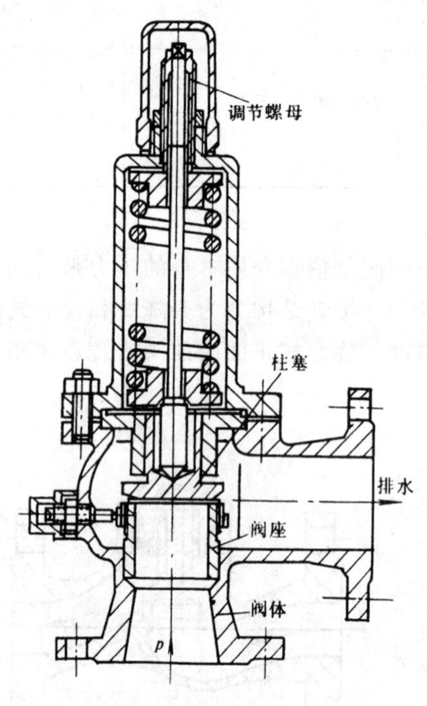

图 1-27　安全阀

3. 减压阀

减压阀是用来将进口压力减至所需要的出口压力，并使其自动保持在允许范围内的阀门。有正作用式（介质作用力使阀瓣趋于开启），用于小口径；反作用式（介质作用力使阀瓣趋于关闭），通常用于中等口径；卸荷式（介质作用于阀瓣上的合力趋于零），适用范围较广；复合式（带有副阀），适用高压和较大口径。它们都是通过敏感元件（弹簧、膜片等）来改变阀瓣开度，从而实现自动维持稳定的出口压力。

如图 1-28 所示为水电站中常用的复合式减压阀。其动作原理是调节调整螺钉 4 顶开副阀瓣 1，介质由进口通道经副阀进入活塞 5 上腔，因活塞 5 面积大于主阀瓣 6 面积，则活塞5下移，使主阀瓣6开启，介质流向出口并同时进入膜片2下方，出口压力逐渐上升直至所要求数值时，与弹簧力平衡。如果出口压力增高，膜片2下方的介质压力大于调节弹簧3的压力，膜片2即向上移，副阀瓣1则向关闭方向移动，使流入活塞5上腔的介质减少，压力亦随之下降，使活塞5与主阀瓣6上移，减小了主阀瓣6的开度，出口压力也随之下降，达到新的平衡。反之，当出口压力下降时。则主阀瓣6向开启方向移动，出口压力又随之上升，达到新的平衡。因此，只要将调节调整螺钉4调整适当，就可使出口压力自动维持在所需要的范围内。减压阀订货时，要注明其进出口的压力值。

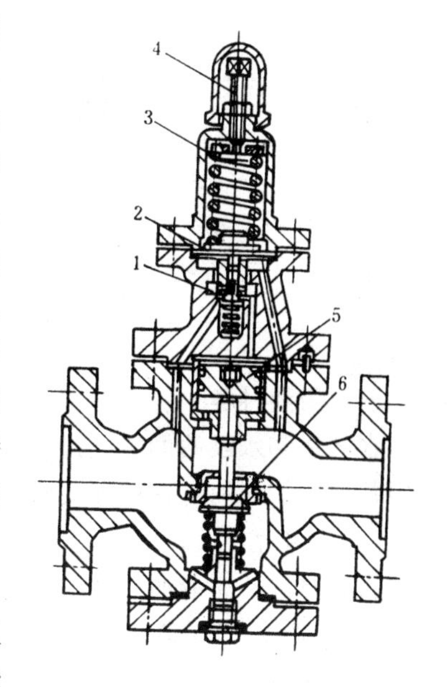

图1-28　复合式减压阀
1—副阀瓣；2—膜片；3—调节弹簧；4—调节调整螺钉；5—活塞；6—主阀瓣

二、阀门的选择

水电站辅助设备中的阀门，应根据其使用条件，工作环境来选择它的型号、规格，确定它的主要技术性能参数。选用阀门的公称压力，公称直径及使用范围均应与所在管道系统相适应，在管道系统中，凡需截断和调节流量的地方，均应设闸阀或截止阀；凡需防止水倒流的地方，应装止回阀；凡水头高于50m的自流供水管道上应装设减压阀。

第二章 油 系 统

第一节 水电站用油种类及其作用

一、用油种类

水电站和水泵站的机电设备在运行中，由于设备的特性、要求和工作条件不同，需要使用各种性能的油。这些油大致可以分为润滑油和绝缘油两大类。

（一）润滑油

润滑油包括润滑油（H）和润滑脂（Z）两种。

1. 润滑油（H）类

（1）透平油（亦称汽轮机油）：供机组轴承润滑和调速系统、进水阀、调压阀、液压操作阀的液压操作用油。常用的有 HU－20、HU－30、HU－40、HU－45、HU－55 几种，符号后面的数值表示油温在 50℃时的平均运动黏度值（mm^2/s）。在水电站和大中型水泵站中，此类油用量很大。

（2）机械油：供电动机、水泵轴承、起重机齿轮变速器和低水头水电站水轮发电机组齿轮增速器的润滑。常用的牌号有 HJ－10、HJ－20、HJ－30、HJ－40、HJ－50 等几种机械油，牌号后面的数值表示油温在 50℃时的平均运动黏度值（mm^2/s）。机械油的抗氧化性较透平油差。

（3）压缩机油：专供空气压缩机润滑用油。有 HS－13、HS－19 等牌号，牌号后面的数值表示油温在 100℃时的平均运动黏度值（mm^2/s）。

2. 润滑脂（Z）类（俗称黄油）

润滑脂是供滚动轴承或水泵填料涵润滑密封用油。常用的润滑脂主要有钙基和钠基两类。

钙基润滑脂有 ZG－1、ZG－2、ZG－3、ZG－4、ZG－5 等牌号，它们具有良好的抗水性，使用温度不高于 55～65℃。通常用于水泵、水轮机等容易与水接触的滚动轴承或止水填料涵等场合。

钠基润滑脂有 ZN－2、ZN－3、ZN－4 等几种，钠基润滑脂没有抗水性能，一遇水就会溶化分解，失去润滑性能，但它的使用温度较高，一般不超过 110～120℃。通常用于不会掺入水分的场合，例如发电机、电动机的滚动轴承。

（二）绝缘油

（1）变压器油：供变压器及电流、电压互感器用，有 DB－10 和 DB－25 两种牌号，牌号后面的数值表示油的凝点（℃）（负值）。

（2）开关油：供油开关用，常用 DB－45 牌号油。在南方，也可用与变压器同牌号的油。

(3) 电缆油：供电缆用，有 DL-38、DL-66、DL-110 三种，牌号后面的数值表示以 kV 计的耐压值。

上述各类油中，润滑脂、机械油及压缩机油的用量较少，用量最大的是汽轮机油和变压器油，在水电站及大中型水泵站中，用量少则几吨，多则几十吨。所以，水电站和大中型水泵站要有油供应、维护设备组成的透平油系统和绝缘油系统。

二、油的作用

1. 透平油

透平油在设备中的作用是润滑、散热和液压操作。

(1) 润滑作用：透平油在轴承内或其他作相对滑动的运动件之间（例如接力器的活塞与油缸之间）形成油膜，以润滑油内的液体摩擦代替零件间的干摩擦，从而减轻设备的磨损和发热，延长设备的使用寿命，保证设备的功能和安全。

(2) 散热作用：由于运行中设备的机械运动（搅动润滑油和零件间的摩擦）和润滑油内部分子间的摩擦而消耗的功转变为热量，通过润滑油的对流作用，把热量传递给油冷却器，并由冷却器中的冷却水将热量带走（或经由油盆器壁直接散发出去），使油和设备的温度不致超过规定值，保证设备的安全经济运行。

(3) 液压操作：作为传递能量的工作介质进行设备的液压操作。如水轮机调速系统、进水阀的操作，大中型轴流泵叶片油压调节机构以及管道系统中的液压操作阀等的操作。

2. 绝缘油

绝缘油在设备中的作用是绝缘、消弧和散热。

(1) 绝缘作用：绝缘油的绝缘强度比空气大得多，用绝缘油作绝缘介质，可以缩小电气设备的尺寸。同时，绝缘油对于浸在油中的绝缘材料起保护作用，不使其潮湿和氧化。

(2) 散热作用：变压器运行时，由于线圈本身具有电阻，当通过强大的电流时，会产生大量的热，绝缘油吸收了热量在温差作用下产生对流传递作用，把热量传递给冷却器（例如水冷式变压器的水冷却器或是自冷式、风冷式变压器外壳的散热片）而散发出去。

(3) 消弧作用：油开关动作时，接点产生电弧，由于油的组成成分是碳氢化合物，油在电弧高温作用下发生分解的同时要吸收大量热量；油分解后产生大量氢气，氢气吸收一部分热量并逸出。这两部分热量散失使电弧冷却而熄灭。但油分解后的碳份则沉积在油中，使油质变坏。

第二节　油的基本性质和分析化验

一、油的基本性质及其对运行的影响

油的性质很多，这里只讨论与水电站设备运行直接相关的几个反映油的基本性质的指标。

1. 黏度

液体受外力作用移动时，在液体分子间产生的阻力，即液体的内摩擦力，称为黏度。油的黏度分为绝对黏度和相对黏度（亦称条件黏度），绝对黏度包括动力黏度和运动黏度。

(1) 动力黏度：流体对切向运动的单位面积阻力即切应力 τ，与速度梯度 du/dy 成正

比，即

$$\tau=\mu\frac{\mathrm{d}u}{\mathrm{d}y} \tag{2-1}$$

此式称为牛顿黏性公式。比例常数 μ 称为液体的动力黏度，单位为 Pa·s。对于 20℃的水，其动力黏度值为 $\mu=1\text{mPa}\cdot\text{s}$。

（2）运动黏度：在相同的温度下，液体的动力黏度与它的密度（ρ）之比，称为液体的运动黏度（ν），即

$$\nu=\frac{\mu}{\rho} \tag{2-2}$$

运动黏度的单位为 m^2/s（或 mm^2/s）。

（3）相对黏度：任一液体的动力黏度与 20.2℃的水的动力黏度之比值，称为该液体的相对黏度。显然，相对黏度是无量纲值。

我国习用的条件黏度为恩氏黏度：试油在规定的条件下，从恩氏黏度计流出 200ml 与 20℃的蒸馏水流出 200ml 所需的时间之比，称为恩氏黏度（°E），其单位为条件度。恩氏黏度的测定温度为 20℃、50℃、100℃。

恩氏黏度值（°E）可按乌别洛德近似公式换算成运动黏度值：

$$\nu=\left(0.0731°\text{E}-\frac{0.0631}{°\text{E}}\right)\quad(\text{mm}^2/\text{s}) \tag{2-3}$$

在美国习用的条件黏度为赛氏秒（SUS），其单位为秒。在英国习用的条件黏度为雷氏秒（R_1），其单位为秒。

润滑油的黏度随温度和压力而变化。通常，黏度随温度增高而降低、随压力增加而增高，在高压（≥50MPa）时尤为显著。一般工作压力不大，选用润滑油的黏度可不考虑压力的影响。

通常用油的黏度指数作为衡量润滑油黏度随温度变化的程度的一个指标。指数越高，表示油的黏温特性好，即温度变化后，黏度变化小。一般要求透平油的黏度指数不低于 90。

油的黏度是油的重要特性之一。对于绝缘油，黏度宜小一些，以利于对流散热，但黏度过小闪点也低，因此绝缘油的黏度要适中，规定在 50℃时，恩氏条件度不大于 1.8。对于透平油，黏度大时易附着金属表面而形成油膜，但油内摩擦阻力大，且散热能力降低；黏度小时性能相反，一般由油膜承受的压力 p 和设备转速 n 来选定油的黏度，压力大和转速低时选用黏度大的油，反之选用黏度小的油。运行中的绝缘油和透平油会逐步变质，其黏度也会随之增加。

2. 闪点

试油在规定条件下加热，当其蒸汽与空气的混合气接触火焰发生闪火时的最低温度，称为闪点。闪点是保证油品在规定的温度范围内贮运和使用上的安全指标。油品的闪点不仅取决于化学成分，而且与物理条件有关，例如测定方法、温度和压力等。所以油品的闪点是条件性的数值。

透平油通常是在开口容器中工作，因此测定闪点是用开口杯法。规定新透平油的闪点

不低于 180℃。绝缘油是在闭口容器中工作，测定绝缘油的闪点用闭口杯法。规定新绝缘油的闪点不低于 135℃。

3. 凝点

试油在规定条件下，冷却到预期的温度，将盛油试管倾斜 45°角经过 1min，观察油面是否流动。停止流动的最高温度称为凝点。

油品在低温时的流动性，是评价油品的使用性能的重要指标之一。它对于油品的装卸、输送和运行都有很大的关系。当油品失去流动性时，对变压器和油开关的工作都是不利的。对于润滑油，在凝点前 5～7℃时黏度已明显增加，因此，一般润滑油的使用温度必须比凝点高 5～7℃，否则机组起动时容易产生干摩擦现象。变压器中选用 DB－25 绝缘油不论在南方或北方均能适用，而开关油在长江以南选用 DB－25 亦可，北方地区则需选用 DB－45 的绝缘油。

4. 酸值

油中游离的有机酸含量称为油的酸值。用中和 1g 试油中所含酸性组分所需的氢氧化钾毫克数（KOHmg）来表示酸值的大小，即 mgKOH/g。

酸值是保证贮油容器和使用设备不受腐蚀的指标之一。油中的酸性组分会腐蚀金属，尤其是对铜、铝及其合金的腐蚀更为严重，还会腐蚀纤维和铁。酸和有色金属接触形成皂化物会堵塞管道，降低润滑性能。因此，油中的酸值要严格地控制在一定范围内。油品在使用过程中，由于氧化作用，会使酸值逐渐升高，习惯上常用酸值来衡量油的氧化程度。

标准规定新绝缘油和新透平油的酸值均不大于 0.03mgKOH/g；运行中的绝缘油不大于 0.1mgKOH/g，透平油不大于 0.2mgKOH/g。

5. 抗氧化性

油品抵抗和氧发生化学反应的性能，称为抗氧化性。以试油在氧化条件下所生成的沉淀物含量和酸值来表示试油的抗氧化安定性。

影响油品的氧化因素很多，有温度、空气及油中的水分等。按规定，运行中绝缘油的氧化沉淀物不大于 0.05%，氧化后酸值不大于 0.2mgKOH/g。为了减缓运行中油的氧化速度，延长使用期，常在油中添加抗氧化剂，常用的有芳香胺，2,6－二叔丁基对甲酚（简称 T501）。

6. 破乳化时间

在规定的试验条件下，将蒸汽通入汽轮机油中所形成的乳浊液，达到完全分层所需的时间，称为破乳化时间，以分钟表示。

水电站中使用的透平油难免与水直接接触，所以容易形成乳化液。油被乳化后会降低润滑性能，增加摩擦阻力，促进油的氧化，破坏油膜的形成，腐蚀金属。要求透平油有良好的破乳化能力，规定破乳化时间不大于 8min。

7. 水分

油中的水分来源有外界侵入的水分，如运行中混入水、空气中水汽被吸入等；油氧化而生成的水分。油中含有水分会助长有机酸的腐蚀能力，加速油的劣化，降低油的耐压强度。因此，规定油中不能有水分。

8. 油中的机械杂质

油中的固态悬浮物如灰尘、设备在制造或检修过程中遗留的金属屑、泥沙、纤维物和结晶性盐类等。机械杂质会破坏油膜、加快零件的磨损。所以，规定油中不允许有机械杂质。

9. 水溶性酸或碱

油品中残存的无机酸或碱，是以等体积的蒸馏水和试油混合摇动，取其水抽出液，注入指示剂，观察其变色情况，判断试油中是否含水溶性酸或碱。油中含有酸或碱都对金属有腐蚀作用，并加速油的劣化。因此，要求油品是中性的，无酸碱反应。

10. 绝缘强度

在规定条件下，绝缘油承受击穿电压的能力，称为绝缘强度，以平均击穿电压（kV）或绝缘强度（kV/cm）表示。绝缘强度是评定绝缘油电气性能的主要指标之一。

击穿电压的大小与电极的形状和大小，电极之间的距离，油中的水分、杂质、压力、温度、所施加的电压特征等因素有关。为了生产的安全，对新油、运行油和再生油均应作击穿电压试验。

11. 介质损耗因数

当绝缘油受到交流电压作用时，就要消耗某些电能而转变为热能，单位时间内这种消耗的电能称为介质损耗。

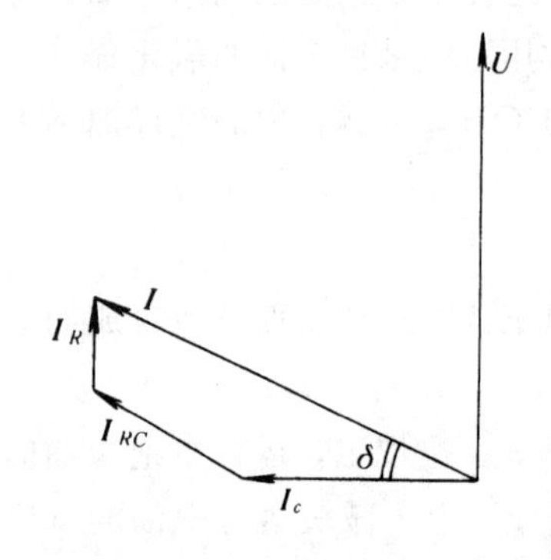

图 2-1 介质损耗角正切的向量关系图
I_c—电容电流；I_R—传导电流；I_{RC}—吸收电流

绝缘油在施加交流电压 U 时，若无介质损耗，则所产生的电容电流 I_c 与电压的相位差为 90°。但是，因为绝缘油中包含有极性分子和非极性分子，极性分子由于交变电场的作用，使极性分子不断地运动，因而产生热量，造成电能的消耗，相应消耗的电流称为吸收电流 I_{rc}，此电流是电阻电容电流，如图 2-1 所示；同时，部分电流直接穿过介质，即泄漏电流，也造成电能损耗，称为传导电流 I_R。由于有上述两部分介质损耗，使施加的电压 U 与所产生的电流 I（此时 $\vec{I}=\vec{I}_c+\vec{I}_{RC}+\vec{I}_R$）的相位差总小于 90°，其与原相位的差值 δ，称为介质损耗角。通常以 $\tan\delta$ 表示，称为介质损耗角正切，它是绝缘油电气性能中的一个重要指标。

正常的绝缘油通过的电流的有功分量为：$I'_R=I\sin\delta$，由于 $\sin\delta$ 很小，所以 I'_R 也忽略不计，因此，绝缘油才能绝缘。一旦油质变坏，相应地 δ 值也随之增大，I'_R 也就加大，表示绝缘性能差了。因此，我们用介质损耗角的正切（$\mathrm{tg}\delta$）表示介质损耗因数。

在生产中，$\mathrm{tg}\delta$ 只有在电器设备有反应时才进行测定。较为普遍地精确监测绝缘油性能的手段是用色谱仪分析油的化学成分，其测定按部颁《用气相色谱法检测充油电气设备内部故障的试验导则》执行。

按照工作条件的不同，对油的质量要求也不同，透平油要求具有良好的氧化安定性和抗乳化度；绝缘油要求具有很高的耐压能力和良好的安定性。所以，不论是新油还是运行油都要符合国家标准。变压器油的质量标准参见表2-1，汽轮机油的质量标准参见表2-2，运行中绝缘油、汽轮机油质量标准参见表2-3。

表2-1　　变压器油的质量标准（摘自GB 2536—81）

项　　目		DB-10	DB-25	DB-45	试验方法
外观		透明，无沉淀和悬浮物			
运动黏度（mm^2/s） 20℃ 50℃	 不大于 不大于	 30 9.6			GB 265—75
凝点（℃）	不高于	-10	-25	-45	GB 510—77
闪点（闭口）（℃）	不低于	140	140	135	GB 261—77
酸值$\left(\frac{mgKOH}{g}\right)$	不大于	0.03			GB 264—77
水溶性酸或碱		无			GB 259—77
氢氧化钠试验（级）	不大于	2			SY 2651—77
氧化安定性 氧化后沉淀物（%） 氧化后酸值$\left(\frac{mgKOH}{g}\right)$	 不大于 不大于	 0.05 0.2			SY 2670—76
介质损失角正切（90℃）（%）	不大于	0.5			SY 2654—66
击穿电压（kV）	不小于	35			GB 507—77

表2-2　　汽轮机油的质量标准（摘自GB 2537—81）

项　　目		质　量　指　标					试验方法
		HU-20	HU-30	HU-40	HU-45	HU-55	
运动黏度（50℃）	（mm^2/s）	18～22	28～32	37～43	43～47	53～57	GB 265—75
酸值$\left(\frac{mgKOH}{g}\right)$	不大于	0.03	0.03	0.03	0.03	0.05	GB 264—77
闪点（开口）（℃）	不低于	180	180	180	195	195	GB 267—77
凝点（℃）	不高于	-15	-10	-10	-10	-5	GB 510—77
灰分（%）	不大于	0.005	0.005	0.01	0.02	0.03	GB 508—65
水溶性酸或碱		无					GB 259—77
机械杂质（%）		无					GB 511—77
透明度		透明					
氢氧化钠试验（级）	不大于	2					SY 2651—77
破乳化时间（min）	不大于	8					SY 2610—66
氧化安定性 酸值至2.0$\frac{mgKOH}{g}$（h）	 不低于	1000	1000	实测			SY 2680—81

表 2-3　　运行中绝缘油、汽轮机油质量标准

序号	试验项目		绝缘油	汽轮机油
1	黏度（50℃）　运动　（mm^2/s） 　　　　　　恩氏　（条件度）			小于或等于 1.2×新油标准值
2	闪点（℃）		不比新油标准低 5 不比前次测定低 5	不比新油标准低 7 不比前次测定低 8
3	机械杂质（%）		无	无
4	游离碳		无	无
5	活性硫		无	无
6	酸值 $\left(\frac{mgKOH}{g}\right)$	不大于	0.1	0.2
7	水溶性酸或碱		pH 不小于 4.2	
8	水分		无	无
9	介质损失角正切（70℃）（%）	不大于	2	
10	氧化安定性：氧化沉淀物（%） 　　　　　氧化后酸值 $\left(\frac{mgKOH}{g}\right)$	不大于 不大于	0.05 0.2	
11	电气绝缘强度（kV） 用于 330～500kV 设备 用于 44～220kV 设备 用于 20～35kV 设备 用于 15kV 以下设备	不低于	 40 35 30 20	

二、油的分析化验

为了及时了解油的质量，防止因油的劣化而发生设备事故所造成的损失，应按规定进行取样试验。在新油或运行油装入设备后，运行一个月内，每 10 天应采样试验一次；运行一个月后，每 15 天采样试验一次。

运行中油的劣化速度加快时，应适当增加取样试验次数，找出原因，采取补救措施。当发生事故后，应对油进行试验，以便找出原因。在大修结束机组启动前，透平油必须作简化分析。油的任一性质突然改变，都必须研究这种现象，它可能表示油老化的结果，也可能预示用油设备内某种危险征兆。

油的试验设备按水电部规定，中、小型水电站一般只按简化分析项目配置化验设备。油化验设备见表 2-4。

表 2-4　　简化油化验设备

序号	设备名称	规格型号	单位	数量
1	久保斯克比色计		套	1
2	密度计或韦氏天平		套	1
3	pH 值酸度计	PHS-2　　DK-1	个	1
4	开口闪点测定器	GB 267-64　　3609 型	个	1

续表

序号	设 备 名 称	规 格 型 号	单位	数量
5	闭口闪点测定器	GB 261－64　　3205 型	个	1
6	恩氏黏度计	GB 266－64　　3608 型	个	1
7	水浴锅	4 孔　　40～100℃	个	1
8	架盘天平	台秤式药物天平	个	1
9	电光分析天平	TG328B	个	1
10	电热恒温干燥箱	202－1 型	套	1
11	绝缘油耐压试验	IJJ－60　　kV/2kVA	套	1
12	万用电炉	500～1000W	个	1
13	残碳测定器		个	1

电站油质试验方法按水电部 1984 年颁布的《电力系统油质试验方法》进行。许多小型水电站及水泵站因其用油量少，为了节省投资，一般不设油化验设备，可定期取样到油务中心进行试验。

第三节　油的劣化和净化处理

一、油劣化的原因和后果

油在运行、贮存过程中发生了物理、化学性质的变化，致使不能保证设备的安全、经济运行，这种变化称为油的劣化。油劣化的原因包括油被氧化了、油中混入水分和其他混杂物等。油被氧化使油性质发生难于逆转的改变，表现出酸值增高，黏度加大，闪点降低，颜色加深，并有油泥沉淀物析出。油劣化后将影响正常润滑和散热作用，并腐蚀金属和纤维物，使操作系统失灵等危险。促使油加速氧化的因素大致有：水分、温度、空气、天然光线和电流等。

1. 水分

水使油乳化，促进氧化，增加油的酸值。水分是从以下几个途径进入油中的：油表面与空气接触，直接吸收空气中的水分；空气在低温的油面冷却后析出水分；设备漏水；变压器和贮油罐的呼吸器中干燥剂失效，使空气把水分带入油容器内；以及油氧化后生成的水分等。当油劣化不严重时，外界进入的水与油不发生变化，是为游离状态，也即油和水是两相，水容易被清除。当水和油形成乳化状态时，油和水成为同相，水不易被清除，它危及油的安全运行。

2. 温度

油温升高就加快氧化速度。一般在 50～60℃ 油开始加速氧化，所以规定透平油工作温度不高于 45℃，绝缘油不高于 65℃。设备的过负荷，冷却水中断或润滑条件破坏等都会使油温升高。

3. 空气

空气中含有氧、水汽和尘埃等，不仅会促使油氧化，还会增加油中的水分和机械杂质。除了油的表面直接和空气接触之外，还由于添加油速度太快、回油管设计不正确以及设备运行对油的搅动等原因产生油泡沫而增加油与空气接触面积，都会加速空气中的氧、水汽和杂质进入油中。

4. 天然光线

天然光含有紫外线，它对油的氧化起触媒作用，促进油的劣化。

5. 电流

穿过油内部的电流会使油分解劣化。如发电机转子铁芯的涡流穿过轴承的油膜，会促使油质劣化。

为了延长油的使用期限，根据上述因素应采取相应的防护措施：把油设备密封，防止水分入侵，保持呼吸器良好；运行时不使设备过热；油系统的供排油管伸入油面以下，以避免供排油产生油泡沫；在避光、阴凉处存油；保持设备清洁等。当油已有劣化现象，就应进行必要的净化处理。

二、油的净化处理

轻度劣化或被水分和机械杂质污染了的油称为污油。污油经简单的净化后仍可使用。

深度劣化变质的油称为废油。废油需用物理化学或化学方法进行处理，使其恢复原有的性能，此法称为油的再生。油的再生只在油务中心进行。下面主要介绍常用的机械净化法。

1. 沉清

油罐中的油长期处于静止状态，待油中密度较大的水和机械杂质沉淀后清除之。沉清的速度取决于油的温度、黏度、油层高度和油中杂质的颗粒度。沉清所需的时间较长，也不能尽除油中水分与杂质，但对油无伤害，是各种机械净化法的第一步，也可作为运行中油循环的补充清净措施，例如漏油箱中的油可先送入沉清桶，经沉清排水后再送入油槽。

2. 压力过滤

压力过滤是利用压力滤油机把油加压，使它通过滤纸，由于滤纸对水分的吸附及对杂质的阻挡作用，而清净的油则可顺利通过滤纸，达到水分和机械杂质与油分开的目的。压力滤油机的工作原理，如图 2-2 所示。其工作过程如下：污油从进油口吸入，经粗滤器后进入油泵加压，把压力油送入滤床，渗透过滤纸。因滤纸的毛细管作用，把油中的水分吸附并把杂质阻挡住，清净的油从出油口流出。滤床由几片滤板和相应的滤框夹几组滤纸组成几个单独的过滤室，例如某厂生产的 YL-50 型滤油机由 8 片滤板 7 片滤框共夹 14 组滤纸组成整个滤床，每组滤纸由 2～3 张滤纸叠成。油进入滤床后从首张滤纸到末张依次渗透过去，因此一组滤纸中首张滤纸吸水及阻挡杂质最多，更换滤纸时只需取去污油流入侧的第一张，把新滤纸置于该组滤纸的流出侧。污染的滤纸经洗净烘干后仍可使用。随着滤纸的逐步污染，滤床进油侧的管路系统压力升高，当压力达到 300～400kPa 时就应更换滤纸。安全阀用以控制管路的最高压力，压力超过 400kPa 时，安全阀开启，压力油经安全阀进入粗滤器又到油泵进行自行循环。油盘收集滤床的渗漏油经回油阀进入粗滤器重新进入油泵，油样阀用以定期取样做试验。

压力滤油机结构简单，操作方便，工作可靠，在水电站及水泵站中广泛应用，它能过滤油中的杂质和水分。在更换滤纸时，必须停机，不能连续过滤。当油中水分较多时，还

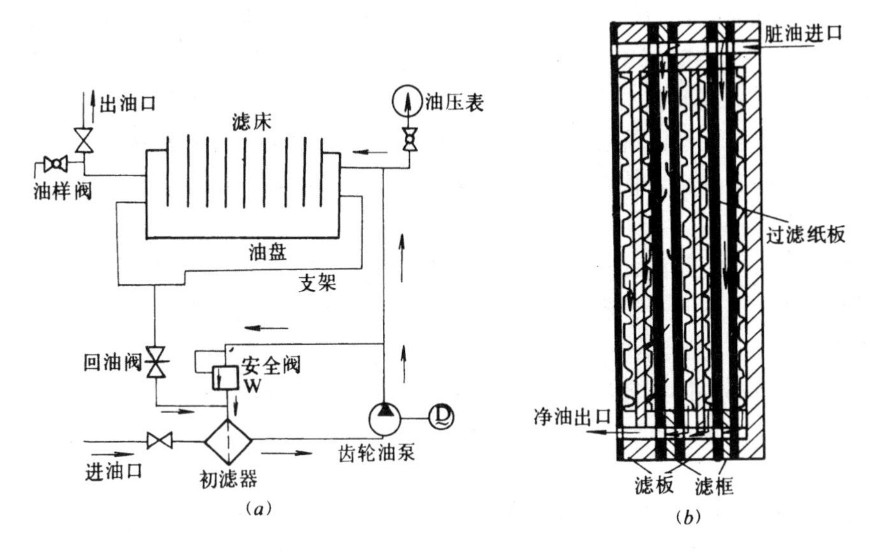

图 2-2　压力滤油机工作原理图和滤床示意图

(a) 工作原理图；(b) 滤床示意图

要用真空滤油机过滤。

3. 真空过滤

真空过滤是根据在同一压力（真空度）下，油与水的汽化温度不同（水的汽化温度低于油的汽化温度）的原理工作的，据此原理做成真空滤油机。显然，真空过滤是不能滤除机械杂质的，因此常在真空罐前设置油泵和粗滤器，先由粗滤器滤去油中的杂质和部分水分然后再由真空罐等部分滤去油中的水分和气体。真空滤油机的工作原理，如图 2-3 所示。

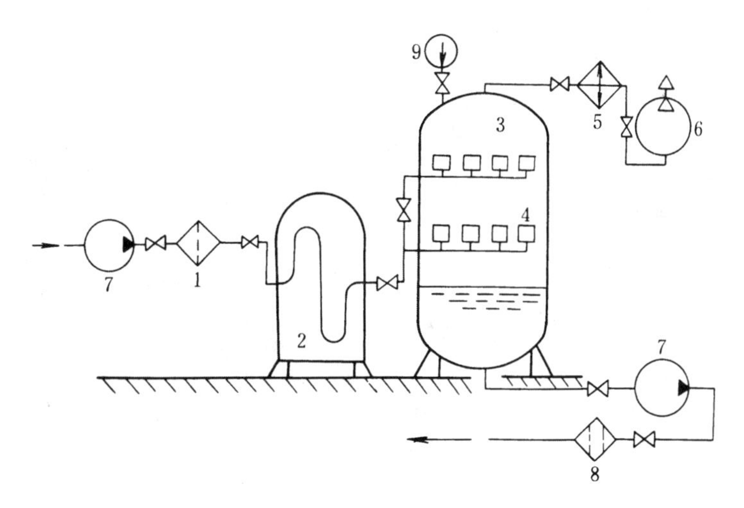

图 2-3　真空过滤工作原理图

1—粗滤器；2—加热器；3—真空罐；4—喷嘴；5—冷凝器；6—真空泵；7—油泵；8—精滤器；9—真空表

真空滤油机滤油时，污油从贮油设备经输油泵送入粗滤器1过滤并压进加热器2，把油温提高到50～70℃再送向真空罐3内，罐内真空度约为95～99kPa，经由喷嘴4把油喷射扩散成雾状。在此温度和真空度下，油中的水分汽化了，油中的气体也从油中析出，而油仍然是油滴，重新聚结沉降在真空罐容器底部。用真空泵6把集聚在真空罐上部的水汽和气体经由冷凝器5抽出，使油与水得到分离。真空罐底部的清净油用油泵7抽出，经过精滤器8输往净油容器。

真空滤油机的优点是滤油速度快、质量好、效率高。缺点是油在50～70℃下喷射扩散，会有部分被氧化；对杂质较多的污油，它的滤除能力不如压力滤油机，此时可在真空滤油机前串联一台压力滤油机，以滤除油中的杂质和部分水分；价格较贵。

由于真空滤油机的优点突出，对透平油和绝缘油都适用，尤其对提高绝缘油的绝缘强度更为显著，所以，在水电站中广泛使用。

4. 运行油的吸附处理

运行油除了加抗氧化剂以抑制油的氧化，延长使用期限之外，对轻度劣化（酸值在0.25mgKOH/g以下）的油，采用吸附工艺可以取得良好的效果。

吸附处理是在吸附器中放置吸附剂，由吸附剂吸附油中的氧化物，使油长期处于合格状态。常用的吸附剂有硅胶、活性氧化铝和块状白土等。吸附处理方法可以是连续处理法或间断处理法。

连续处理法（热虹吸法）：吸附剂放在与变压器连通的吸附器中，变压器运行时油受热而密度变小，油自变压器上部流入吸附器，油在流动过程中逐步冷却，密度又增大，从底部流回变压器；同时，油中的氧化物被吸附剂吸附，从而保证油长期处于合格状态，其装置原理如图2-4（*a*）所示。若变压器较小，可将吸附剂盛于布袋悬挂在变压器油箱的上部。

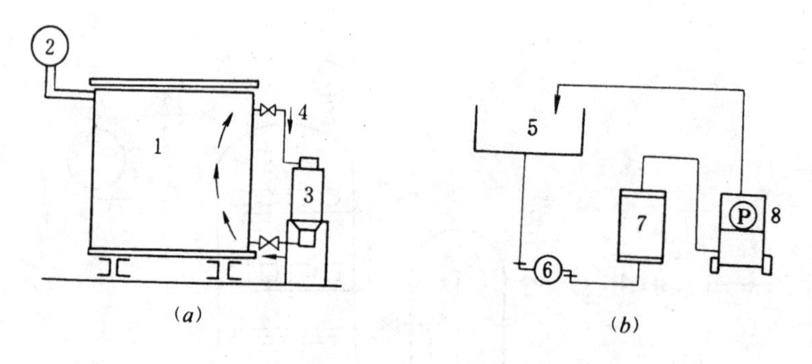

图2-4　油吸附处理法

（*a*）热虹吸处理法；（*b*）非连续处理法

1—变压器；2—油枕；3—吸附器；4—油的循环；5—油箱；6—油泵；7—吸附器；8—压力滤油机

非连续处理法（间断处理法）：设备检修时，把吸附器与净油机械串联使用，如图2-4（*b*）所示，既达到净化作用又起到吸附目的，尤其是透平油的吸附处理一般采用此法。

当油劣化较严重时，吸附处理效果欠佳。

5. 添加防锈剂

为了延长油的使用期，保证设备的安全、经济运行，除了对污油进行净化和吸附处理之外，还可在油中投入添加剂。除了抗氧化剂之外，还可在机组的汽轮机油中加入防锈剂。效果最好的防锈剂有十二烯基丁二酸（即T746），它是一种极性化合物，溶在汽轮机油中对金属表面有很强的附着力，能形成一层保护膜，阻止水分和氧气接触金属表面，因而起到防锈作用。油中添加防锈剂能有效地解决油系统的锈蚀问题，尤其是调节系统中用以防止调节元件被锈蚀有重要意义，它不仅能保证机组的安全、经济运行，还能延长油系统的检修期，减少检修的工作量。

第四节　油系统的任务、组成和系统图

一、油系统的任务

为了做好油的监督和维护工作，使运行中的油类经常处于合格的状态，延长使用期，保证机组的安全、经济运行，需要有油供应、维护设备所组成的油系统。其任务如下：

（1）接受新油：接受运来的新油并将其注入贮油槽；对新油要依照油质量标准的要求进行取样试验。

（2）贮备净油：在油库中贮存足够数量的合格净油，以备事故更油和正常运行的补充消耗用油。

（3）向设备充油：对新装机组或经检修而把油排出的机组的用油设备充油。

（4）向运行设备添油：运行中由于油的蒸发、泄漏、取样、排污等损耗的油需要补充。

（5）从设备中排出污油：设备检修或油被污染，需要把油排出处理。

（6）污油的净化处理：污油经净化处理后送进净油槽备用；或机组检修时在机旁净化处理，净化后的油仍送回机组。

（7）油的监督与维护：对油量（油位）、油温、排污、定期取样等经常性的监督与分析化验及对油系统的管理和维护。

（8）废油的收集：把废油收集起来并送油务中心进行再生处理。

二、油系统的组成

油系统是用管网将用油设备、贮油设备（各种油槽、油池）、油处理设备连成一个油务系统。为了监视和控制用油设备的运行情况，还应装设有必要的量测与控制元件（如示流信号器、温度计、液位信号器等）。

三、油系统图

1. 油系统图的设计要求

油系统图的合理性直接影响到设备的安全运行和操作维护的方便与否。因此，应根据机组和变压器等设备的技术要求进行精心设计。具体要求可归纳为如下几方面：

（1）管道与阀门要尽量少，使操作简便不易出差错。

（2）油处理设备（包括滤油机、吸附器及输油泵等）可单独运行或串联、并联运行。

（3）污油和净油，透平油和绝缘油均应有各自的独立管道和设备，以减少不必要的冲

洗。对于小型水电站及水泵站，为了节省投资，净油设备常两系统共用一套设备，而且宜选用移动式的设备。

(4) 管网遍布全用油区，透平油沿厂房纵向设置两条平行的供、排油干管，每台机组旁引出支管。小型水电站及水泵站为了使管网简化，有时可只有机旁管而无干管，供、排油时，临时装设软管连接。还可在用油设备的供、排油支管上装设带常闭阀门控制的活接头，设备检修或停机时可实现机旁滤油。

(5) 在设备和管网系统的适当地方设置必要的监控元件，如温度计、油位器、示流器等。

油系统通常是手动操作。

2. 油系统图示例

油系统图的设计直接与电站的规模、布置形式和机组类型相关联。进行油系统图设计时，要从实际出发，力求简便、实用。

图 2-5 是转桨式机组的透平油系统图。电站装有两台机组，水轮机为 ZZ440-LJ-330 型，轴承为水润滑，每台机组均装设蝴蝶阀，蝶阀由一台 YZ-4 型油压装置（另设一台备用）操作，调速器为 ST-100 型，配 YZ-2.5 型油压装置。发电机为 TS-550/80-28 型，是悬吊式结构。油库设在厂内安装场下方。油槽之间以及油处理室和机组用油设备之间均用两根干管连接，使净油与污油管道分开。各净油设备均用活接头和软管连接，管路较短，操作阀门也较少，净油设备可以移动，较机动。机组检修或较长时间停机时，可通过装设在机旁的供、排油管上的活接头实现机旁过滤。系统能较好地满足运行和维护的要求。系统的操作程序见表 2-5。

表 2-5　透平油系统操作程序表

工作名称	使用设备	操作程序及设备
新油注入油槽Ⅰ（Ⅱ）	自流	油槽车、阀 2、软管、3、6（或 8）、油槽Ⅰ（或Ⅱ）
	压滤机（油泵）	油槽车、阀 2、LY（或 2CY）、3、6（8）、油槽Ⅰ（Ⅱ）
净油循环过滤	压滤机（真空滤油机）	油槽Ⅰ（Ⅱ）、阀 14（15）、4、LY（ZLY）、3、8（6）、Ⅱ（Ⅰ）
运行油注入油槽Ⅲ（Ⅳ）	自流	轴承油槽 25（28）、26（29）、排油管、46、18、10（12）、油槽Ⅲ（Ⅳ）
运行油过滤	压滤机（真空滤油机）	油槽Ⅲ（Ⅳ）、阀 16（17）、4、LY（ZLY）、3、6（8）、油槽Ⅰ（Ⅱ）
机旁循环过滤	压滤机（真空滤油机）	YZ 回油槽、35、LY（ZLY）、软管、36、YZ 回油槽
向轴承油槽充油	油泵（压滤机）	油槽Ⅰ（Ⅱ）、阀 7（9）、4、2CY（LY）、软管、5、g_2、供油管、23、47、51（54）、轴承油槽
向重力加油箱充油	油泵（压滤机）	油槽Ⅰ（Ⅱ）、阀 7（9）、4、2CY（LY）、软管、5、g_2、供油管、23、39、重力加油箱
向油压装置充油	油泵（压滤机）	油槽Ⅰ（Ⅱ）、阀 7（9）、4、2CY（LY）、软管、5、g_2、供油管、23、37、YZ 回油槽
废油排出	油泵	机组用油设备、排油管、阀 46、57、2CY、1、油槽车
废油排出	油泵	转轮室、2CY、45、排油管、46、57、软管、1、油槽车
事故排油	自流	阀 19、20（21、22）、事故排油管、事故排油池

注　Ⅰ、Ⅱ—净油槽，Ⅲ、Ⅳ—运行油槽，2CY—油泵，LY—压力滤油机，ZLY—真空滤油机，g_1、g_2—过滤器。

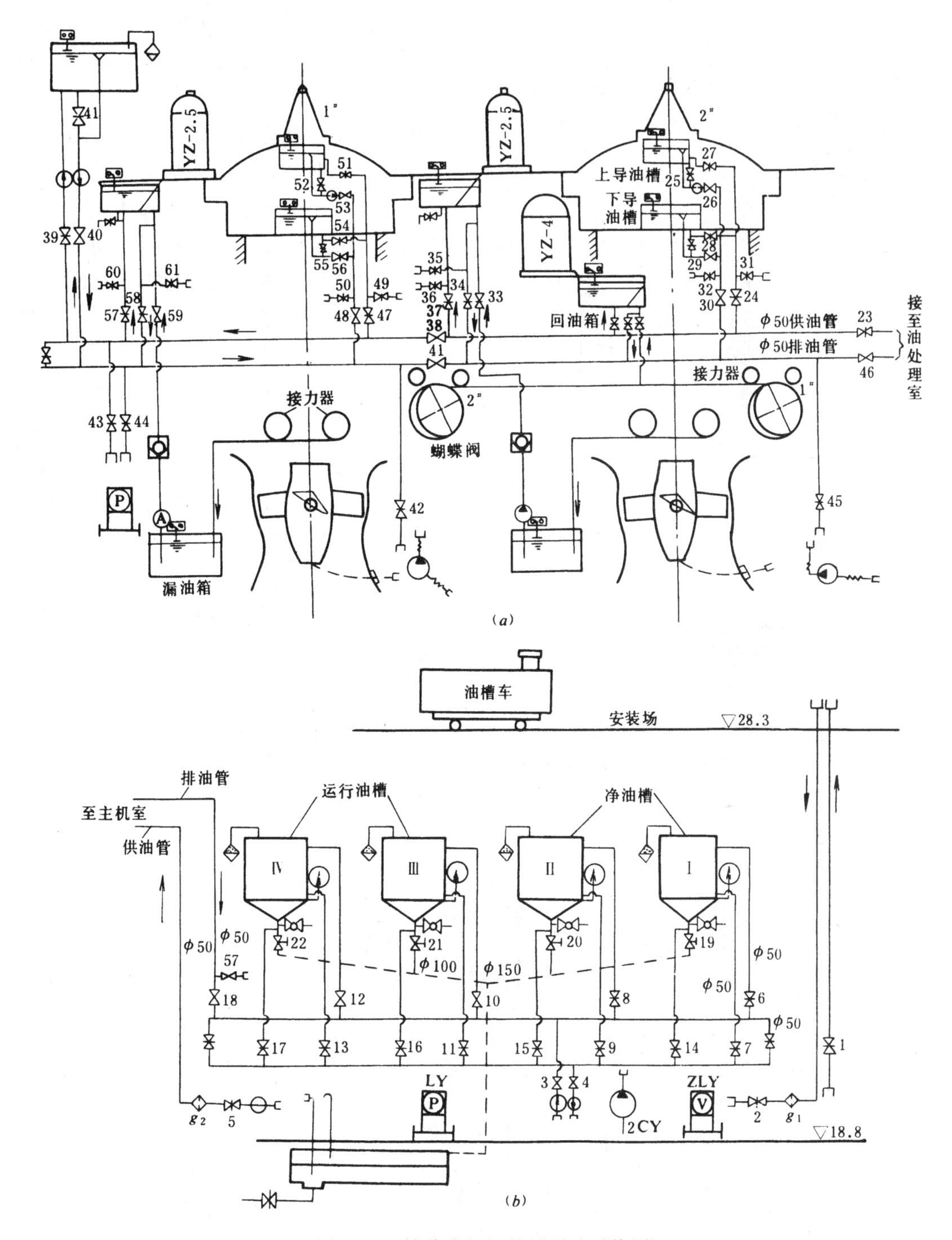

图 2-5　转桨式机组的透平油系统图

图 2-6 为某水泵站机组透平油系统图。轴流式水泵叶片为全调节，导轴承为水润滑橡胶轴承。电动机为悬吊式结构稀油润滑轴承。叶片调节用油压操作调节机构进行，用手动操作四通阀实现调节器压力油的换向回路，压力油由油压装置供应。

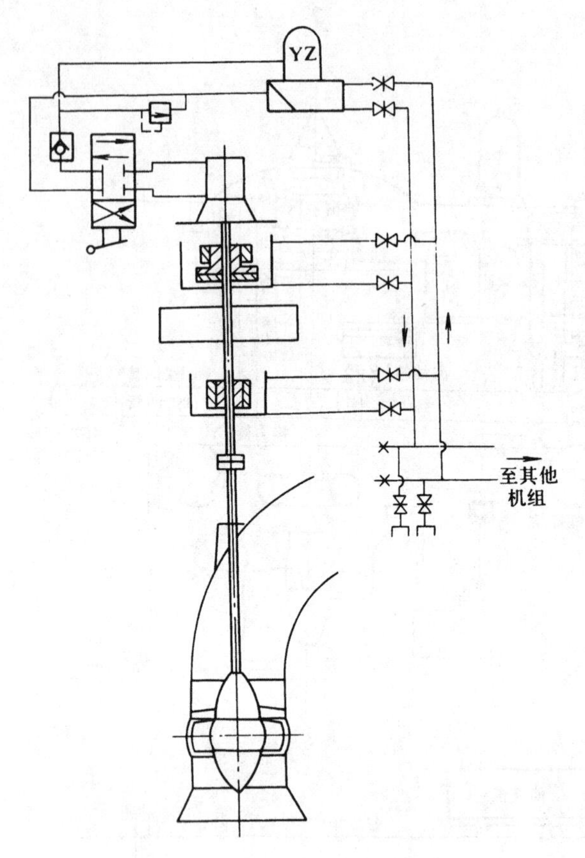

图 2-6　水泵站机组透平油系统图

图 2-7 为某水电站卧式机组油系统图。机组轴承采用压力循环润滑，每台机组设一个循环油箱，润滑油在油箱中经水冷却器冷却，每个循环油箱均设两台油泵向轴承供应压力油，一台工作一台备用。油处理设备是移动式的，用软管和活接头连接。这种型式切换阀门少，管路短，使系统大为简化。净油槽和运行油槽的容积均为 $3m^3$，各设一个。

对于许多小型水电站卧式机组，当采用油浸式油环润滑或刮板式润滑，则无需另设置循环油箱及其附属的油泵，各轴承的供排油管直接连接在供排油干管上，系统图更为简化。

图 2-8 为绝缘油系统图。变压器与油处理室之间采用带活接头的固定供排油管路，利用软管连接油处理设备和贮油设备，可以实现向设备供、排油，污油处理及运行油过滤等操作内容。变压器附有吸附器，可实现连续吸附处理。

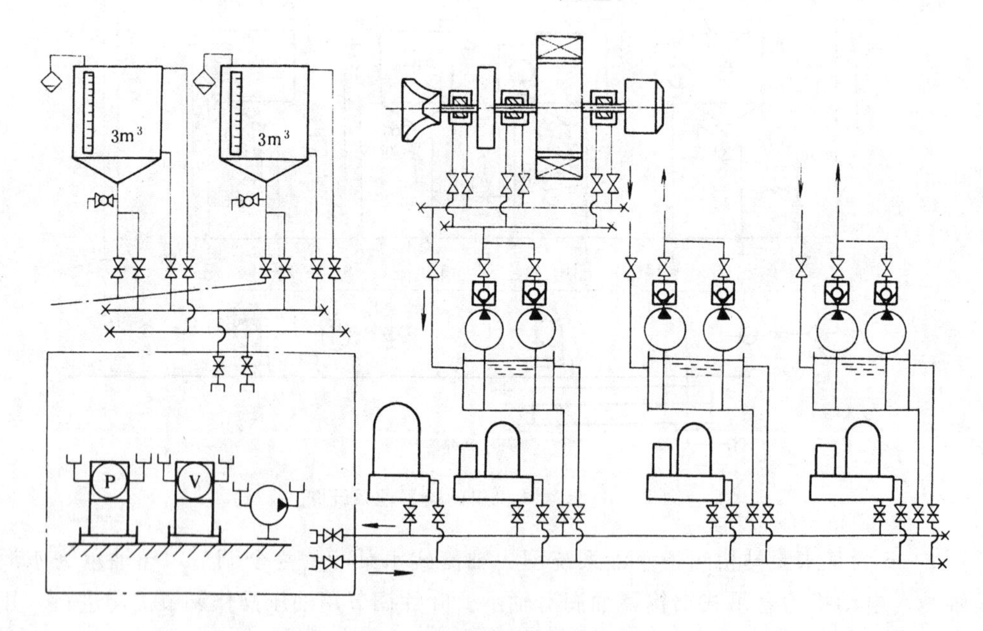

图 2-7　卧式机组油系统图

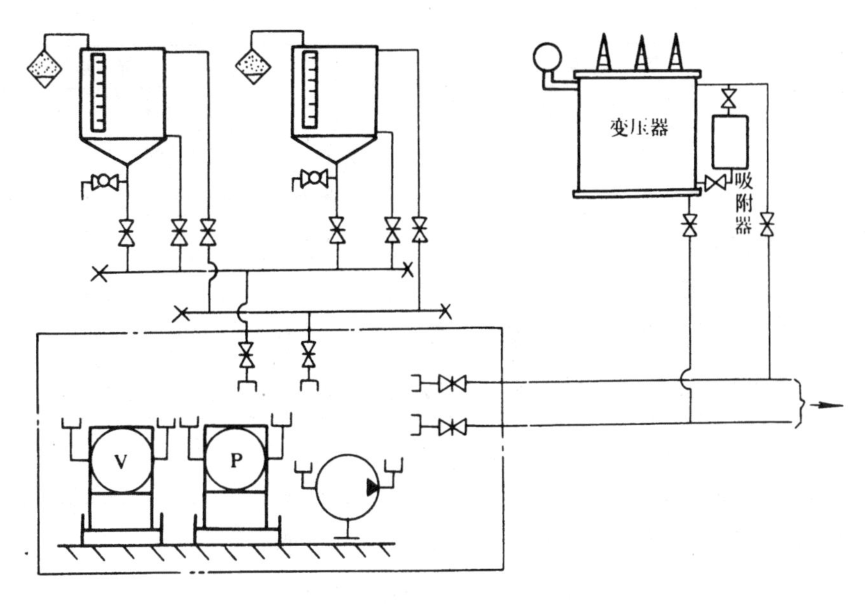

图 2-8　绝缘油系统图

第五节　油系统的计算和设备选择

一、用油量估算

设计油系统时，应分别编制设备用油量明细表，分别计算出透平油和绝缘油的总用油量。所有设备的用油量应以制造厂所提供的资料为依据。在初步设计阶段，未能获得制造厂资料时，可参照容量和尺寸相近的同类型机组的有关资料进行估算，变压器和油开关的用油量可在产品目录中查取。下面介绍透平油用油量的估算：

1. 水轮机调节系统的充油量（V_p）

水轮机调节系统的充油量包括油压装置、导水机构接力器、转桨式水轮机叶片的接力器以及管道的充油量。

（1）油压装置和部分带油压装置的中小型调速器的用油量可按表 2-6*a* 及表 2-6*b* 查取。

表 2-6*a*　部分调速器的充油量　（m^3）

型号	CT-40	YT-1000	YT-600	YT-300	TT-300	TT-150	TT-75
充油量	1.11	0.22	0.20	0.13	0.12	0.12	0.04

表 2-6*b*　部分油压装置的充油量　（m^3）

型号	充油量		型号	充油量	
	压力油箱	回油箱		压力油箱	回油箱
YZ-1.0	0.35	1.3	YZ-2.5	0.9	2.0
YZ-1.6	0.56	1.3	YZ-4.0	1.4	2.0

续表

型号	充油量		型号	充油量	
	压力油箱	回油箱		压力油箱	回油箱
YZ-6.0	2.1	4.0	HYZ-1.6	0.56	1.60
HYZ-0.3	0.105	0.3	HYZ-2.5	0.875	2.50
HYZ-0.6	0.21	0.60	HYZ-4.0	1.4	4.0
HYZ-1.0	0.35	1.00			

(2) 导水机构接力器用油量可根据接力器直径从表2-7中查取。

表2-7　导水机构接力器用油量

接力器直径 (mm)	300	350	375	400	450	500	550	600	650
两只接力器的充油量	0.04	0.07	0.09	0.11	0.15	0.20	0.25	0.35	0.45

(3) 转桨式水轮机转轮接力器用油量可按表2-8选取。

表2-8　转轮接力器、受油器用油量

(操作油压为2.5MPa)　(m^3)

转轮直径 D_1(m)	2.5	3.0	3.3	4.1	5.5
接力器、受油器的充油量	1.15	1.95	2.45	3.30	5.30

(4) 冲击式水轮机喷针接力器用油量按式(2-4)计算:

$$V_j=\frac{A}{P_{min}}\quad (m^3) \tag{2-4}$$

其中

$$A=Z_0\left(d_0+\frac{d_0^3H_{max}}{6000}\right)\times 10\quad (J) \tag{2-5}$$

式中　P_{min}——油压装置最低油压，Pa;

A——水轮机所需的调节功，J;

Z_0——喷嘴数;

d_0——射流直径，cm;

H_{max}——电站最大工作水头，m。

2. 机组润滑油系统充油量计算 (V_h)

机组润滑油系统指推力轴承和导轴承，当机组的资料较完整时，其用油量可按每千瓦损耗进行估算，即

$$V_h=(P_t+P_d)q\quad (m^3) \tag{2-6}$$

其中

$$P_t=AF^{3/2}n_e^{3/2}\times 10^{-6}\quad (kW) \tag{2-7}$$

$$P_d=\frac{\pi D_p h\mu V_u^2}{\delta\sqrt{1-\varepsilon^2}}\times 10^{-3}\quad (kW) \tag{2-8}$$

$$\delta=\frac{D_p}{2000} \tag{2-9a}$$

或

$$\delta=0.15+0.2D_p\quad (mm) \tag{2-9b}$$

式（2-6）～式（2-9）中

q——轴承单位千瓦损耗所需的油量（m^3/kW），按表2-9选取；

表2-9　　轴承单位千瓦损耗所需油量 q　　（m^3/kW）

轴　承　结　构	轴承单位功耗所需油量 q
一般结构的推力轴承和导轴承	0.04～0.05
组合结构（推力轴承与导轴承同一油槽）	0.03～0.04
外加泵或镜板泵外循环推力轴承	0.018～0.028

P_t——推力轴承损耗，kW；

P_d——导轴承损耗，kW；

A——系数，取决于推力轴瓦上的单位压力 p（和发电机结构型式有关，p 通常采用3.5～4.5MPa），在图2-9查取；

F——推力轴承负荷，包括机组转动部分的轴向负荷加上水推力（$\times10^{-4}$N）；

n_e——机组额定转速，r/min；

ε——偏心率，$\varepsilon=\dfrac{e}{\delta}$，可取 $\varepsilon=0.707$；

e——偏心距，m；

δ——轴瓦间隙，m；

D_p——主轴轴颈直径（m），与机组扭矩有关；

h——轴瓦长度（m），一般取 $h=(0.5\sim0.8)D_p$；

μ——润滑油的动力黏度，对于50℃的HU-20可取 $\mu=0.0175$(Pa·s)，HU-30可取 $\mu=0.0263$(Pa·s)；

V_u——主轴轴颈的圆周速度，m/s。

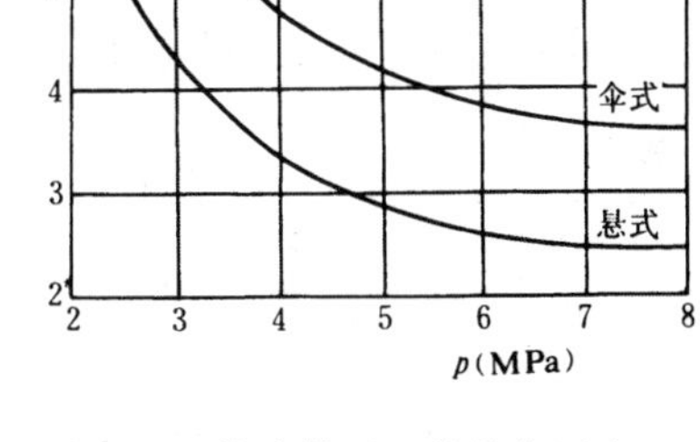

图2-9　推力轴瓦上的单位压力 p 与系数 A 的关系曲线

也可参照已运行的容量和尺寸相近的同类机组的资料进行估算。表2-10所列为部分水轮发电机轴承用油量。

表2-10　　部分水轮发电机轴承用油量　　（m^3）

发电机型号	上油槽	下油槽	发电机型号	上油槽	下油槽
TSL260/107-14	1.00	0.30	TSL215/45-12	0.25	0.046
TSL425/79-32	1.90		TSL215/36-16	0.07	0.020
TSL330/61-16	1.00	0.30	TSL260/42-24	0.24	0.025
TSL260/48-8	0.40	0.30	TSL260/33-24	0.40	0.046
TSL260/52-10	0.68	0.055	TSL173/29-10	0.25	0.150
TSL260/50-12	1.00	0.20	TSL215/21-14	0.15	0.040
TSL325/52-20	1.25	0.20	TSL260/28-28	0.24	0.025
TSL425/32-32	2.50		TSL173/23-10	0.25	0.15

续表

发电机型号	上油槽	下油槽	发电机型号	上油槽	下油槽
TSL325/44-22	1.25	0.20	TSL173/21-12	0.25	0.15
TSL425/38-48	1.58	0.30	TSL173/34-16	0.07	0.02
TSL425/44-48	1.42	0.30	TSL284/19-32	0.24	0.025

大、中型水泵站电动机轴承油槽充油量参见表2-11。

表2-11　　大中型水泵站电动机轴承用油量　　(m^3)

电动机型号	TL800-24/2150	1600kW/600kW变级	TL1600-40/3250	TDL325/56-40	TL3000-40/3250	TDL535/60-56	TDL550/45-60	TL1250-16/2150	TL7000-80/7400
上轴承	0.30	0.72	0.72	0.72	0.60	3.30	3.50	0.90	0.75
下轴承	0.10	0.22	0.22	0.22	0.35	0.30	0.30	0.16	7.00

3. 进水阀接力器的用油量 V_a 见表2-12

管道充油量 V_g 按上述总油量的5%计算。

表2-12　　进水阀接力器用油量　　(m^3)

进水阀型式	蝴蝶阀						球阀	
阀的直径(m)	1.75	2.00	2.60	2.80	3.40	4.00	1.0	1.6
接力器充油量	0.11	0.49	0.49	0.34	0.31	0.94	0.50	0.89

4. 系统用油量的计算

(1) 运行用油量(设备充油量)V_1:对于透平油系指一台机组润滑油量、调速器的充油量及进水阀接力器的充油量和管道充油量之和,即

$$V_1 = V_h + V_p + V_a + V_g \quad (m^3) \tag{2-10}$$

对于绝缘油系指一台电气设备(变压器和油开关)的充油量。

(2) 事故备用油量 V_2:以最大的一台设备充油量的110%计算,其中10%是考虑油的蒸发、漏损和取样的裕量,即

$$V_2 = 1.1V_{1max} \quad (m^3) \tag{2-11}$$

(3) 补充备用油量 V_3:设备运行中油的损耗需要补充油,为设备45天的添油量,即

$$V_3 = V_1 a \times \frac{45}{365} \quad (m^3) \tag{2-12}$$

式中　a——设备在一年中需补充油量的百分数。转桨式水轮机组取 $a=15\%\sim25\%$;其他机组取 $a=5\%\sim10\%$;变压器取5%。

系统总用油量:

$$V = \sum V_1 + V_2 + \sum V_3 \quad (m^3) \tag{2-13}$$

在进行上述计算时,应把透平油与绝缘油两系统分别计算。

二、油系统设备选择

根据水电站和泵站所在的地理位置及交通情况、装机容量、机组台数等因素,拟定油

系统的规模。在油系统类型和用油量确定之后就选择设备。设备的配置原则，按绝缘油和透平油两系统分别配置。设备包括：贮油设备、净油设备、油的吸附处理设备、油泵、油管和油化验设备。油化验设备一般中、小型水电站只设简化分析项目。

（一）贮油设备选择

（1）净油桶：贮备净油供设备换油时使用。容积为最大一台设备充油量的110%，加上全部运行设备45天的补充备用油量。即

$$V_{净}=1.1V_{1\max}+\Sigma V_3 \quad (m^3) \tag{2-14}$$

通常透平油和绝缘油各设一个。当泵站与变电站分开时，绝缘油用量少，只设一只0.2m^{3}油桶即可。

（2）运行油桶：设备检修时排油和净油用。考虑它可以兼作接受新油，并与净油桶互用，其总容积与净油桶相同，为了使运行油净化方便，提高效率，最好设两个运行油桶，每个运行油桶容积为总容积的一半。小型水电站和大中型水泵站其用油量少，可只设一个运行油桶。

即

$$V_{运}=V_{净} \quad (m^3) \tag{2-15}$$

（3）中间油桶：对于透平油系统，当油库设在厂外时，为了检修方便，可在厂内设置中间油桶，其容积等于机组最大用油部件的用油量。

（4）重力加油箱：设在厂内，用以贮存净油，作为设备自流补充添油的装置，其容积一般为0.5～1m^3。对于转桨式机组，其漏油量较大，添油频繁，可设置重力加油箱，其位置一般在厂房高处空间，如设在桥式吊车的轨道旁；混流式机组，漏油量少，可以不设，而用移动式小车添油。小型水电站和泵站其添油量少，一般不设重力加油箱，而用小油桶添油。

（5）事故排油池：接受事故排油用。设置在油库底层或其他合适的位置上，其容积为油桶容积之和。按设计规程规定亦可不设置。

在设计中要考虑运行中油的输送和处理，并对运行情况进行分析，然后确定实际所需设置的油桶，尽量做到经济合理。

（二）油净化设备的选择

（1）压力滤油机和真空滤油机的选择：按8h内净化一台最大机组用油量或24h内净化一台最大变压器的用油量，同时考虑压力滤油机更换滤纸所需时间，计算时应将其额定生产率减少30%，并考虑到真空滤油机工作时往往与压力滤油机串联使用，故滤油机的生产率应为

$$Q_L=\frac{V_{1\max}}{(1-0.3)t} \quad (m^3/h) \tag{2-16}$$

式中　$V_{1\max}$——最大一台设备的充油量，m^3；

t——滤清的时间，透平油取$t=8h$，绝缘油系统取$t=24h$。

根据透平油与绝缘油计算的Q_L值，在产品目录中选取压力滤油机和真空滤油机：大型水电站两个油系统均分别设置一台压力滤油机和一台真空滤油机；对于中型水电站各设一台压力滤油机，共设一台真空滤油机；小型水电站和大中型水泵站两系统各设一台压力

滤油机；特小型水电站可只设一台移动式压力滤油机，以减少设备的投资。

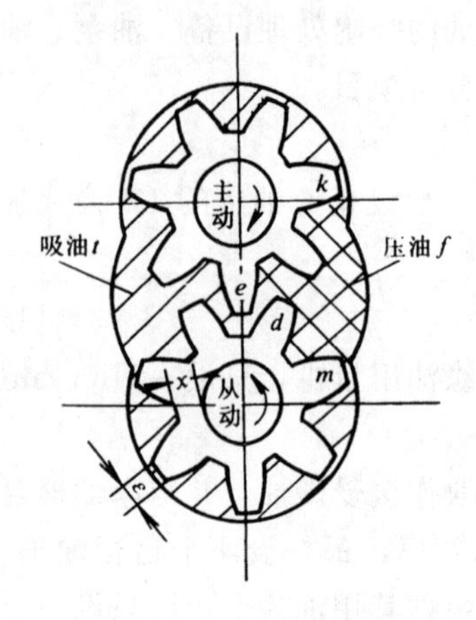

图 2-10　齿轮泵工作原理图

（2）油泵的选择：在接受新油、设备充油排油和油的净化时使用油泵输油。由于齿轮泵的结构简单、工作可靠、维护方便、价格便宜等优点，所以输油泵多采用齿轮泵。

齿轮泵有外啮合和内啮合两种。外啮合齿轮泵构造简单，价格便宜，在水电站和水泵站中广为应用。外啮合齿轮泵由泵壳、盖板和一对外啮合齿轮组成，如图 2-10 所示。

当齿轮按图示方向转动时，吸油侧的油分别被两齿轮的齿间带到压油侧，则吸油侧便形成一定的真空度而把泵外的油吸入，在压油侧由于两齿轮的轮齿投入啮合，贮油的空间减少，油被挤压而压力升高并从压力油管排出。表 2-13 为几种齿轮泵规格和主要技术参数。

表 2-13　　几种齿轮泵主要技术参数

油泵型号	流量 (m^3/h)	排出压力 (MPa)	转速 (r/min)	气蚀余量 (m)	泵口径 (in)		电机功率 (kW)	泵重 (N)
					吸入	排出		
KCB-18.3	1.1	1.45	1430	5	G3/4	G $\frac{3}{4}$	2.2	760
KCB-33.3	2	1.45	1430	5	G3/4	G $\frac{3}{4}$	3	840
KCB-55	3.3	0.33	1430	3	G1	G1	2.2	690
KCB-83.3	5	0.33	1430	3	G1 $\frac{1}{2}$	G1 $\frac{1}{2}$	3	780
KCB-300	17	0.33	960	3	70mm	70mm	5.5	1900
2CY4.2/25-1	4.2	2.5	1500	9.5	G1 $\frac{1}{4}$	G1 $\frac{1}{4}$	5.5	1600
2CY7.5/25-1	7.5	2.5	1500	9.5	G1 $\frac{1}{2}$	G1 $\frac{1}{2}$	7.5	2000
2CY12/25-1	12	2.5	1500	9.5	G2	G2	15	

注　产品型号意义举例：KCB-300：K—带安全阀，CB—齿轮泵，300—流量 300（l/min）；2CY4.2/25-1：2C—双齿轮，Y—油泵，4.2—流量 4.2（m^3/h），25—排出压力 2.5MPa。

油系统输油泵生产率按 4h 内充满一台机组或 6～8h 内充满一台变压器的用油量计算

$$Q=\frac{V_{1\max}}{t} \quad (m^3/h) \tag{2-17}$$

式中　$V_{1\max}$——一台机组或最大一台变压器充油量，m^3；

t——充油时间，透平油系统 $t=4$h；变压器油系统 $t=6\sim8$h。

油泵的扬程应能克服设备之间高程差和管路损失。根据生产率和要求的扬程在产品目录中选取油泵。一般按系统各选两台，其中一台移动式用以接受新油和排出污油。小型水电站和泵站也可只设一台移动式油泵。

（三）油管选择

（1）管径选择：按经验选择，压力油干管采用 $d=32\sim65\text{mm}$，排油干管取 $d=50\sim100\text{mm}$；也可按允许流速计算选择：

$$d=\sqrt{\frac{4Q}{\pi v}}\quad(\text{m}) \tag{2-18}$$

式中 d——油管直径，m；

Q——油管内的流量，m^3/s；

v——油管中流速，根据油的不同黏度在表 2-14 中选取。

表 2-14　　油管中流速推荐值　　(m/s)

油的黏度（°E）	1～2	2～4	4～10	10～20	20～60	60～120
自流及吸油管道	1.3	1.3	1.2	1.1	1.0	0.8
压力油管道	2.5	2.0	1.5	1.2	1.1	1.0

计算后选取标准通径，标准通径系列有：6、8、10、12、15、20、25、32、40、50、65、80、100、125、150、175、200、225、250、300、350mm 等。

支管直径按供油、净油和用油设备的接头尺寸而定。

（2）管材：选用焊接钢管或无缝钢管。不应选用镀锌钢管，以免促使油质劣化。软管可选用软钢管、耐油橡胶管和软塑料管。

三、油系统管网计算

当选择好设备、拟定出系统图并进行设备和管道的具体布置之后，对最远一台设备的管道进行压力损失计算，以校核油泵的扬程和吸程。具体计算方法与管道中的水力损失计算方法相似，参见本书第四章第五节的有关内容。只是油的黏度一般较水大，因此在相同条件下其阻力系数也较大，并且随工作温度变化而变化，故计算时，应考虑油在工作温度下黏度的影响。

（一）管道中的压力损失计算

管道中的压力损失计算和水力损失计算相似，可由下式表示：

$$\Delta P=\Delta P_1+\Delta P_2\quad(\text{Pa}) \tag{2-19}$$

其中

$$\Delta P_1=72\frac{v}{d^2}L\times10^5\quad(\text{Pa}) \tag{2-20}$$

$$\Delta P_2=\Sigma\xi\frac{v^2}{2g}\gamma\quad(\text{Pa}) \tag{2-21}$$

式（2-19）～式（2-21）中

ΔP_1——沿程压力损失，亦可按有关手册的图表选取；

ΔP_2——局部压力损失；

v——管中油的平均流速，m/s；

d——油管通径，mm；

L——直管段长度，m；

ξ——局部阻力系数；

g——重力加速度，m/s^2；

γ——油的容重，N/m^3。

油管路的局部损失，也可将管件转换为当量长度，然后再按管道的沿程损失计算。

（二）油泵排出压力的校核

$$P_{ch} \geqslant \gamma h + \Delta P \quad (\text{Pa}) \tag{2-22}$$

式中 P_{ch}——油泵排出压力，Pa；

h——充油设备的油面至油泵中心最大高程差，m；

其他符号的意义同式（2-19）～式（2-21）。

若油泵排出压力不能满足要求时，可以改选排出压力较大的油泵或加大管径来解决。

（三）油泵的吸程校核

油泵实际允许吸程 $[H_s]$ 应满足：

$$[H_s] \geqslant H_s + h_w \quad (\text{m}) \tag{2-23}$$

若油泵的工作条件与产品样本规定条件不同时，实际允许吸程按下式进行修正：

$$[H_s] = H_s + \left(\frac{P_j - P_f}{\gamma} - \frac{P_0 - P_{fo}}{\gamma_0}\right) \quad (\text{m}) \tag{2-24}$$

式（2-23）～式（2-24）中

H_s——产品样本上的允许吸程，m；

P_j——吸油面实际的绝对大气压力 Pa，应按吸油面的海拔高程，在表 5-2 中查取，该表的单位为 mH_2O；

P_0——产品样本上所要求的吸油面的绝对大气压力，一般取 P_0＝100kPa；

P_f——油泵实际工作温度下空气分离压力（Pa），见图 2-11；

P_{fo}——产品样本所要求的油温下的空气分离压力，Pa；

γ_0、γ——分别为产品样本上所要求的油温和油泵实际工作油温下油的容重，N/m^3；

H_g——油泵中心至最低吸油面的高程差，m；

h_w——吸油管路上的总损失，m。

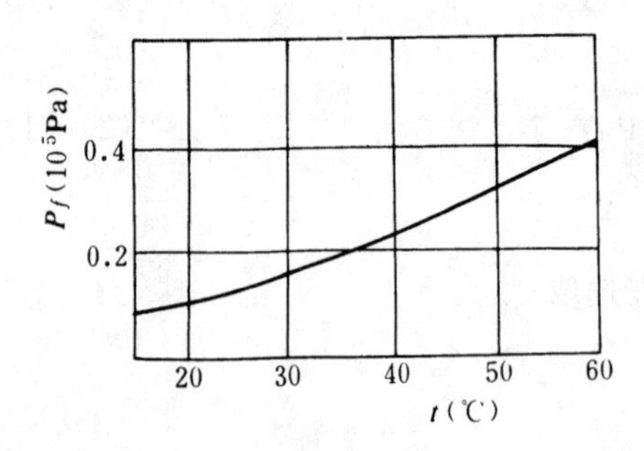

图 2-11 油温 t 与空气分离压力 P_f 关系曲线

四、油系统设计计算例题

（一）原始资料

电站位于我国南方某河流，是该河流梯级开发的第二级，建成后是县电网的主力电站。电站为坝后式单元引水，每台机组安装一台 DF175-43 型卧轴式蝴蝶阀。

1. 电站主要参数

电站水头：H_{max}＝34.5m，H_{pj}＝29.5m，H_p＝28.5m，H_{min}＝22.0m；

电站装机容量：N_y＝4×3000＝12000kW。

2. 水轮机及附属设备技术资料

水轮机为HL240－LJ－140型，额定出力为$N_r=3200kW$，额定转速$n=273r/min$，导轴承为油浸式稀油润滑。

调速器及油压装置：调速器CT－40型，共4台；蝶阀的操作选用YZ－1.0型油压装置2台，其中一台工作，一台备用。

3. 发电机及附属设备技术资料

发电机为TSL325/44－22型，额定出力为$P_r=3000kW$，额定转速$n=273r/min$，悬吊式结构。

4. 变压器及油断路器

主变：$SFL_1-8000/35$，2台；近效变：SL－1000/10，1台；厂用变：SCL－160/6，2台。

油断路器：$DW_2-35/600$，5台。

5. 要求

按初步设计要求，设计电站的油系统。

（二）确定油系统的类型及油的牌号选择

本电站是流域开发的主力电站，远离城市。油系统设置简化分析化验设备及相应的油处理设备，以为小电网的油务中心。

根据机组的转速较高及轴承的载荷不大的情况，选用黏度较小的HU－20透平油。

电站地处南方，气温较高，选用DB－25绝缘油，变压器与油断路器用同一牌号油。运行油桶变压器与油断路器各设一只。

（三）系统供油对象及用油量估算

1. 透平油系统

供油对象包括：机组推力轴承上导轴承、下导轴承及水导轴承润滑用油CT－40型调速器充油及供蝴蝶阀操作用的YZ－1.0型油压装置充油。

在初步设计阶段，尚无制造厂家的详细资料，可根据产品目录及相同类型机组的充油量初估，如下表：

充油对象	充油量（m^3）
机组推力、上导轴承	1.25
下导轴承	0.20
水导轴承	0.20
CT－40型调速器	1.11
YZ－1.0型油压装置	1.65

单台机组最大充油量$V_{1max}=4.63(m^3)$；

事故备用油量$V_2=1.1V_{1max}=5.09(m^3)$；

补充备用油量$\Sigma V_3=\Sigma V_1\dfrac{45}{365}a$。

$\Sigma V_1=15.06(m^3)$，对于混流式机组，取$a=10\%$，则：

$$\Sigma V_3=15.06\times\frac{45}{365}\times0.1=0.186(m^3)$$

全厂设备总充油量 $V=V_2+\Sigma V_1+\Sigma V_3=20.33(m^3)$。

2. 绝缘油系统

供油对象包括：$SFL_1-8000/35$ 变压器 2 台，$SL_1-1000/10$ 变压器 1 台，$DW_2-35/600$ 油断路器 5 台。

根据电器产品目录可查得单台设备充油量如下表（表中油的相对密度按 0.9 计算）：

充油设备	$SFL_1-8000/35$	$SL_1-1000/10$	$DW_2-35/600$
充油量（m^3）	3.4	0.8	0.9

最大一台变压器及一组油断路器的充油量 $V_{1max}=4.515(m^3)$。

事故备用油量 $V_2=1.1V_{1max}=4.97(m^3)$。

变压器及油断路器总充油量 $\Sigma V_1=12.71(m^3)$。

补充备用油量 $\Sigma V_3=\Sigma V_1\ \frac{45}{365}a$，其中 $a=5\%$则 $\Sigma V_3=0.078(m^3)$。

全厂设备总充油量 $V=V_2+\Sigma V_1+\Sigma V_3=17.76(m^3)$。

（四）油系统设备的选择

透平油库设在厂内安装场下面水轮机层，绝缘油库设在开关站旁边。

1. 贮油设备的选择

（1）净油槽的选择：

1）透平油槽容积 $V_{净}=V_2+\Sigma V_3=5.276(m^3)$，选用 1 个 $V_{净}=6m^3$ 的油槽。

2）绝缘油槽容积 $V_{净}=V_2+\Sigma V_3=5.048(m^3)$，选用 1 个 $V_{净}=6m^3$ 的油槽。

（2）运行油槽的选择：运行油槽的容积与净油槽容积相同，因贮油量不多，故透平油与绝缘油系统各选用 1 个 $V_{运}=V_{净}=6(m^3)$ 的运行油槽。由于油断路器的油在运行中污染程度较重，故另设一个 $1m^3$ 的油断路器运行油槽。

（3）事故排油池的选择：按所有油槽的容积之和考虑，透平油与绝缘油共设 1 个，其容积为 $V_{事}=12(m^3)$。

2. 净油设备的选择

（1）滤油机的选择：滤油机生产率按 $Q_L=\frac{V_{1max}}{(1-0.3)t}$计算：

透平油系统取 $t=8h$，则 $Q_L=0.83(m^3/h)=13.8(l/min)$。

绝缘油系统取 $t=24h$，则 $Q_L=0.27(m^3/h)=4.5(l/min)$。

因此，两系统各选用 1 台 LY-50 型移动式压力滤油机，两系统共同一台 ZLY-50 型真空滤油机。2 台 $SFL_1-8000/35$ 变压器各附一个油吸附器。

（2）油泵的选择：油泵生产率 $Q=V_{1max}/t$，取 $t=4h$，$V_{1max}=4.63(m^3)$，则 $Q=1.16(m^3/h)=19.3l/min$。

两系统各选用 1 台 KCB-18.3 型齿轮泵。

3. 管道的选择

供、排油干管均选用 $D_g=40\text{mm}$ 焊接钢管，支管根据设备的接口直径选用焊接钢管。

4. 油分析化验设备的选择

本电站为该流域的主力电站，故设置一套简化分析化验设备（设备项目见本章第二节有关内容）。化验室配置在绝缘油库毗邻。

（五）油系统图及操作说明的拟定

透平油系统见图 2-12，其操作程序如表 2-15 所示。

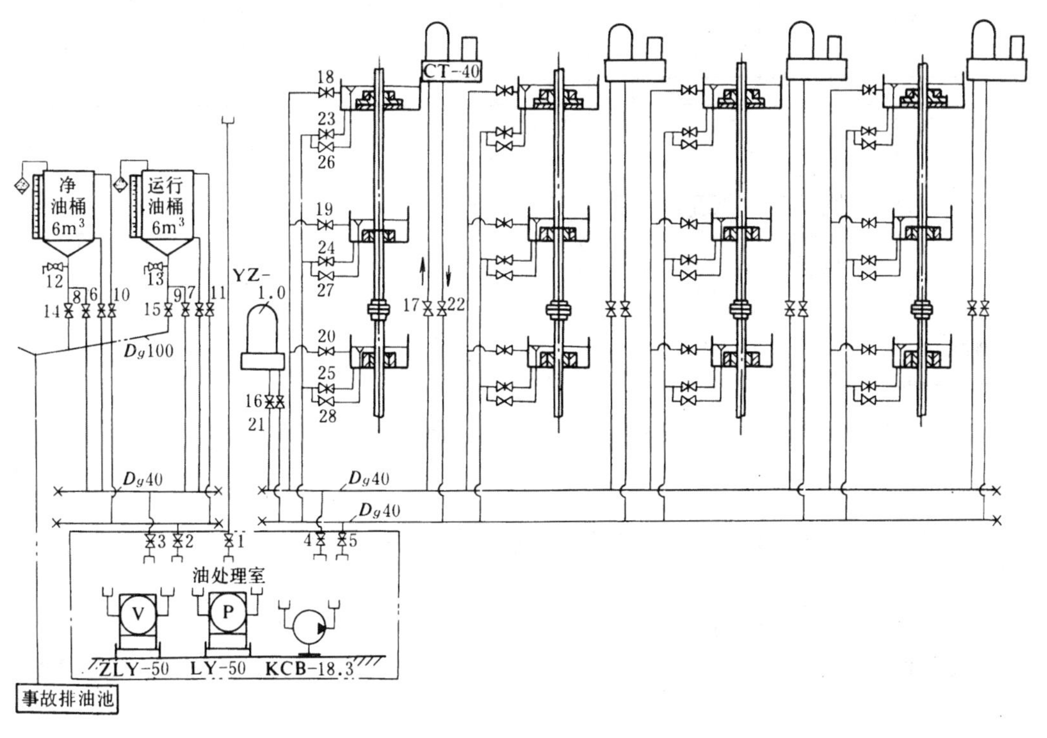

图 2-12 透平油系统图

表 2-15 透平油系统操作程序表

序号	工作名称	操作内容
1	接受新油	油槽车[①]，阀 1，LY-50、阀 2、10（11），净油槽（运行油槽）
2	向设备供油	净油槽、阀 6，3，KCB，阀 4，16（17，18，19，20）
3	运行油循环过滤	阀 21（22，23，24，25），5，LY-50，阀 4，16（17，18，19，20）
4	运行油排入油槽	阀 21（22，23，24，25），5，KCB，阀 2，11，运行油槽
5	污油过滤	运行油槽，阀 9，3，LY（ZLY），阀 2，10，净油槽
6	废油排出	运行油槽、阀 9，3，KCB，阀 1，油槽车
7	事故排油	阀 14（15），事故排油池

① 油槽车在系统图中未画出。

绝缘油系统如图 2-13 所示，其操作程序类似透平油系统，故此从略。

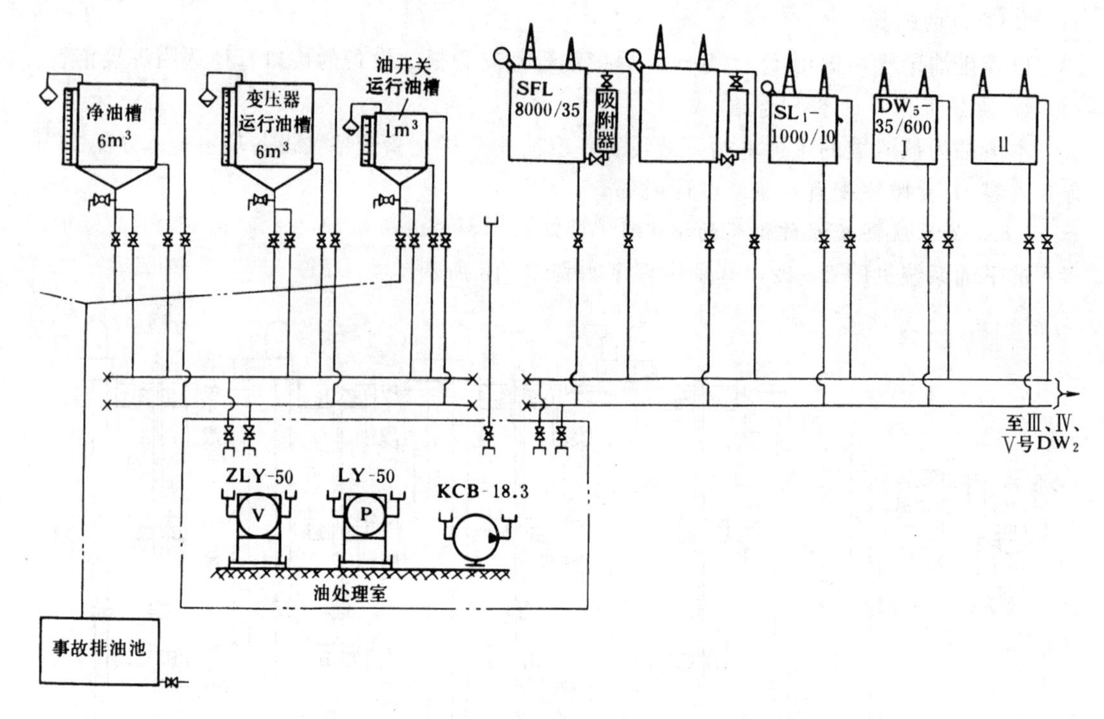

图 2-13 绝缘油系统图

第六节 油系统的布置及防火要求

一、辅助设备布置的要求

各辅助设备的合理布置，对快速安装、安全运行有密切关系。具体布置时应满足如下要求：

(1) 满足运行要求：应使各辅助设备在运行中操作简易、可靠，检查维护方便，有助于事故的处理。同时符合机组提前发电的要求，例如首台机组发电时的油、气、水供应能满足首台机组发电的需要。

(2) 满足施工、安装和检修的要求：施工安装期间就能使用永久性设备和场地。辅助设备管道与电气设备分开各占厂内的上游或下游一侧；对于安装管道的一侧，一般水管在最下方，在水管的上方敷设油管及气管，这样不仅使安装期间电气设备与辅助设备各工种互不干扰，而且油、气、水管道也可以各自分开作业，有利于各工种的平行作业。

(3) 满足经济要求：尽量减少土石方开挖量和混凝土工程量；管路布置尽可能短，以减少管路阻力损失和管材用量；尽可能做到整齐、美观、紧凑、协调。

(4) 满足安全要求：油系统尤其要注意满足防火的有关要求。

二、油系统的合理布置

油库应尽量靠近用油设备。透平油库一般设在厂内水轮机层或以下各层的副厂房内；绝缘油库可设在厂外的房子内，小型水电站及大中型水泵站常把两油库设在一处。油库的面积和高度应按厂房布置条件、油槽数量和尺寸确定。油槽顶部以上的净空应满足进人要求。油槽布置成一列，油位计要易于观察。油槽间净距不小于1m，油槽与墙的净距不小于0.75m，油槽前应有不小于1.5m的交通道。油库室温在5～35℃之间。在南方地区，空气比较潮湿，油库要有防潮措施，例如沿油库的墙根地板应留有排水沟，及时排出冷凝水，且油库应有通风换气设施，以防贮油槽及管道的锈蚀。

油处理室应布置在油库旁边，其面积视油处理设备的数量和尺寸而定。两台油处理设备之间的净距不小于1.5m，设备与墙的净距不小于1.0m，室内有足够维护和运行的通道。为防止烘箱内滤纸失火事故蔓延，可在油处理室内设专用的滤纸烘箱间，其面积在6～8m^{2}左右。

油库及油处理室的布置示例见图2-14。

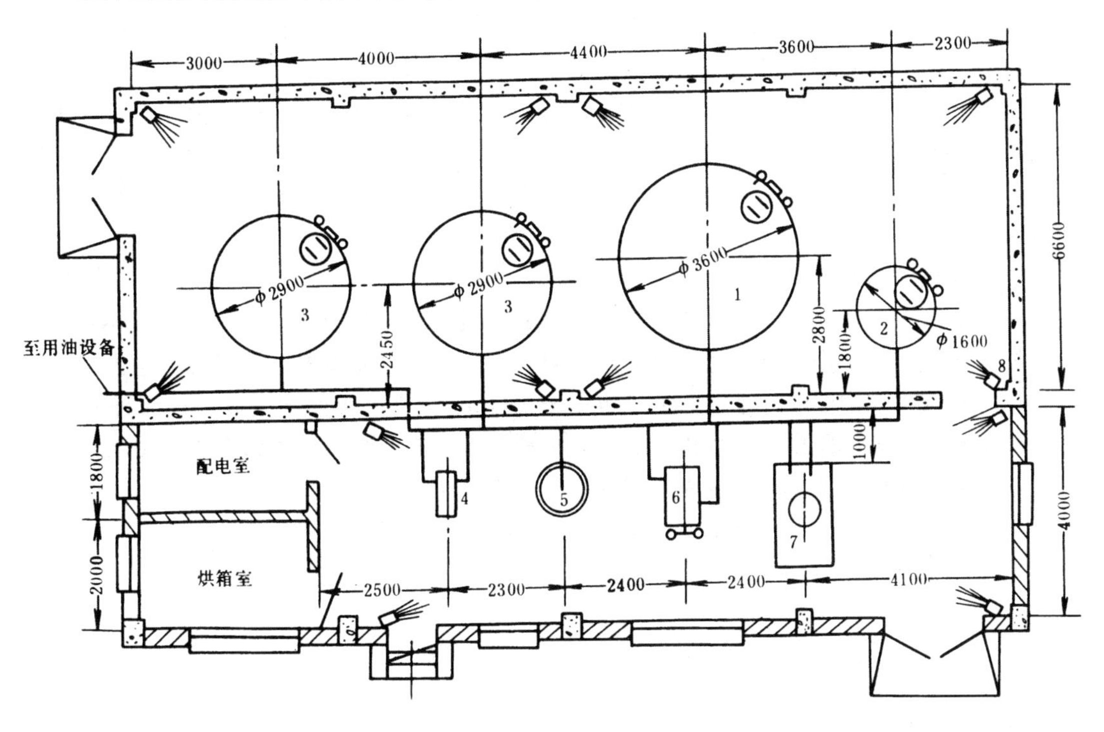

图2-14 油库及油处理室布置图

1—净油槽；2—添油槽；3—运行油槽；4—2CY-18/3.6-1型油泵；5—吸附过滤器；6—LY-150型压力滤油机；7—ZLY-100型真空滤油机；8—消防喷雾头

主厂房内油管道的布置应根据油系统图和水、气管路布置统一考虑，使厂内各系统的管路敷设整齐、美观。供排油干管沿厂房纵向布置在上游侧或下游侧，在各机组段引出支管。管路应明设或设置管沟，当管路穿墙或穿楼板时，在墙或楼板上应留有孔洞或埋设套管以便安装和维修。为使管路能把油排净，应有一定的坡度和在最低部位装设排油接头。为便于机旁滤油，可在水轮机层的机墩旁设置活接头。阀门和油接头的布置应便于操作、安装和检修，位置不宜过高。管路和阀门一般布置在墙上离地面约1～1.5m，离墙净距约0.2m。露天管路不能沿地面敷设，应有专门的管沟。当油管敷设在电缆沟内时，油管和电缆应分侧敷设，当油管与电缆交错时，它们之间的净距不小于150mm。漏油箱应布置在可能漏油设备的下面，并有排水设施，以免积水。

油化验室面积一般为30m^2左右，还应有6m^2左右的药品室和天平室。一般设在厂外或副厂房内。化验室应有良好的通风、采光和防震防噪音措施。

管路安装前应进行酸洗处理，把管壁的防锈油、铁锈、溶渣、灰尘及煨管时粘上的砂子全部清除后，用沾汽油的布连擦几次管内壁，再用白布擦净，直到白布不变色为止，最后在内壁涂一层透平油（或绝缘油）防止生锈。外壁先刷一层防锈漆，再刷一层调和漆或磁漆，一般压力油管外表涂红色，回油管涂黄色。

三、油系统防火安全要求

油库和油处理室的布置均应符合有关防火规程要求，主要有如下几项：

（1）油库与其他建筑物的防火安全距离要符合防火规程规定的距离。

（2）厂内油库不得超过两个。露天油库要有防雷设施。

（3）油库、油处理室应设两个安全出口，出口处设向外开的防火门；油库出口处应有挡油门坎。油库、油处理室之间及与其他房间之间应有挡火墙隔开；油库内应有油、水排出措施，油库宜采用水喷雾灭火装置或其他灭火装置。油化验室一般用泡沫灭火器、二氧化碳灭火器等。

（4）油槽及其管路均应接地。

（5）油库、油处理室、油化验室应有独立的通风系统，装设有每小时换气量不小于6次的防爆通风设备，排风口不能正对生产房间，火灾时能自动报警，并能自动停止通风。

（6）若设事故排油池，排油管径不应小于100mm，事故排油阀应设在油库外安全的地方并编号，避免误操作。事故排油池要防止积水，池底有管道把渗漏水排至集水井。事故排油池的顶部要严加密封，进人孔四周应有凸缘以防进水。

（7）化验室最低温度不低于12℃，采光要均匀，试验桌的光照度为300～500lx。

第三章 压缩空气系统

第一节 水电站和水泵站压缩空气的用途

一、空气的使用特性

空气具有极好的弹性（即压缩比大），使用方便，不会变质，易于贮存和输送，所需的设备简单、经济。所以，作为贮备能源介质的压缩空气在水电站和水泵站中得到广泛应用。

二、水电站和水泵站压缩空气的用途

水电站和水泵站中使用压缩空气的设备有下列几种：

（1）油压装置压力油槽用气。它是水轮机和轴流式全调节水泵调节系统和机组控制系统（如水轮机进水阀等）的能源。以具有良好弹性的压缩空气和几乎没有弹性的油液配合，用作能量的贮存和转换装置。额定工作压力一般为2.5MPa，大型机组也有选用4MPa的。

（2）变电站配电装置中空气断路器及气动操作的隔离开关的灭弧和操作用气。空气断路器的额定工作压力为2.0～2.5MPa，气动隔离开关和少油开关的操作气压一般为0.7MPa，为了干燥的目的，所采用的空压机额定工作压力与电气设备工作压力之比约为2～3，甚至更高。

（3）机组停机时制动装置用气。额定压力为0.7MPa。

（4）水电站水轮发电机组作调相机运行时向转轮室供气压水。额定压力为0.7MPa。

（5）安装、检修时风动工作及设备吹扫清污用气。额定压力为0.7MPa。

（6）水轮机导轴承检修密封围带充气。额定压力为0.7MPa。

（7）蝴蝶阀止水围带充气。额定压力比作用水压大0.1～0.3MPa。

（8）寒冷地区的水工闸门及拦污栅前防冻吹冰用气。工作压力为0.3～0.4MPa，为了防止供气管凝水结冰，额定供气压力为0.7MPa。

（9）大中型水泵站对于装有虹吸式出水流道的水泵，机组停机时向装于驼峰顶部的真空破坏阀供气，操作真空破坏阀动作，破坏虹吸管的真空度达到断流作用，以防止停机时水倒流入水泵造成机组反转。供气压力0.5～0.7MPa。

目前，也有采用压缩空气密封循环冷却，代替一般空气冷却器的发电机冷却，其冷却效果较好。对于高水头电站，也有用压缩空气强制向水轮机转轮室补气。试验表明，这种补气方式比用自由空气补气方式的效果较好。

还有的小型水电站，利用压缩空气充灌横跨河流的橡胶囊袋（有的是充水），作为橡胶坝拦截河道水流，使之形成一定作用水头以供发电之用。这种电站投资省，见效快，唯橡胶袋容易破裂，修补用的材料难于及时供应，而妨碍其推广应用。

在苏联、美国和西德等工业发达国家，还建有高压空气蓄能汽轮机发电站。利用旧矿井的洞穴作为空气蓄能室，当电力负荷低时，利用高压空压机（压力达 6～8.5MPa）把空气打入洞穴内，作为气能贮存起来，当电力负荷高峰时，放出压缩空气以驱动汽轮发电机向电网供电。这时压缩空气系统已成为电能生产中的主体设备之一。

从上述各类用途中可知，水电站和水泵站中所使用的空压机，从压力等级分类，均属低压（0.2～1MPa）和中压（1～10MPa）。习惯上，在水电站中通常把属于中压气系统称为高压气系统，它是相对于低压气系统而言。

上述油压装置及其空气压缩系统均设在厂内，故称为厂内高压气系统；空气断路器布置在厂外的房间内，供气压力在 4MPa 以上，其供气系统称为厂外高压气系统；水工闸门防冻吹冰气系统称为厂外低压气系统；其余的用气设备均设在厂内，工作压力为 0.7MPa，称为厂内低压气系统。

三、压缩空气系统的任务和组成

压缩空气系统的任务，是及时地按质（气压、干燥程度和清洁程度）、按量向用户供气。

为了完成上述任务，压缩空气系统应由空气压缩装置、供气管网和测量控制元件组成：

（1）空气压缩装置及其附属设备：水电站和水泵站中常用的空气压缩设备是活塞式空气压缩机，其附属设备包括贮气罐、气水分离器和空气冷却器等。

（2）供气管网：由干管、支管和各种管件组成，其任务是把压缩空气按要求输送给用户。

（3）测量控制元件：包括各种自动化测量及监控元件，用以保证设备的安全运行和向用户按质按量供气。

第二节　理想气体的状态方程和过程方程

一、理想气体的状态方程

水电站和水泵站各个用气设备在工作过程中，作为工作介质的空气，总是处在膨胀或压缩过程，与此同时，其相应的容积、压力和温度也在作相应的变化。为了确定压缩空气的用量与选择设备，了解空气压缩机的工作原理，需要对气体的某些特性有一定的了解。

为了研究问题方便起见，常引用理想气体这个概念，即对于理想气体，假定其气体分子不占有容积、气体分子间没有相互作用力（这一假设对本课程所涉及的工作压力不大的情况而言已足够精确了）。为了表征出气体的一个确定状态，必须同时用温度、压力和体积（或比容）三个参数。三个参数之间的关系可表示为理想气体的状态方程：

$$Pv = RT \tag{3-1}$$

或当有 G(N) 气体时，表示为

$$PvG = Pv = GRT \tag{3-2}$$

对于一定量的气体从状态 1 到状态 2，则有

$$\frac{P_1V_1}{T_1}=\frac{P_2V_2}{T_2}=RG \tag{3-3}$$

式（3－1）～式（3－3）中

P——压强（工程中习惯把单位面积上的作用力称为压力）（Pa），计算时应采用绝对压力；

V——有 G(N) 气体的容积，m^3；

T——绝对温度，K；

R——气体常数，是指 1(N) 气体在一定压力下，温度升高 1(K) 时所做的膨胀功(J) 数，对于干燥空气，$R=29.27$(J/NK)；

v——比容（m^3/N），标准状态下 $v_0=0.079$，m^3/N。

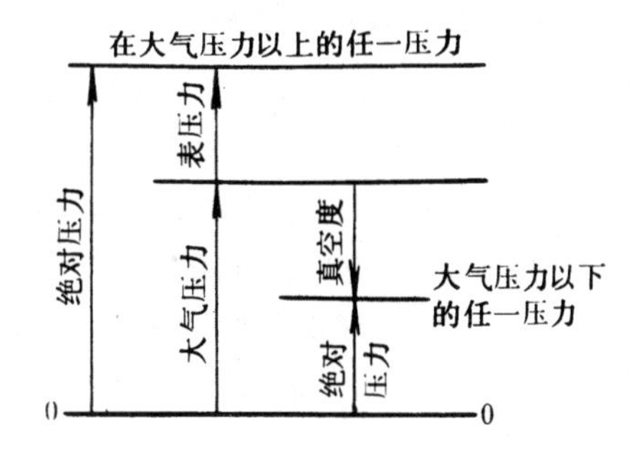

图 3－1　各种压力间的关系

绝对压力与表压力（或真空度）的关系如图 3－1 所示。

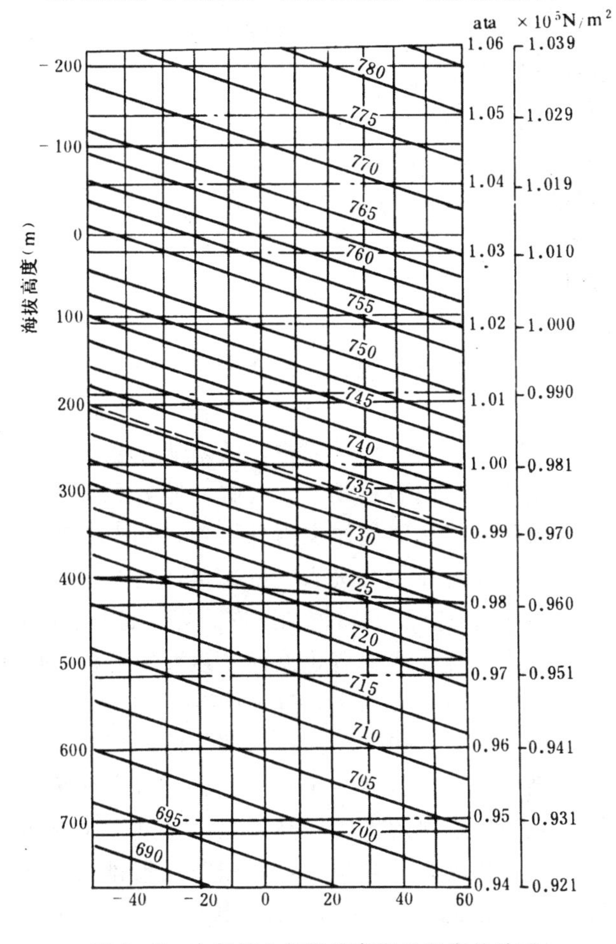

图 3－2　大气压力与海拔高度及温度的关系

一个工程大气压 $P_0=10mH_2O=735.5mmHg=0.98\times10^5Pa\approx100kPa=0.1MPa$。

大气压力与当地的海拔高度及温度有关，如图 3－2 所示。

二、理想气体的过程方程

当气体从一个状态经过压缩（或膨胀）变至另一状态的过程，可能伴随着与外界的热交换。为了反映这些过程的特点，气体参数间的关系常用过程方程式表示

$$P_1V_1^m=P_2V_2^m \tag{3-4}$$

或

$$P_2=P_1\left(\frac{V_1}{V_2}\right)^m \tag{3-5}$$

$$V_2=V_1\left(\frac{P_1}{P_2}\right)^{\frac{1}{m}} \tag{3-6}$$

$$T_2=T_1\left(\frac{P_2}{P_1}\right)^{\frac{m-1}{m}}=T_1\left(\frac{V_1}{V_2}\right)^{m-1} \tag{3-7}$$

式（3－4）～式（3－7）中

m——过程指数；

其他符号的意义同式（3－1）～式（3－3）。

过程指数 m 的值取决于变化过程中气体与外界的热交换情况：当过程中没有热量交换（例如过程完成极快，设备绝热条件很好）时，称为绝热过程，这时 $m=K$，K 称为绝热指数。$K=C_p/C_v$，其中 C_p 为气体的定压比热，C_v 为定容比热，对空气而言，$K=1.4$；当过程进行得极其缓慢，使气体完全完成与外界的热量交换（或压缩时，冷却条件极好）时，气体的温度始终保持不变，该过程称为等温过程，这时 $m=1$；当过程与外界有热交换，但未达到等温过程时，称为多变过程，这时 $m=n$，n 称为多变指数，且 $1<n<k$，实际工作中的过程都属于多变过程。

在实际计算压缩空气用量时，由于空气压缩机的排气量是按吸气状态下的气量（自由空气）计算的，为了选择空压机时计算方便，一般都按等温过程把压缩空气的用量折算成自由空气量，这在一般的计算中对其精确程度影响不大，是可以接受的。

第三节　活塞式空气压缩装置简介

气体压缩机在工业部门得到广泛应用，由于各部门所要求的气体压力和排气量不同，它们各自使用的压缩机也各不相同。活塞式空压机具有压力范围广、效率高、适应性强等特点而被广泛地采用。水电站及水泵站的气系统使用的空气压缩机都属于活塞式，故下面只简介活塞式空气压缩机的基本工作原理及其附属设备。

一、活塞式空气压缩机的工作原理

为了研究问题方便起见，先假定：

（1）气缸没有余隙容积，并且密封良好，气阀开、关及时。

（2）气体在吸气和排气过程中状态不变。

（3）气体被压缩时是按不变的指数进行。

符合以上三条件的工作过程称为理论工作过程。

图 3－3 为活塞式空压机的工作原理图，其主要部件包括：活塞 1、气缸 2、进气阀 3 和排气阀 4。

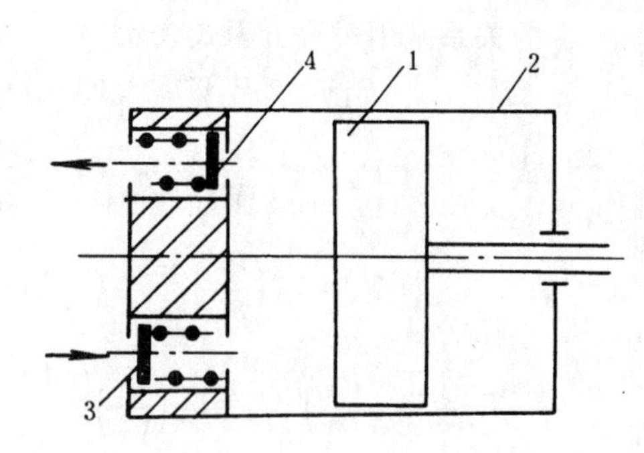

图 3－3　单作用式空压机原理图
1—活塞；2—气缸；3—进气阀；4—排气阀

在理论工作过程中，活塞从左止点（也称左死点）向右移动时，气缸左腔容积增大，压力降低，外部气体在内外压差作用下，克服进气阀 3 的弹簧力进入气缸左侧，这个过程称为吸气过程，直到活塞到达右止点（也称右死点）为止；当活塞从右止点向左返行时，气缸左侧内的气体压力增大，进气阀 3 自动关闭，已被吸入的空气在气缸内被活塞压缩而压力不断升高，这个过程称为压缩过程；当活塞继续左移直至气缸内的气压增高到超过排气管中的压力时，排气阀 4 被顶开，压缩空气被排出，这时气缸内的压力保持不变，直至活塞运动到左止点为止，这个过程称为排气过程。至此，空气压缩机完成了从吸气、压缩到排气的一个工作循环。活塞继续运动，则上述工作循环将周而复始地进行。活塞从一个止点到另一个止点所移动的距离称为行程。上述循环中，活塞在往返两个行程中只有一次吸气过程和一次压缩、排气过程，这种压缩机称为单作用式压缩机。

图 3-4 所示为双作用式空压机工作原理图。工作时活塞两侧交替担负吸气和压缩、排气的工作任务，因此，活塞往返的两个行程共进行两次吸气、压缩和排气过程，故称为双作用式压缩机。

为了获得有较高压力的压缩空气，可以将几级气缸串联起来工作，连续对空气进行多次压缩，即空气经前一级气缸压缩之后排出的压缩空气又进入下一级气缸进一步压缩，这种空压机有二级气缸、三级气缸直至多级气缸的连续压缩，其相应的空压机称为二级、三级或多级空气压缩机。如图 3-5 所示为两级单作用式空气压缩机工作原理图。

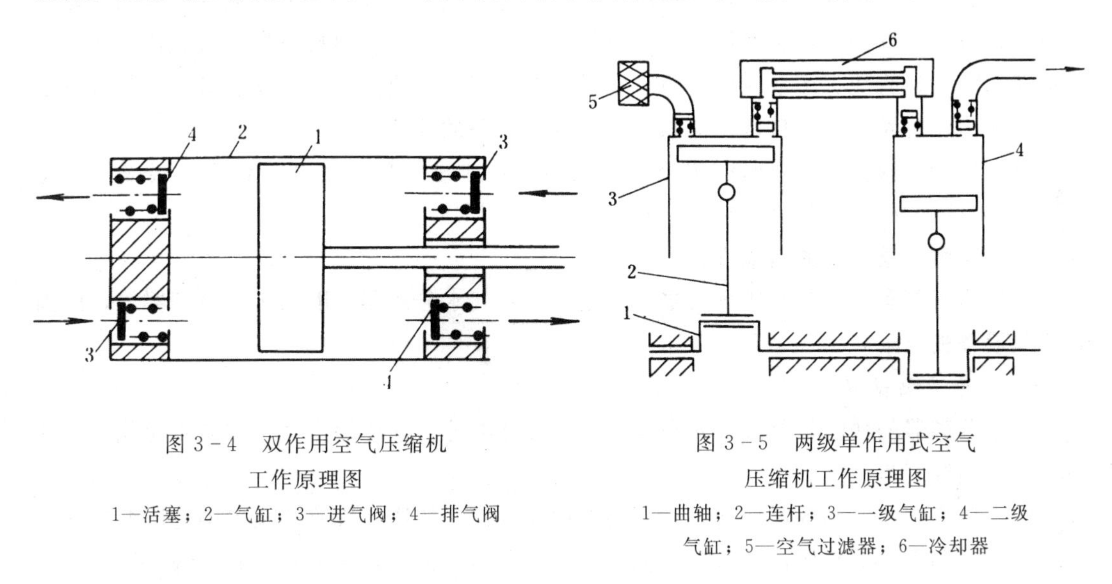

图 3-4 双作用空气压缩机工作原理图

1—活塞；2—气缸；3—进气阀；4—排气阀

图 3-5 两级单作用式空气压缩机工作原理图

1—曲轴；2—连杆；3—一级气缸；4—二级气缸；5—空气过滤器；6—冷却器

空气经一级压缩后，由于外功转化为气体分子内能，排气温度很高。因此，在多级空压机中，一级排气必须经过中间冷却器冷却之后才进入下一级气缸，以使气体内能减少，从而减少下一级压缩所需的外功。根据冷却器的冷却介质不同，有风冷式和水冷式两种，利用空气冷却的称为风冷式空气压缩机，利用水冷却的称为水冷式空气压缩机。风冷式空压机冷却效果较差，一般只用于小型空气压缩机。

多级式空压机根据气缸中心线的排列，可分为立式、卧式、角度式（V 型、W 型、L 型）等布置型式。

实际上，活塞式空气压缩机的工作过程与理论过程是有差别的：气缸中的余隙容积是不可避免的，因此，排气时必定有剩余压缩空气未被排出，在吸气开始阶段它会重新膨胀，使实际吸入的气体量减少；在压缩与排气过程有漏气现象；吸气时，外界气体要克服吸气阀的弹簧力才能进入气缸，排气时也要克服排气阀的弹簧力才能把压缩空气排出，因此，吸气过程气缸内部压力低于当地大气压力，排气过程气缸内部压力高于排气管的压力，实际吸气量及排气量均比理论过程为小；压缩空气时，气缸吸收热量而发热，直接影响吸入空气的温度；空气中含有水分，吸气时水蒸气也进入气缸，经压缩并冷却后，大部分凝结成水排除掉。所有这些因素使实际排气量比理论计算值小。实际空压机必须计及这些影响因素，常引用排气系数来表示，它是判定压缩机质量的参数之一，其值在0.60～0.85之间。

选择空压机时，根据用气设备所要求的排气量和排气压力，在产品目录中选择空气压缩机的容量及型号。

空压机的排气压力：通常是指最终排出空压机的气体压力，即空压机的额定压力。它不仅与空压机本身的结构有关，而且与排气系统中的气体压力有关。例如当排气管接通大气时，排气压力（表压力，下同）为零，此时相当于打开卸荷阀起动空压机状态；当排气管排入贮气罐时，排气压力即与贮气罐的压力相当。因此，空压机自启动后，一直到额定压力为止，其实际排气压力是在变化的，即从零逐步上升到额定压力。应该注意的是，当排气系统的压力高于额定压力值时，而空压机若继续工作就会出现空压机超负荷工作。为了防止超负荷运行而损坏空压机，每台空压机应在排气管道上（或附属设备上）装设安全阀，当压力超过额定值时自动溢流减压达到保护设备的作用。

空压机的排气量：单位时间内空压机最后一级排出的气体，换算到第一级吸气状态（压力、温度、湿度）下的数值，称为排气量。

二、空气压缩装置的其他设备

空气压缩装置除了空气压缩机之外，还要有：气水分离器、贮气罐、冷却器等，以满足用气设备的要求。

1. 气水分离器（又称油水分离器）

气水分离器的功能是分离压缩空气中的水分和油分，使压缩空气得到初步净化，以减少污染和腐蚀管道。

气水分离器的结构各不相同，它们的作用原理都是使进入气水分离器中的压缩空气气流产生方向和大小的改变，并依靠气流的惯性，分离出密度较大的水滴和油滴。

图3-6是隔板式和迴旋式气水分离器的剖面图。分离器底部装设的截止阀或电磁阀是作为排污兼作空压机起动卸荷阀之用。其中截止阀是手动操作，电磁阀是电气自动操作的。

2. 贮气罐

贮气罐的作用有：作为压力调节器，缓和活塞式压缩机由于断续压缩而产生的压力波动；作为气能的贮存器，当用气设备耗气量小于空压机的供气量的时候积蓄气能，而当耗气量大于供气量时放出气能，以协调空压机生产率与用户的用气量之关系；由于压缩空气进入贮气罐后温度逐渐降低，并且运动方向也在改变，从而将空气中的水分和油分加以分离和汇集，并由罐底的排污阀定期排污；贮气罐上装设的压力信号器还可根据管网中的空气消耗量不同而引起的压力变化来操作空压机的开启与关闭。

一般中、小型活塞式空压机均随机附有贮气罐，但其容积较小，在水电站一般需另设贮气罐。贮气罐是非标准容器，用钢板焊接而成，其结构，如图3-7所示。结构尺寸，可参阅有关设计手册的资料。贮气罐需要设置压力表（或压力信号器）、安全阀和排污阀等。

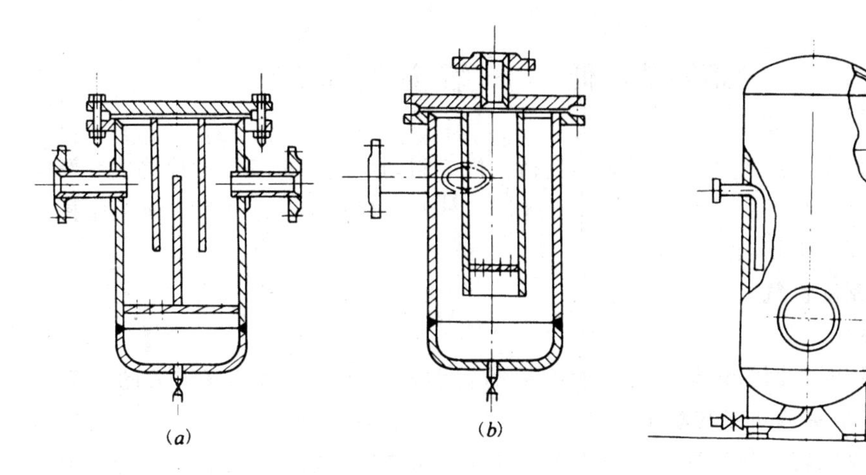

图 3-6　气水分离器的剖面图
(a) 使气流产生撞击并折回的气水分离器；
(b) 使气流产生离心旋转的气水分离器

图 3-7　贮气罐结构示意图

3. 冷却器

冷却器是一种热交换器，用作多级的空压机的级间冷却和机后冷却，即经过一级压缩的空气，必须经过冷却器冷却之后再进入下一级的压缩，以减少下一级压缩的功耗；或是经空压机压缩排出的高温空气经冷却器冷却后再进入用气设备或贮气罐，以降低排气的最终温度。

对于排气量小于 $10m^3/min$ 的小容量空压机大多采用风冷式冷却器，即把冷却器做成蛇管或散热器式，风扇垂直于管子的方向吹风；排气量较大的空压机多采用水冷式冷却器，有套管式、蛇管式、管壳式等。

表 3-1 为几种常用空气压缩机的主要规格表。

表 3-1　　几种常用空气压缩机的主要规格表

空压机型号	排气量 (m^3/min)	排气压力 (MPa)	转速 (r/min)	轴功率 (kW)	冷却方式	冷却水量 (m^3/n)	电动机功率 (kW)	贮气罐容积 (m^3)
2V-0.3/7	0.3	0.7	1450	2.5	风冷		3	0.065
2V-0.6/7	0.6	0.7	1450	4.7	风冷		5.5	0.10
11ZA-1.5/8	1.5	0.8	500	12.0	水冷	0.5	14	0.3
V-3/8-1	3	0.8	980	<19.0	水冷	≤0.9	22	0.5
YV-3/8	3	0.8	980	≤19	风冷		22	0.25
2V-6/8-1	6	0.8	980	≤37	水冷	≤1.8	40	1.0
CZ-20/30	0.34	3	1000	5.0	风冷		5.5	
CZ-60/30	1	3	750	15	水冷	1.0	17	
V-1/40-1	1	4	970	13.5	风冷		22	3

第四节 低压压缩空气系统

水电站和水泵站厂内低压供气对象包括：机组制动供气、设备维护检修供气及空气围带供气、水电站机组调相压水供气、寒冷地区厂外水工建筑物吹冰供气和水泵站操作出水管道驼峰上的真空破坏阀的供气等。

一、机组制动供气

（一）概述

机组在运转时，因为转动部分具有很大的转动惯量 J，所以具有很大的动能 E，即 $E=J\omega^2/2$，式中 ω 为机组转动角速度。当机组与电网解列，水轮机导叶关闭之后，机组的动能消耗在克服转子与空气的摩擦力矩、轴承的摩擦力矩以及水轮机转轮与水或空气的摩擦力矩上，机组经过一段时间之后就逐渐停下来。这段时间称为自由制动时间，依机组的转动惯量、转速的不同自由制动时间长短不一，一般在 10～30min 之间，对于大型低转速机组甚至可长达 1h 左右。若转轮在空气中旋转，则自由制动时间要长一些，倘若水轮机导叶漏水严重，有可能机组长期转动而不能停机。

机组的推力轴承承受着轴向荷载，转轴必须具有一定转速 n，才能形成一定厚度的油楔使轴承获得液体润滑摩擦，同理也适用于径向滑动轴承。在停机过程中，水推力随水轮机导叶的关闭而消失，但是立式机组的转动部件的重量很大，当转速降低很多之后，油楔厚度也迅速减少，到某个转速时就会出现半液半干摩擦，甚至出现干摩擦，致使轴瓦磨损，严重时会出现烧瓦。此时若冷却水照常供应，则轴承油温可能由于轴推力减少和总摩擦功耗减少而下降，但是轴瓦的局部磨损仍可能剧烈地出现，这主要是由于冷却水总供应量不变而相对供应量增加，掩盖局部温升的现象。所以，机组停机过程当转速降低到低速区（额定转速的 30%～40%）时必须进行强迫制动，使机组在 2～4min 内停下来。这时机组的动能已经很小了，所需的制动力矩也不大。根据设计规程规定，容量大于 250kVA 的立式机组都应设置制动装置。图 3-8 所示为机组停机在自由制动和强制动过程的转速变化情况。

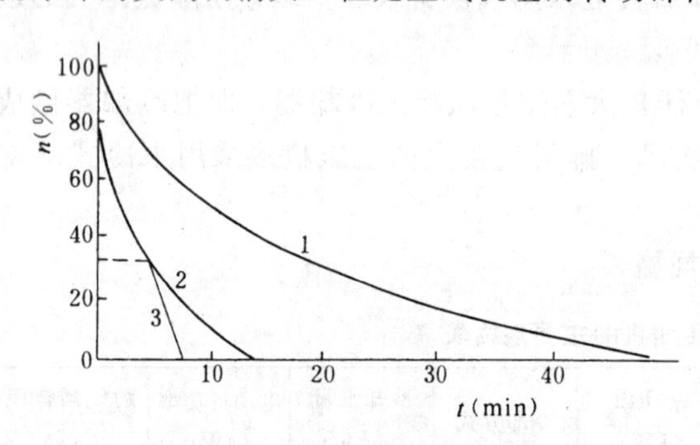

图 3-8 机组在自由制动和强迫制动过程的转速变化曲线
1—转轮不淹在水中；2—转轮淹在水中；3—强迫制动；虚线为开始制动时刻

机组制动一般都采用机械式制动装置。由于压缩空气具有弹性，制动柔和，目前广泛采用压缩空气做制动装置的工作介质，制动工作由制动器完成。图 3-9 为 O 型密封制动器的结构图。

在立式机组中，制动器通常固定在电机的下支架上，或水轮机顶盖的轴承支架上，均

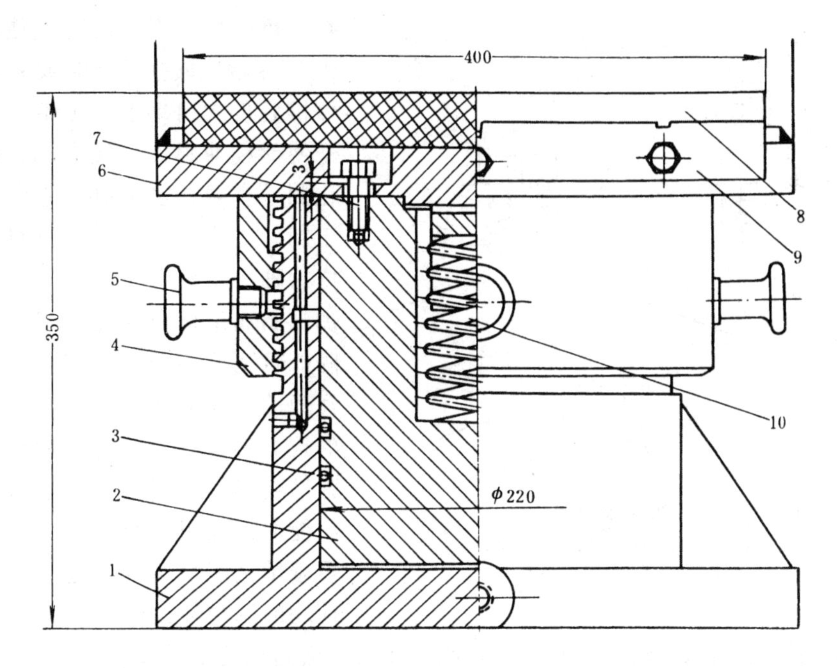

图 3-9 制动器结构图

1—底座；2—活塞；3—O 型密封圈；4—螺母；5—手柄；
6—制动板；7—螺钉；8—制动块；9—夹板；10—弹簧

匀分布 4～36 个，机组容量大，所需制动器个数也较多。工作时，由制动器上的耐磨制动块与发电机转子下的摩擦环板间产生摩擦力矩来实现制动。在卧式机组中，制动器装在飞轮下缘两侧，制动时，制动器顶住飞轮的轮缘以实现制动。

制动装置除用于制动外，还兼作油压千斤顶用以顶起电机转子。立式机组长时间停机以后，推力轴承的油膜可能被破坏，在开机前用高压油泵（手油泵或电动油泵）把油压加到 8～10MPa 并通入制动器下腔，使制动闸把机组的转动部分抬高 15～20mm，重新形成油膜，然后把压力油排出即可开机。按规程规定，安装或大修后第一次停机 24h 以上，第二次停机 36h 以上，第三次停机 48h 以上，以后为 72h 以上需要顶起转子。有时为了检修，也可用制动器顶起转子。小型机组没有顶起装置的，在启动前通常用手动盘车，以使轴承形成油膜然后才开机。

电制动停机技术是一种新型的制动技术，在我国已开展了对大、中型机组的研究和试验，并取得肯定的成果，有关部门已建议推广应用。用电制动装置代替机械（压缩空气）制动装置，可以克服由于机械制动摩擦片的磨损所带来的严重污染和制动环磨损所造成的问题。只是从额定转速到制动完毕的总停机时间比机械制动时间略长一些。

随着塑料工业的发展，用特种塑料做成的轴瓦代替传统的巴氏合金，可使轴承工作性能大为改善。例如，苏联在推力轴瓦上采用氟塑料代替巴氏合金，制成所谓弹性金属塑料轴瓦（简称 ЭMII 瓦）。氟塑料是一种可塑、摩擦系数小（只有 0.05～0.08，而巴氏合金推力瓦的摩擦系数为 0.15～0.2）、耐腐蚀、吸水性小、耐磨损（其耐磨性能远比巴氏合金轴瓦好）和能在－180～＋250℃长期工作的材料。用它做成的推力轴瓦，甚至可使机组

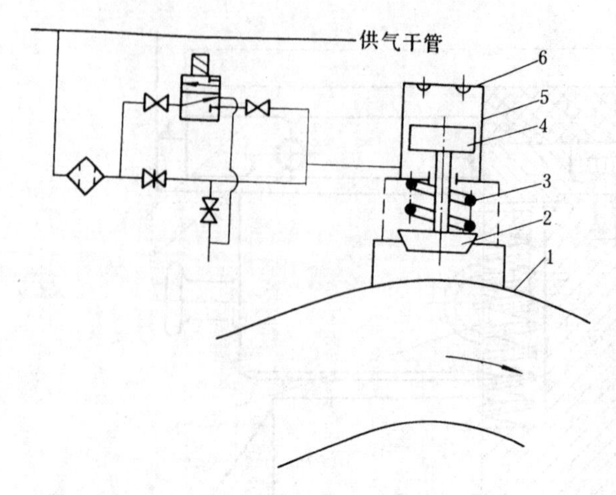

图 3-10　真空破坏阀工作示意图
1—水泵出水管；2—阀盘；3—弹簧；
4—活塞；5—气缸；6—接点

在停机过程中不必制动或使转速远低于35%额定转速下才制动；机组长期停机后再次启动前，可不必先顶起转子使形成油膜而直接启动，这可以简化制动装置；也可以免除电机定子由于制动造成的污染；在机组安装或大修后轴线调整盘车时，不需在瓦面上加油脂润滑即可转动转子；它能显著降低轴瓦摩擦面的局部接触应力，使瓦面的载荷分布均匀；它还具有很高的抗磨伤特性。经过长期运行，证明弹性金属塑料瓦的磨损非常小，其承载能力远比巴氏合金大，因而为制造重载轴瓦提供条件，是一种很有发展前途的制造轴瓦材料。

有些水泵站的出水管道是虹吸式的，此时在出水流道的驼峰顶部都装有真空破坏阀。水泵停机时，通过电磁配压阀把压缩空气引入真空破坏阀的活塞下腔，顶开阀盘使外界空气进入虹吸管内破坏其真空，达到断流作用，直到真空破坏阀全开时，其顶端的接点闭合，机组才投入制动。完成制动后压缩空气放气，阀盘在弹簧力作用下下落，关闭进气孔。机组起动时，虹吸管内的空气被水压缩，压力升高直至顶开阀盘排出，在排出过程中，流道内压力不再升高以减少机组起动扬程，使水泵迅速平稳地过渡到正常运转。其后由于水流的挟气，管内压力逐步降低，阀盘又落下，机组进入稳定运行状态。图 3-10 为虹吸式出水管道的真空破坏阀工作示意图。

（二）制动装置系统

制动用气是从厂内低压气系统中通过专用的贮气罐和供气干管供给的，工作压力为0.5～0.7MPa。接通机组的管路及控制元件集中布置在制动盘内。图 3-11 是一个常用的机组制动原理图。

1. 制动操作

自动操作：机组在停机过程中，当转速降低到规定值（通常为额定转速的35%）时，由转速信号器控制的电磁空气阀（DKF）自动打开，压缩空气进入制动

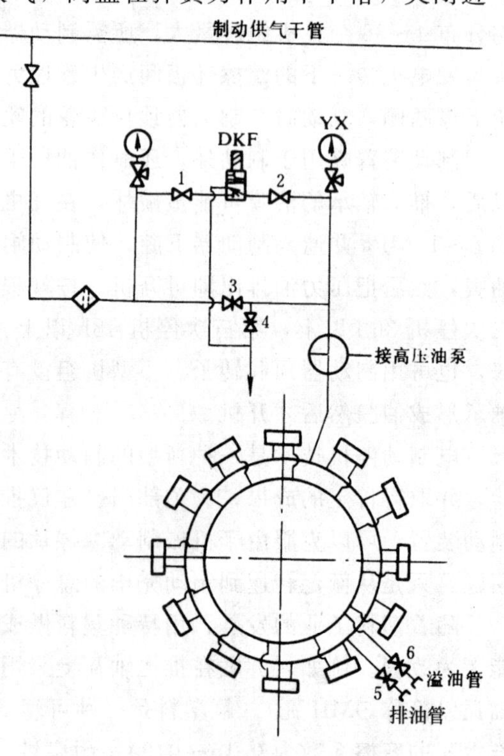

图 3-11　机组制动装置原理图

闸对机组进行制动。制动延时由时间继电器整定，经过一定时限后，机组停止转动，电磁空气阀 DKF 复归，制动闸与大气相通，压缩空气排出，制动完毕。排气管最好引到厂外或地下室，以免排气时在主机室内产生噪音和排出油污，吹起灰尘。

手动操作：当自动化元件失灵或检修时，可手动操作阀 3 制动，制动完毕时由阀 4 排气。

制动装置中的压力信号器 YX 是用于监视制动闸的状态，其常闭点与自动开机回路串联，当制动闸处于无压状态（即落下）时，才具备开机条件。

2. 顶起转子

切换三通阀使制动环管接通高压油泵，把油打入制动闸，使电机转子抬起规定高度。开机前放出制动闸中的油，打开阀 5 把油排至回油箱。制动闸和环管中的残油可用压缩空气吹扫。三通阀至制动闸的管道需承受高压，故均采用无缝钢管，其管件也根据油压而采用相应的高压管件。

（三）设备选择计算

1. 制动耗气量计算

制动耗气量取决于电机所需的制动力矩，由电机制造厂提供。设计时可按下列方法计算：

（1）按水电站机组制动一次耗气量 Q_0（自由空气）计算

$$Q_0=\frac{qtP\times 60}{1000P_0}\quad (\mathrm{m}^3) \tag{3-8}$$

（2）对于装有真空破坏阀的水泵站，一台机组停机制动及操作真空破坏阀所需的自由空气量按下式计算

$$Q_0=\frac{60P(nq_1t_1+q_2t_2)}{1000P_0}\quad (\mathrm{m}^3) \tag{3-9}$$

式（3-8）和式（3-9）中

q、q_2——在工作压力下，制动过程耗气流量（L/s），由电机厂提供，表 3-2 为某些水泵站机组的制动耗气量；

q_1——一只真空破坏阀耗气量（L/s），由制造厂提供资料，一般取 0.3～0.5L/s；

t 及 t_2——制动时间（min），一般为 2min，水泵站取 $t_2=1\mathrm{min}$；

t_1——真空破坏阀开启持续时间（min），$t_1=0.5\sim1\mathrm{min}$；

P——制动气压（绝对气压），一般为 0.7MPa；

P_0——大气压力，通常取 $P_0=0.1\mathrm{MPa}$；

n——一台机组使用的真空破坏阀只数。

（3）在初步设计时，可按下式估算

$$Q_0=\frac{KN}{1000}\quad (\mathrm{m}^3) \tag{3-10}$$

式中 N——发电机额定出力，kW；

K——经验系数，取 $K=0.03\sim0.05$，小机组取小值。

表 3-2　某些电动水泵机组制动耗气量　(l/s)

电动机型号	TL1600-40/3250	TL3000-40/3250	TDL550/45-60	TDL525/60-56	TL7000-80/7400
电动机额定容量（kW）	1600	3000	5000	6000	7000
制动耗气量	0.75	0.75	4	6	4

2. 贮气罐容积计算

贮气罐是机组制动的气源，贮气罐容积必须保证制动用气后罐内气压保持在最低制动气压以上。贮气罐容积按下式计算

$$V_g=\frac{Q_0ZP_0}{\Delta P}\quad(\mathrm{m}^3)\tag{3-11}$$

式中　Q——一台机组制动一次耗气量，m^3；

Z——同时制动的机组台数，与电气主接线方式有关，一般只考虑一台。对于水泵站，考虑临时停电的因素，Z 按泵站所有运行机组数计算；

ΔP——制动前后允许贮气罐压力降，一般取 0.1～0.2MPa；

P_0——大气压力，可取 $P_0=0.1$MPa。

中小型水电站及水泵站只设一个贮气罐，贮气罐的容积系列有：0.5，1.0，1.5，2，3，4，5，6，8，10（m^3）等。

3. 空压机生产率计算

空压机生产率按在规定时间（10～15min）内恢复贮气罐压力的要求来确定，即

$$Q_k=\frac{Q_0Z}{\Delta T}\quad(\mathrm{m}^3/\mathrm{min})\tag{3-12}$$

式中　ΔT——贮气罐恢复压力所需的时间，一般取 $\Delta T=10$～15min；

其他符号的意义同式（3-11）。

如果是专供制动用的空压机应选用两台，一台工作，一台备用。在综合气系统中，则综合考虑选用空压机。

对于水泵站，通常只有制动与检修两个用气项目，而检修耗气量一般可按 0.5m^3/min 选用，故选设备时，只需按制动要求选空压机，并使 $Q_k\geqslant0.5\mathrm{m}^3/\mathrm{min}$ 即可。

空压机宜选用冷却效果较好的水冷式空压机。

4. 供气管道选择

通常按经验选取：干管 $\phi20\sim\phi100$，环管 $\phi15\sim\phi32$，支管 $\phi15$。

冲击式机组的停机，一般采用反向射流冲到水斗背上以产生制动力矩来实现。用油压操作专设的反向射流针阀时，应注意配压阀电磁线圈断开时的机组转速和针阀关闭全行程所需时间的确定，应使转轮完全停止转动时射流刚好停止。图 3-12 为冲

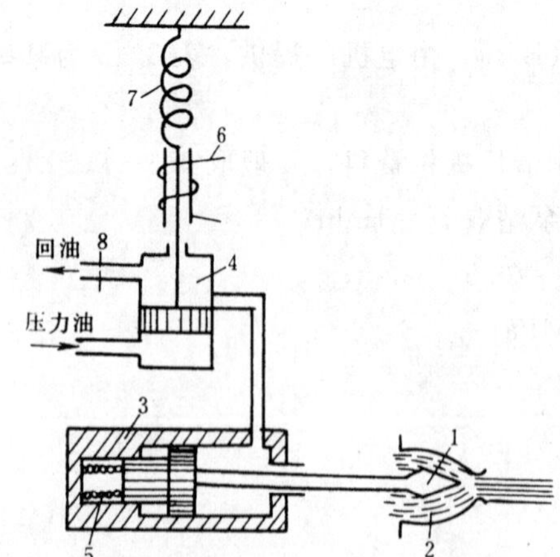

图 3-12　冲击式水轮机制动喷嘴控制系统

1—针阀；2—喷嘴；3—接力器；4—配压阀；5、7—弹簧；6—电磁线圈；8—节流片

击式水轮机制动喷嘴控制系统图。

二、机组调相压水供气

（一）概述

为了改善电力系统功率因素的需要，水轮发电机组有时被用作调相机运行，这时水轮机导叶关闭，发电机从电力网中吸收电能（有功功率），作同步电动机工况运行并输出感性无功功率。为了减少有功消耗，总是希望水轮机转轮能脱水运行，因为当下游水位较高、水轮机的转轮淹没在水中时，发电机连同水轮机转动所消耗的有功功率就较转轮在空气中运转的功耗大。实践证明，转轮在水中旋转所消耗的有功功率比在空气中旋转时大5～8倍甚至更多。例如，某水电站装有HL240－LH－410型水轮机，机组额定出力为45MW，当水轮机转轮完全浸入水中作调相机运转时，其有功功耗为8000kW，当转轮完全脱水运行时，其有功功耗为1400～1600kW。此外，作水泵工况运行的水轮机也会产生不同程度的气蚀。正因如此，当机组作调相运行时，广泛采用的办法是利用压缩空气把水轮机转轮室的水面压至转轮以下一定位置，以减少调相运行时的电能消耗。这就是调相压水供气。

电站根据电网的调度，当需要机组作调相工况运行时，只要通过操作发电——调相控制开关，即可将机组从发电工况切换为调相工况运行。这时导叶全关并且机组与电网不解列，压水供气装置随即向转轮室供气压水。

利用水轮发电机组作同期调相运行的优点有：比装设专门的同期调相机经济，不需额外的一次性投资；运行切换灵活，由调相机运行转为发电机工况运行只需10～20s，故承担电力系统的事故备用很灵活。其缺点是消耗电能比其他静电容器大。

除了压水调相以外，也可用抽水调相的办法，即关闭进水与尾水闸门，用水泵抽除尾水管中积水，使转轮在空气中旋转。但由于关闭闸门抽水需较长时间，转为发电工况运行时充水时间也长。还可把水轮机转轮与发电机解离进行调相工况运行，但其拆卸和安装工作颇费周折。上述两种办法仅适用于作季节性调相运行的电站或机组，例如以灌溉为主的季节性发电的电站。

大、中型电力水泵站用于排灌的利用小时并不高，一般每台机组多年平均年运行小时不超过2000h。因此，在非排灌季节，根据电力系统的需要，也可以进行调相，使机组作同期调相机运行，向系统输送无功功率。同时也可以避免机组因长期停机使设备受潮，以致降低绝缘性能。

采用电力水泵机组作调相机运行时，为了减少有功消耗，一般不是采用向转轮室供气压水而是采用如下措施：

（1）关闭进水闸门，将水泵转轮室的水引入集水廊道由厂内排水泵抽出，使水泵叶片脱水运行。但是水泵若采用水润滑的橡胶导轴承，应采用密封水箱供水管路，以保证导轴承有润滑水供应。同时，应将水泵叶片的角度调到最小，以减少有功损耗。

（2）将电动机与水泵轴脱离，或是把水泵叶片拆出运行而不必关闭进水闸门。

显然，只要能保证水泵导轴承润滑供水，采用脱水运行方法比较方便，尤其是排灌间隙利用机组作调相运行更机动灵活，因此，一般均采用脱水运行方法。

（二）给气压水的作用过程和影响因素

水电站的调相给气压水并不是只要把压缩空气充到转轮室内总能把水压到转轮以下

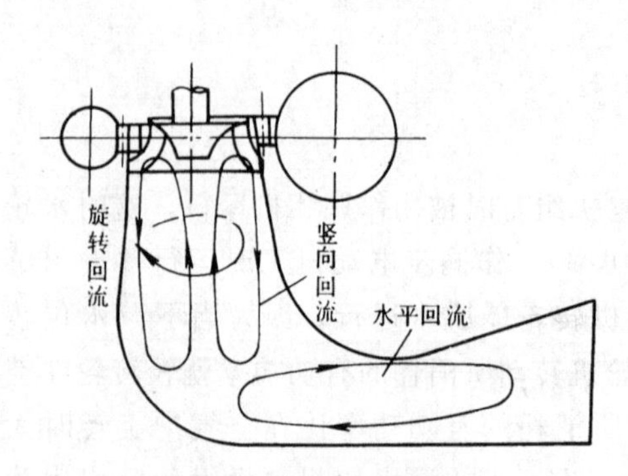

图 3-13　水轮机作调相运行尾水管中的回流状态

的。根据试验观察，在给气压水初期，转轮在水中旋转，一方面搅动水流使转轮室和尾水管的直锥段的水与机组同向旋转，形成旋转回流；另一方面在尾水管的垂直部分引起竖向回流；还在尾水管的垂直部分和水平部分引起水平回流，如图 3-13 所示。

压缩空气进入转轮室后，先被水流冲裂成气泡并由竖向回流和旋转回流将它带至尾水管底部，接着一部分气泡随竖直回流的中心水流又回升上去。另一部分气泡随水平回流携带而逸至下游，这部分由于水平回流而携带出去的空气流量称为携气流量，这部分逸气的多少直接关系到调相给气压水的成败：当起始给气流量较大，远超过携气流量的极限值，转轮室很快出现气水分界面，转轮搅动水流的作用立即减弱，由于继续供气，水面很快就被压下，其空气利用率很高（$\eta \approx 1$）；当起始给气流量较小，转轮室内将较晚出现气水分界面，这种情况供气时间较长，供气量大，逸气量多，空气利用率较小，即 η 小于 1；若给气流量很小，在供气过程中，始终不超过相应时刻的携气流量的极限值，转轮室始终不出现气水分界面，即给气量全部逸失，压水不会成功，压缩空气利用率 η 为零。

影响给气压水效果的因素有：给气压力、给气管径（与给气流量相关联）、贮气罐容积、转轮的型号、尺寸和转速、给气位置、下游水位、尾水管高度及导叶漏水量等。

1. 给气管径和给气压力

给气管径和给气压力直接影响起始给气流量 q(L/s)：管径小，管道阻力大且断面小，给气流量可能不足；给气压力大，给气流量也大，压水效果好，因此，供气支管直径不得小于 $\phi 80$。

2. 贮气罐容积

当起始给气流量足够大时，只要贮气罐容积能满足给气流量的要求，它对压水的成败就无甚影响。当起始给气流量较小时，要求有足够大的贮气罐容积，以满足持续给气的要求。

3. 给气位置

最好的给气位置是顶盖的边缘，空气从导叶与转轮叶片之间进入转轮室，但该处设孔较难，通常在顶盖上设置几个进气孔，空气从转轮上冠的减压孔进入转轮室。

4. 导叶漏水

导叶大量漏水，会促使水平回流连续不断，因而继续逸气，压水效果差。

5. 转速

转速越高，尾水管中的回流越强烈，逸气也大，压水效果差。

（三）设备选择计算

1. 充气容积的计算

充气容积包括：转轮室空间、尾水管的部分容积。其中尾水管的充气容积取决于压水深度，水利水电科学研究院1963年试验报告推荐水位压到尾水管进口以下（0.5～1.0）D_1，某些设计院建议压低水位距离转轮下环或桨叶下缘1～2m，转轮直径大、转速高的机组取大值。

以混流式机组为例，各部分的充气容积如图3-14所示，其计算式如下：

导叶部分

$$V_1=\frac{\pi}{4}D_0^2b_0\quad (m^3) \tag{3-13}$$

底环部分

$$V_2=\frac{\pi}{4}D_2^2h_1\quad (m^3) \tag{3-14}$$

尾水管锥管部分

$$V_3=\frac{\pi}{3}h_2(R^2+r^2+\gamma R)\quad (m^3) \tag{3-15}$$

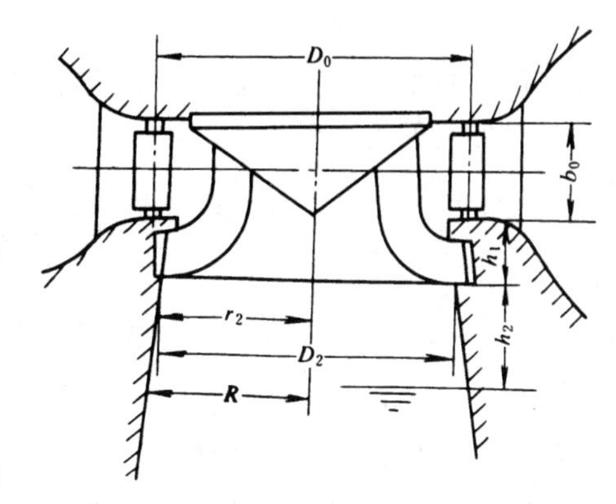

图3-14 混流式水轮机充气容积示意图

转轮所占容积

$$V_4=\frac{G}{\gamma_{钢}}\quad (m^3) \tag{3-16}$$

总充气容积

$$V=V_1+V_2+V_3-V_4\quad (m^3) \tag{3-17}$$

式（3-13）～式（3-17）中

$\gamma_{钢}$——钢的密度，$\gamma_{钢}=7.8(t/m^3)$；

G——转轮的质量，t；

其余符号见图3-14所示，单位为m。

轴流式机组也可采用相应的方法计算充气容积，此处从略。

2. 转轮室充气压力

转轮室充气压力必须平衡尾水管内外的水压差，即

$$P=(\nabla_{尾水}-\nabla_{下限})\times 10^4+P_0\quad (Pa) \tag{3-18}$$

式中 $\nabla_{尾水}$——尾水位，m；

$\nabla_{下限}$——压水至下限水位，m；

P_0——当地大气压力，Pa。

3. 贮气罐容积计算

贮气罐的容积必须满足首次压水过程中对转轮室的充气及压水过程中的漏气总耗气量的要求。可按压缩空气的有效利用率计算

$$V_g=\frac{K_tPV}{\eta(P_1-P_2)}\quad (m^3) \tag{3-19}$$

式中 K_t——贮气罐内压缩空气的绝对温度与转轮室水的绝对温度的比值；

P——转轮室充气压力，Pa；

V——总充气容积，m^3；

P_1——贮气罐初始压力，取额定压力，Pa；

P_2——贮气罐供气的终压力，一般按 $P_2=P+(0.5\sim1.0)\times10^5$，Pa；

η——压水过程空气有效利用系数，根据已运行机组的实测值，对混流式机组可取 $\eta=0.6\sim0.9$，对轴流式机组可取 $\eta=0.7\sim0.9$。水头高导叶漏水量大，转轮室内气压高的取小值。

4. 空压机生产率计算

空压机的生产率应满足在一定时间内恢复贮气罐压力，同时补充已作调相运行机组的漏气量，可按下式计算

$$Q_k=K_\triangledown\left(\frac{K_tPV}{\eta TP_0}+q_LZ\right)\quad(\mathrm{m^3/min})\tag{3-20}$$

其中

$$q_L=0.023D_1^2\sqrt{\frac{P_0+\gamma\Delta H}{10^5}}\quad(\mathrm{m^3/min})\tag{3-21}$$

式（3-20）及式（3-21）中

$K_\triangledown$——海拔高程对空压机生产率影响的修正系数，见表3-3；

T——给气压水后使贮气罐恢复压力的时间，一般取 $T=15\sim45$min；

Z——同时作调相运行的机组台数；

q_L——每台调相运行机组在压水后的漏气量，$\mathrm{m^3/min}$；

D_1——转轮直径，m；

P_0——当地大气压力，Pa；

γ——水的重度，$\gamma\approx10\mathrm{kN/m^3}$；

ΔH——下游水位与转轮室压下水位差，m；

其他符号的意义见式（3-19）。

表3-3　　海拔高程修正系数 $K_\triangledown$

海拔高程（m）	0	305	610	914	1219	1524	1829	2134	2438	2743	3048	3658	4572
系数 $K_\triangledown$	1.0	1.03	1.07	1.10	1.14	1.17	1.20	1.23	1.26	1.29	1.32	1.37	1.43

专供调相用的空压机不少于两台，每台生产率取计算值的70%，额定工作压力为0.8MPa。

5. 管道选择计算

按经验选取：干管在 $\phi80\sim\phi200$mm 之间选取，接入转轮室的支管在 $\phi80\sim\phi150$mm 之间选取，或按经验公式计算

$$d=30\sqrt{\frac{V_g}{t}}\quad(\mathrm{mm})\tag{3-22}$$

式中　V_g——贮气罐容积，$\mathrm{m^3}$；

t——充气过程延续时间，$t=0.5\sim2$min。

（四）调相压水供气系统图

图3-15所示是调相压水压缩空气系统图。系统图由两台空压机1KY、2KY及贮气罐1QG、2QG，管道系统和控制测量元件组成。调相压水后，两台空压机同时工作向贮气罐补气，当贮气罐压力恢复后即转为一台工作、一台备用，并定期切换。

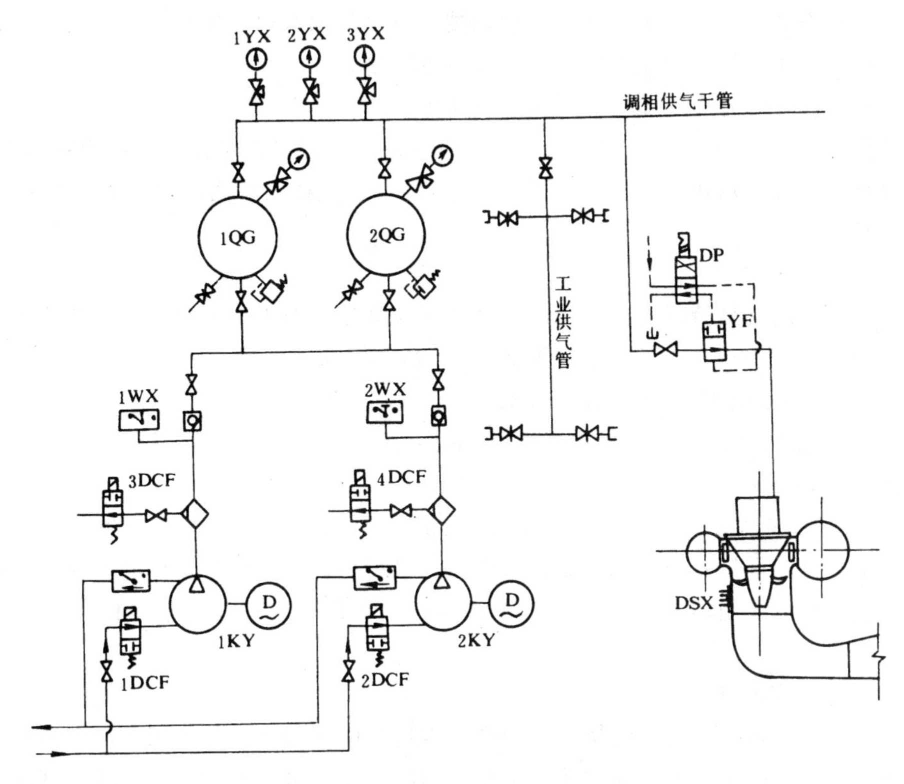

图 3-15 调相压水压缩空气系统图

压力信号器 1～3YX 用来控制空压机的起动和停机，以及当压力过高或过低时发出信号。温度信号器 1～2WX 用于监视空压机的排气温度，当温度过高时发出信号并使之停机。电磁阀 1～2DCF 用于控制冷却给水，当空压机起动时打开，停机时关闭。电磁阀 3～4DCF 当空压机停机时打开，使气水分离器自动排污，当空压机起动时延时关闭，实现无负荷起动。

机组转作调相机运行时，装设在转轮室下方尾水管壁上的电极式水位信号器 DSX 就投入工作状态。这时分别装在上、下限水位处的两对电极均浸没在水中，由于水的导电性使中间继电器通电励磁，电磁配压阀 DP 的操作回路闭合，控制液压阀 YF 开启，压缩空气进入转轮室把水压下。直至下限水位以下，两对电极都脱水，电磁阀关闭，停止供气。运行中由于漏气及导叶漏水等原因，水位可能回升，一直升至上限水位时又重新供气，再次把水面压至下限水位以下。水位信号器 DSX 工作原理图见第六章第二节图 6-8，该图为 DJ-02 型水位信号器。

工业供气管的活接头可以接风动工具或用于安装或检修的吹扫用气接头。

三、风动工具和空气围带供气

（一）维护检修用气

1. 供气对象及用气地点

机组检修时，常使用清洁、安全的风动工具，例如风铲、风钻、风砂轮等，用以铲除被气蚀破坏的海绵状金属、经补焊后用风砂轮磨光，以及打掉钢管壁上的锈块及其他附着物。

设备运行中的防堵塞与维护吹扫。例如技术供水的取水口、供排水管路、量测管路等部位的吹扫；集水井清泥用压缩空气搅泥及设备除尘。

设备安装、检修时用压缩空气吹尘、吹渣等。

上述供气压力均为0.5～0.7MPa，用气地点是：主机室、安装场、转轮室、机修间、水泵室及闸门室等。从供气干管引出支管。吹扫用气一般与其他用户错开，其用气量约$1\sim3m^3/min$。

2. 空压机选择计算

风动工具的用气是持续的，空压机的生产率应满足同时工作的风动工具耗气量之和

$$Q_k = K_l \Sigma q_i Z_i \quad (m^3/min) \tag{3-23}$$

式中　Q_k——空压机的生产率，m^3/min；

q_i——某个风动工具的耗气量，m^3/min；

Z_i——同型号的风动工具台数；

K_l——漏气系数，一般取$K_l=1.2\sim1.5$。

空压机通常与全厂各用气部门统一考虑。对机组台数多，用气量大的电站，最好有一台专用的空压机。专用的空压机应有自动卸荷阀。水泵站的检修用空压机与制动空压机合用。

3. 贮气罐容积计算

风动工具及吹扫用气的贮气罐，只起缓和空压机的压力波动的作用。当电站有调相压水供气系统时，可由调相贮气罐兼用，若设专用贮气罐，可用下述经验公式计算其容积

$$V_g = \frac{10^5 \times Q_k}{P_k + 10^5} \quad (m^3) \tag{3-24}$$

式中　Q_k——空压机的生产率，m^3/min；

P_k——空压机额定工作压力，Pa。

4. 管径选择

按经验在$\phi15\sim\phi50$mm范围内选取，应与风动工具的接头相适应。

（二）空气围带用气

（1）水轮机导轴承检修密封围带用气，充气压力通常采用0.7MPa。耗气量很小，不设专用设备，可从制动干管或其他供气干管引出。

（2）蝴蝶阀止水围带用气，充气压力应比阀门承受的作用水压高0.2～0.4MPa。耗气量很小，一般不设专用设备，可根据电站的具体情况，从主厂房内的各级供气系统直接引取，或经减压引取。当阀室离主厂房较远时，可以在阀室专设一个小贮气罐或一台小容量的空压机。

四、防冻吹冰用气

在北方寒冷地区的水电站，冬季因上层水面易结冰，冰压力可能对水工建筑物、拦污栅和闸门等造成危害，堵塞拦污栅，影响正常工作，为此，必须进行除冰防冻。可以用人工打冰的办法。也可采用压缩空气防冻，其办法是从一定水深喷出压缩空气，造成水流上下循环湍动，深层的温度较高的水被带起与表面温度较低的水掺和，使表层水温提高，同时水面在一定范围内波动，而不致结冰。

1. 设备选择计算

(1) 耗气量计算：防冻用压缩空气消耗量按下式计算

$$Q_b = Z_b \cdot q_b \quad (m^3/min) \tag{3-25}$$

式中 Z_b——喷嘴数；

q_b——每个喷嘴的耗气量，与喷嘴的型式有关，可取 $q_b = 0.1 \sim 0.15$ (m^3/min)（自由空气）。

(2) 工作压力的确定：防冻用气系统所需的工作压力（工作贮气罐压力），应大于喷嘴外的水压和管网及喷嘴的压力损失，即

$$P_b > 10^4 h + \Delta P + P_{b1} \quad (Pa) \tag{3-26}$$

式中 P_b——供气压力，Pa；

h——喷嘴装设离水面的深度，一般 $h = 2 \sim 10m$；

P_{b1}——喷嘴出口形成的压降，一般取 $P_{b1} = 1.5 \times 10^5$，Pa；

ΔP——管网阻力损失，Pa。

一般取用 $P_b = 0.2 \sim 0.3MPa$ 即可满足要求。

(3) 空压机生产率计算。防冻用气的空压机生产率按所需总用气量选择

$$Q_k = K_l Q_b \quad (m^3/min) \tag{3-27}$$

式中 Q_k——空压机的生产率，m^3/min；

Q_b——总耗气量，m^3/min；

K_l——管网漏损系数，一般取 1.1～1.3。

防冻用气通常采用间断供气，空压机可不考虑备用，但不应少于两台，以保证当一台发生故障时仍能部分供气。防冻吹冰系统的连续工作时间按当地气温等具体条件确定。

(4) 贮气罐容积计算：本系统的贮气罐主要是稳压和散热降温析水作用，其容积可按式 (3-24) 计算。

高压贮气罐的工作压力为 0.7MPa。

(5) 管道和喷嘴选择。管道按经验选取：干管 $\phi 80 \sim \phi 150mm$，支管 $\phi 25$，均选用镀锌钢管。

喷嘴通常有法兰型、管塞型和特种型。用铜或不锈钢制造，以防生锈。喷嘴可设在水位以下 2～10m 处，喷嘴之间的距离为 2～3m。

2. 防冻吹冰压缩空气系统

防冻吹冰压缩空气系统因用气设备在厂外，所以一般均为单独设置。图 3-16 所示的防冻吹冰压缩空气系统图，由两台空压机 1KY 和 2KY、一个高压贮气罐 1QG 及一个工作压力贮气罐 2QG、管网和喷嘴集管、控制元件等组成。

高压贮气罐的压缩空气（0.7MPa）经减压阀 1JYF 减压后，其压力降到 0.35MPa 进入工作压力贮气罐 2QG，然后经由电磁阀 3DCF（或减压阀 2JYF）进入供气干管及各支管中。减压阀 2JYF 是在 3DCF 关闭停止全压供气时，继续向管道供应 50～100kPa 的压缩空气，使管道仍保持充气状态，防止水进入喷嘴及管道。

当防冻吹冰用户距厂房很近时，也可考虑与厂内低压气系统联合成综合气系统。本系统只在高寒地区的水电站设置，一般水电站均不设置。目前，设计规程尚未作规定。

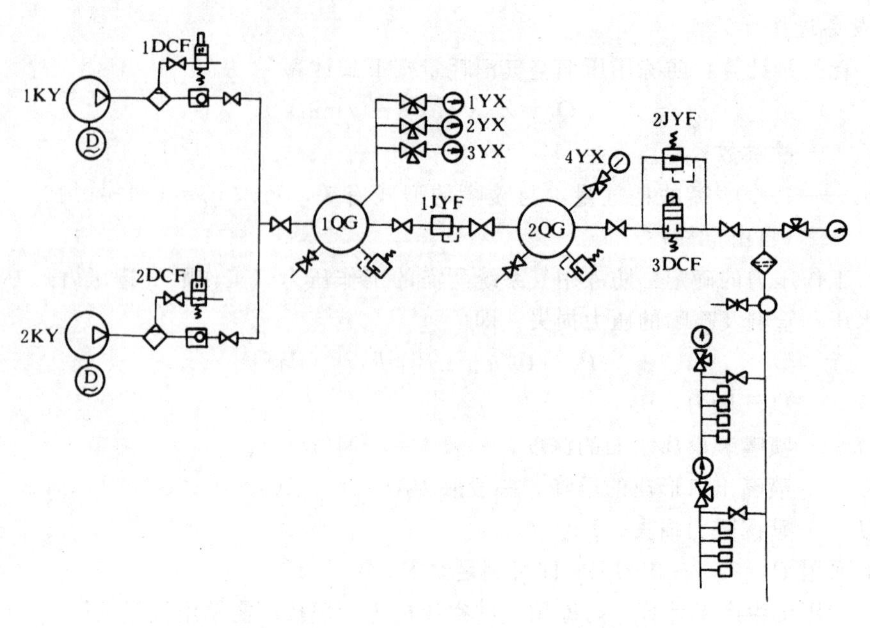

图 3-16　防冻吹冰压缩空气系统图

五、低压压缩空气系统

在水电厂中，各个用气对象可以自成一个压缩空气系统，也可把供气压力相近的用气对象组成一个综合压缩空气系统。综合压缩空气系统可以减少压缩设备的总容量，节省投资，设备可以互为备用以提高气源的可靠性，同时设备集中也便于运行管理。因此，在设计水电厂的压缩空气系统时，应首先考虑建立综合系统的可能性与合理性。

对机组制动、调相压水、维护检修及空气围带用气等可以组成低压气系统。设计计算时，按各用户的用气要求计算出设备容量，根据各用户用气的特点和空压机生产率经综合考虑选配一套共用空压装置，既满足用气要求，又充分发挥设备的作用。供制动、调相压水及风动工具用气的低压气系统，其空压机容量按正常运行用气和检修用气之和的最大同时用气量确定。空压机不少于 2 台，平时一台工作，一台备用。对于调相专用的空压机可不设备用，因为调相是按计划进行的，没有调相任务的时候可以对空压机进行保养或维修，使空压机经常处于良好状态。

小型水电站及大、中型水泵站用气对象较少，例如只有制动、检修维护用的风动工具和吹扫用气，若机组台数不多，可考虑所有对象共用两台空压机、一个贮气罐和一条供气干管，并按制动用气时风动工具停止用气来选择设备。

通常为了保证制动供气的可靠性，应设专用的制动贮气罐和制动干管。轴承检修密封围带用气可从该干管引取。调相供气和维护检修供气的用气量都较大，一般共用贮气罐和供气干管，但当机组台数较多、调相压水用气和维护检修用气的同时率较高时，亦可分开设置。防冻吹冰用气的地点如离厂房较近（在 250m 以内），可考虑由厂内低压贮气罐引出单独干管经减压阀减压后向喷嘴供气。

低压气系统的空压装置一般都实行自动操作。工作与备用空压机的自动起动、正常停机或事故停机，以及减压阀的自动开、关的操作和发出信号等均由装在贮气罐及配气管网上的接点式压力表控制。水冷式空压机一般在冷却水管上装设电磁阀，空压机起动前自动开启供水、停机后自动关闭停水。空压机润滑油温度过高时或排气温度过高时均应自动停机并发出信号。

图 3-17 所示为某水电站低压压缩空气系统图。电站装有两台轴流式水轮发电机组，每台机组均可作调相运行。因此，低压气系统的供气对象包括机组制动、调相压水及风动工具与吹扫用气。气系统选用两台空压机，平时一台工作，一台备用；空压机的启动与停机由装于贮气罐管道上的压力信号器自动控制；机后的气水分离器装有电磁阀作为排污兼作启动卸荷阀之用。供制动用的贮气罐用止回阀与供调相用的贮气罐隔离开，以保证制动气罐经常处于额定工作压力状态下。风动工具及吹扫用气直接从调相干管引出。

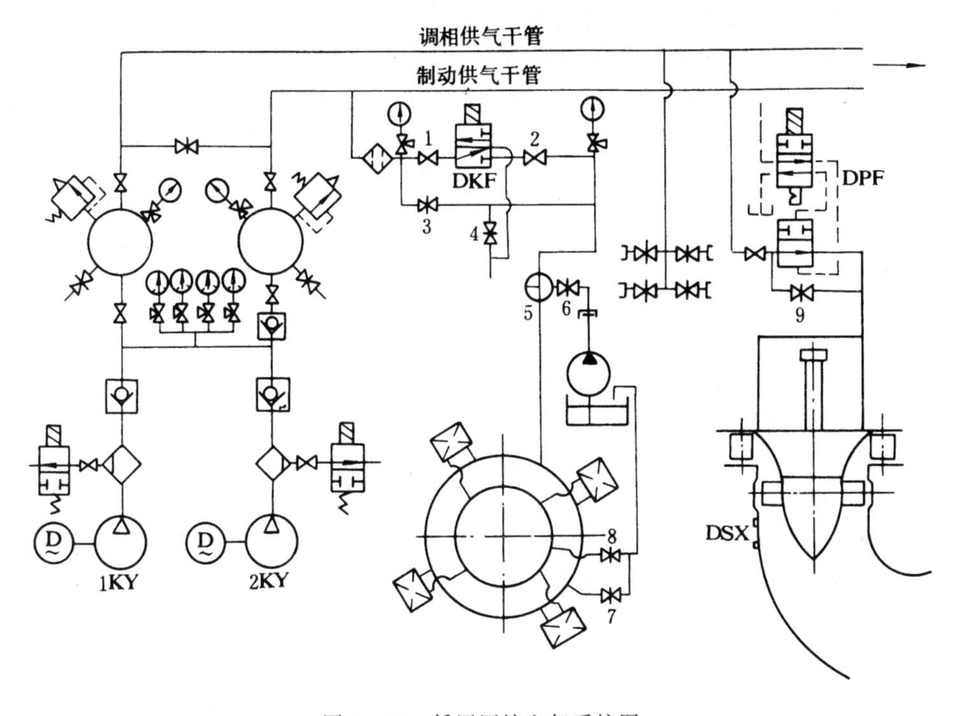

图 3-17　低压压缩空气系统图

机组停机时，当转速降到额定转速的 35%时，由转速信号器发讯控制电磁空气阀 DKF 开启，使压缩空气向制动闸供气；制动完毕也由电磁空气阀控制排气。当电磁空气阀有故障或检修时，可由手动关闭阀 1 及 2，打开旁路上的常闭阀 3 供气制动；制动完毕时，关闭阀 3 打开阀 4 排气。顶起转子时，转动转向三通阀 5，使制动环管与供气管路断开并打开阀 6 而接通压力油管路，依油泵（手动或电动）向制动环管供油顶起转子，同时打开溢油阀 8，将制动器的溢油排入回油箱；放下转子时，先关闭阀 6 并打开阀 7 把环管及制动器中的油排入回油箱，之后转动三通阀 5，接通压缩空气把环管中的残油吹送到回油箱。

调相压水供气时，由电磁配压阀 DPF 控制向转轮室供气压水，压下水位由电极式水位信号器 DSX 控制，压水成功之后，电磁配压阀关闭，打开手阀 9，使通过小管径（D_g=25～32mm）向转轮室不断补气，以免电磁空气阀频繁启动而易被损坏。

第五节　高压压缩空气系统

水电站的高压供气对象包括：油压装置的压力油槽充气和变电站配电装置中的空气断路器以及气动操作的隔离开关用气。水泵站只有油压装置供气的项目。这些用户对空气的质量有较高的要求，其中气压是由空压机及其附属设备保证；清洁要求是由空气过滤器、气水分离器等保证的；干燥要求则要采取相应的措施。因为随着日温度的变化，压缩空气在低温时可能会析出水分，在油压装置中，油中含有水分将使油加速劣化，并腐蚀操作元件（例如主配压阀）；在配电装置中，水分将危及空气断路器的安全运行。因此，通常要求工作中的压缩空气相对湿度不得超过80%。

一、压缩空气的干燥方法和空气压缩装置工作压力的选择

单位容积的空气中所含有的最多水分量随空气的压力和温度不同而有很大的差异，因此，通常用相对湿度来衡量空气的干燥程度。相对湿度是用空气中实有湿含量$\gamma(g/m^3)$与空气在同温度饱和状态下的湿含量γ_H的比值百分数表示

$$\varphi=\frac{\gamma}{\gamma_H}\times100\% \qquad (3-28)$$

式中　φ——空气的相对湿度，%；

γ——空气中实有湿含量，g/m^3；

γ_H——空气在同温度饱和状态下的湿含量，g/m^3。

（一）水电站中常用的压缩空气干燥法

水电站中常用的压缩空气干燥法有降温干燥法、吸附法和热力干燥法。

1. 降温干燥法

在空压机与贮气罐之间设置水冷却器，使压缩空气的温度大大降低而析出水分，然后进入贮气罐，随着温度回升，其干燥程度提高。降温干燥法对于已投入运行的电站，由于空压机额定压力偏低，无法保证压缩空气的干燥要求时，是行之有效的补救方法。

2. 吸附法

利用多孔性的干燥吸附剂（例如硅胶）吸收空气中的水分。吸附剂经过燥干还原后可重复使用。吸附干燥法常用于仪表及油容器的空气呼吸器中作干燥用，例如贮油槽和变压器的空气呼吸器。但在压缩空气中由于用气量大，吸附剂干燥法就不适宜了。

3. 热力干燥法

热力干燥法是利用在等温下压缩空气膨胀（压力降低）、使其相对湿度降低的原理工作的，故也称为降压干燥法。此法简单、经济、运行维护方便，是目前广泛采用的一种空气干燥法。

热力干燥法包括下述两个过程：

（1）空气经空压机压缩并经过机后冷却器及贮气罐的充分冷却后，由于空气的体积缩小了许多，当湿含量超过饱和含量（$\varphi=100\%$），便析出多余的水分。

当吸入体积为$V(m^3)$的自由空气，经过压缩和冷却后析出的水量可按下式计算

$$G=\varphi_1\gamma_{H1}V-\varphi_2\gamma_{H2}\frac{P_1T_2}{P_2T_1}V\quad(g) \qquad (3-29)$$

式中　G——具有 $V(m^3)$ 的空气经压缩并冷却后所能析出的水分，g；

T_1、T_2——吸入前和冷却后空气的温度，K；

φ_1、φ_2——吸入前和压缩并冷却后空气的相对湿度，其中 $\varphi_2=100\%$；

γ_{H1}、γ_{H2}——温度为 T_1、T_2 时空气在饱和状态下的湿含量（g/m^3），其值见表 3-4；

P_1、P_2——吸入空气和贮气罐内空气的绝对压力，Pa。

表 3-4　　大气压力为 10^5 Pa（760mmHg）时空气在饱和状态下的湿含量 γ_H　　（g/m^3）

空气温度（℃）	−20	−15	−10	−5	0	5	10	15	20	25	30	35	40	45	50	60
饱和湿含量	0.9	1.4	2.2	3.2	4.8	6.8	9.4	12.8	17.3	23.0	30.4	39.4	51.2	65.5	83.2	130.1

（2）高压贮气罐中处于饱和状态的压缩空气，经减压阀减压到设备工作压力向设备供气。由于减压而体积膨胀，压缩空气中的相对湿度降低。工作压力下空气的相对湿度由下式确定

$$\varphi_c=\varphi_0\frac{\gamma_{H1}P_2T_1}{\gamma_{H2}P_1T_2} \qquad (3-30)$$

式中　φ_c——经减压后空气的相对湿度，%；

φ_0——高压贮气罐压缩空气的相对湿度，可按 $\varphi_0=100\%$计算；

P_1——高压贮气罐中相当于空压机自动起动的压力，Pa；

P_2——用气设备的额定工作压力，Pa；

T_1、T_2——高压贮气罐和用气设备中压缩空气的温度，K；

γ_{H1}、γ_{H2}——与 T_1、T_2 相对应的空气在饱和状态下的湿含量（g/m^3），见表 3-4。

（二）空气压缩装置工作压力的选择

空气压缩装置工作压力的选择，应满足用气设备工作压力及干燥度的要求，并考虑当地的最大日温差，从式（3-30）中可得

$$P_1=\frac{\varphi_0\gamma_{H1}P_2T_1}{\varphi_c\gamma_{H2}T_2}\quad(\mathrm{Pa}) \qquad (3-31)$$

式中　φ_c——用气设备要求的压缩空气相对湿度，通常取 $\varphi_c=80\%$；

T_1——高压贮气罐内空气的温度（K），取其日最高温度；

T_2——用气设备中空气的温度（K），取其日最低温度；

其他符号的意义同式（3-30）。

二、油压装置供气

（一）油压装置供气的目的和供气方式

油压装置的压力油槽是一个由透平油和压缩空气共同组成的贮存压力能的贮能器，以为机组调节系统或其他操作系统的操作能源，输出压力能进行操作。

由于油的压缩性极小，而空气具有良好的弹性，因而压油槽容积有 30%～40%透平油和约占容积的 60%～70%的压力为 2.5MPa 或 4MPa 的压缩空气共同造成压力源，保证和维持调节系统所需要的工作能力，压油槽中由于机组调节动作而造成油容积减少时，由空气膨胀及时补充，以维持较稳定的压力。为了保证设备的安全，要求进入压力油槽的空气必须是清洁和干燥的。

运行中压油槽所消耗的油由油泵从回油箱抽油补充，所消耗的压缩空气可借助贮气罐、油气泵、补气阀等来补充，以维持一定的油气比例。

用高压压缩空气装置向压油槽供气的方式，有一级压力供气和二级压力供气两种。

一级压力供气，其空压机的排气压力（或贮气罐压力）与压油槽的额定压力相等或稍大。过去设计的水电站多采用一级压力供气。这种供气方式，当环境温度下降时，压缩空气的相对湿度达到过饱和状态而析出水分，因此，空气的干燥度较差。

二级压力供气是根据热力干燥原理，空压机的排气压力高于压油槽的工作压力1.5～2倍甚至更高，高压空气由高压贮气罐经减压阀将压力降低到压油槽的工作压力再向压油槽供气。空压机的排气压力应根据保证电站的最大日温差条件下其空气的相对湿度不高于80%来选定。新设计的大、中型水电站多采用二级压力供气。小型水电站为了节省投资仍采用一级压力供气。

大、中型水电站都有高压空气压缩设备，可以实现向压油槽自动补气。一般中、小型水电站及大、中型水泵站普遍采用手动操作补气，即贮气罐的压缩空气经手阀向压油槽补气。小型水电站多采用YT型调速器，它设有补气阀加中间油罐的补气方式，则不需设置高压空压装置。此时所补进的空气未经气水分离，因此，油中常混有较多的水分，运行中要定期化验油中的含水量，当含水量超过规定值时，要及时进行油处理或更换新油。

（二）压油槽压缩空气供气系统及设备选择

（1）压油槽供气用的空压机，一般设置两台，其中一台工作，一台备用。在油压装置安装或检修后的充气，可用两台空压机同时工作。装机容量较小的中、小型水电站及大、中型水泵站，为了节省投资，也可只设一台空气压缩机。

为了使压缩空气干燥和清洁，压缩空气系统应设置空气过滤器、冷却器、气水分离器和贮气罐等。

对于单机容量较大、机组台数多的电站，当要求自动化程度较高时，可采用自动补气方式，由装设在压油槽上的油位信号器通过中间继电器控制空气管路上的电磁空气阀向压油槽补气。图3-18是二级压力供气的油压装置充气压缩空气系统图。两台空压机1KY与2KY的排气经温度信号器WX监控而进入气水分离器，气水分离器上的电磁排污阀除排污外，兼作空压机的启动卸荷阀的作用。压力信号器YX可自动控制空气压缩机的起动和停机。贮气罐的高压空气经减压阀JYF减压后经电磁阀DCF向压油槽供气。

（2）空压机的选择：空压机的总生产率根据压油槽容积和充气时间，按下式计算

$$Q_k=\frac{(P_y-P_0)V_yK_vK_l}{60TP_0} \tag{3-32}$$

式中 Q_k——空压机的总生产率，m^3/min；

V_y——压油槽容积，m^3；

P_y——压油槽额定绝对压力，MPa；

T——充气时间，一般取2～4h，中、小型机组取下限；

K_l——漏气系数，取$K_l=1.2～1.4$；

K_v——压油槽中空气所占容积的比例系数，$K_v=0.6～0.7$；

P_0——大气压力，MPa。

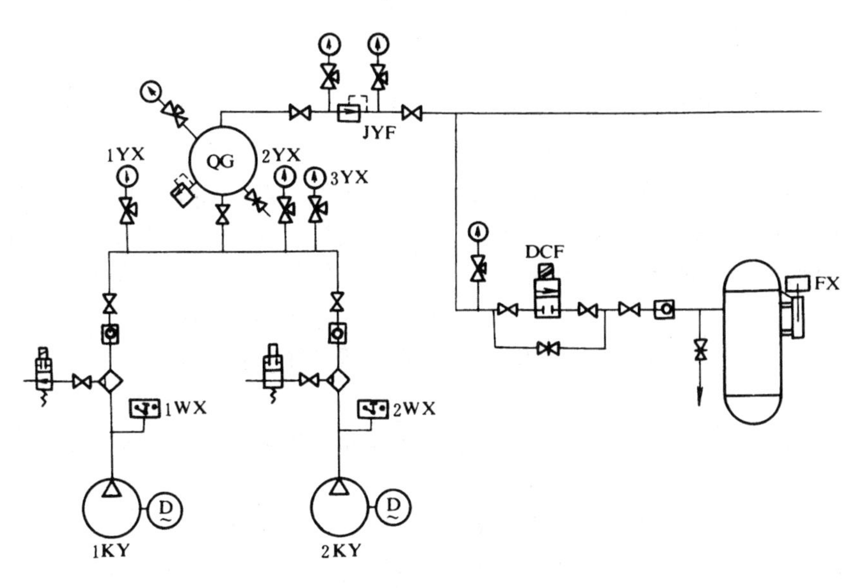

图 3-18　油压装置充气压缩空气系统图

由于空压机选两台，充气时同时工作，故每台生产率为 $Q_k/2$。

空压机的排气压力应根据供气方式而定。可参考表 3-5 选取。

表 3-5　　各种型号油压装置（P_y=2.5MPa）设备选择参考表

油压装置型号	压油槽空气容积（m^3）	空压机型号	空压机台数	充气时间（h）	贮气罐容积（m^3）
YZ-1	0.65	CZ-20/30	1～2	0.8	1～1.5
YZ-1.6	1.0	CZ-20/30	1～2	1.25	
YZ-2.5	1.6	CZ-20/30	2	1	
YZ-4	2.6	V-1/40	2	0.55	1.5～3.0
YZ-6	4.1	V-1/40	2	0.85	
YZ-8	5.2	V-1/40	2	1.08	
YZ-10	6.5	V-1/40	2	1.35	

注　油压装置的产品型号由三部分组成，例如：

YZ-10-40

—额定压力为 4MPa，无数字者为 2.5MPa

—压油槽总容积（m^3）

—YZ 型为分离式，HYZ 型为组合式油压装置

（3）贮气罐容积可按压油槽内油面上升 100～150mm 所需的补气量来确定

$$V_g = \frac{P_y \Delta V_y}{P_1 - P_y} \tag{3-33}$$

其中

$$\Delta V_y = 0.785 D^2 \Delta h \tag{3-34}$$

式（3-33）、式（3-34）中

ΔV_y——由于油面上升而需补气容积，m^3；

P_1——贮气罐额定压力，MPa；

D——压油槽内径，m；

Δh——油面上升高度，$\Delta h=0.1\sim0.15$，m；

P_y——压油槽额定压力，MPa。

根据厂房布置条件，确定贮气罐的数量。中、小型水电站只设一个高压贮气罐。

（4）供气管道一般按经验选取。对干管，当压油槽容积 $V_y\leqslant12.5\text{m}^3$ 时，选用 $\phi32\times2.5$mm 无缝钢管。对支管，依压油槽的接头尺寸确定。

第六节　空压机房及管道的布置

空气压缩装置（包括空气压缩机、气水分离器和贮气罐）和管道的布置，应与整个厂房布置统筹考虑。为了使空气压缩装置尽量靠近用气部门，使供气管路尽量地短；同时考虑噪音和振动的影响，应使空压机尽量远离中控室、仪表盘及运行人员值班室。因此，空气压缩装置通常布置在安装场下的水轮机层，或水轮机层的单独房间内，或发电机层的副厂房内。供气管道则与技术供水干管，供、排油干管一起排列布置。

一、空气压缩装置的布置

空气压缩机的吸气口，最好装在室外阴凉处、空气清洁和干燥的地方，并应有防雨的措施，吸气口都有随机配套的空气过滤器，以保证吸入的空气是干净的。

空气压缩机各级排气管上应装空气温度计和压力表，冷却水进口处宜装水温计和压力表（冷却水进口压力不得大于200kPa，不宜小于70kPa）以及润滑油油温度计及油压表。

空压机与贮气罐之间宜装气水分离器及机后冷却器，若不装机后冷却器，也要装气水分离器，以使得进入贮气罐的压缩空气得到初步净化。气水分离器与贮气罐之间应装止回阀，但不宜用切断阀门（例如截止阀）代替止回阀，若拟用切断阀代替止回阀时，必须在空压机与切断阀之间装安全阀。安全阀开启时所能通过的流量，必须大于空压机的排气量。

空压机房的门，应保证安全疏散、便于设备出入和操作管理。室内的高度为满足运行、维护和检修的要求，一般在3.5～4m之间，天花板上设相应的起重设施（如悬挂起重葫芦等)。机房墙的内表面应刷白，地面应有一定的坡度，并在墙边设排水沟将积水排至下游尾水或集水井内。

空压机房内的通道宽度，应根据设备操作、拆装和运输的需要确定，一般不小于1.5m；空压机之间的间距不小于1.0m；空压机距墙不小于0.8m。机房应有良好的通风设施。

贮气罐的布置，应尽可能靠近空压机。贮气罐的环境温度不高于供气管网的温度。

贮气罐上必须装设安全阀、压力表；进气管装在罐的下部，排气管装在上部，这样有利于疏水；贮气罐与供气总管之间应装设切断阀门（截止阀或闸阀）。

机组制动管路的控制元件，一般都集中布置在一个制动盘内（即制动柜)，制动柜可以布置在上、下游侧靠墙处与机旁屏在一起，也可以成单独屏，或在调速器旁。制动排气管最好引至厂外或地下室，以免排气噪声和污染环境，顶起转子用的油泵大多放在水轮机层机墩旁。

二、空气管道的布置

空压机的吸气、排气管道的布置，应尽量减少管道振动对建筑物的影响，排气管道应考虑热补偿。

供气管道应有坡度，坡度不小于0.002，并设有能排净管道系统内积存油、水的装置；管材一般采用钢材，管道上的切断阀门大于ϕ50mm时宜采用闸阀。

管道的连接，除与设备、阀门等处用法兰或螺纹连接外，其他部位宜采用焊接。管道不宜埋设，若因布置上原因需埋设时，需作水压试验后方可浇注混凝土。埋设的管道要采取防腐措施。埋设的管道与建筑物基础的水平间距不小于1.5m，供气管与给水管的水平净距不小于1.0m，与排水管的水平净距不小于1.5m，交叉净距不小于0.15m；架空管道之间的水平净距不小于0.15m，交叉净距不小于0.10m。厂房内架空管道一般沿柱子敷设。管道涂白漆。

图3-19所示为某水电站压缩空气装置布置图。

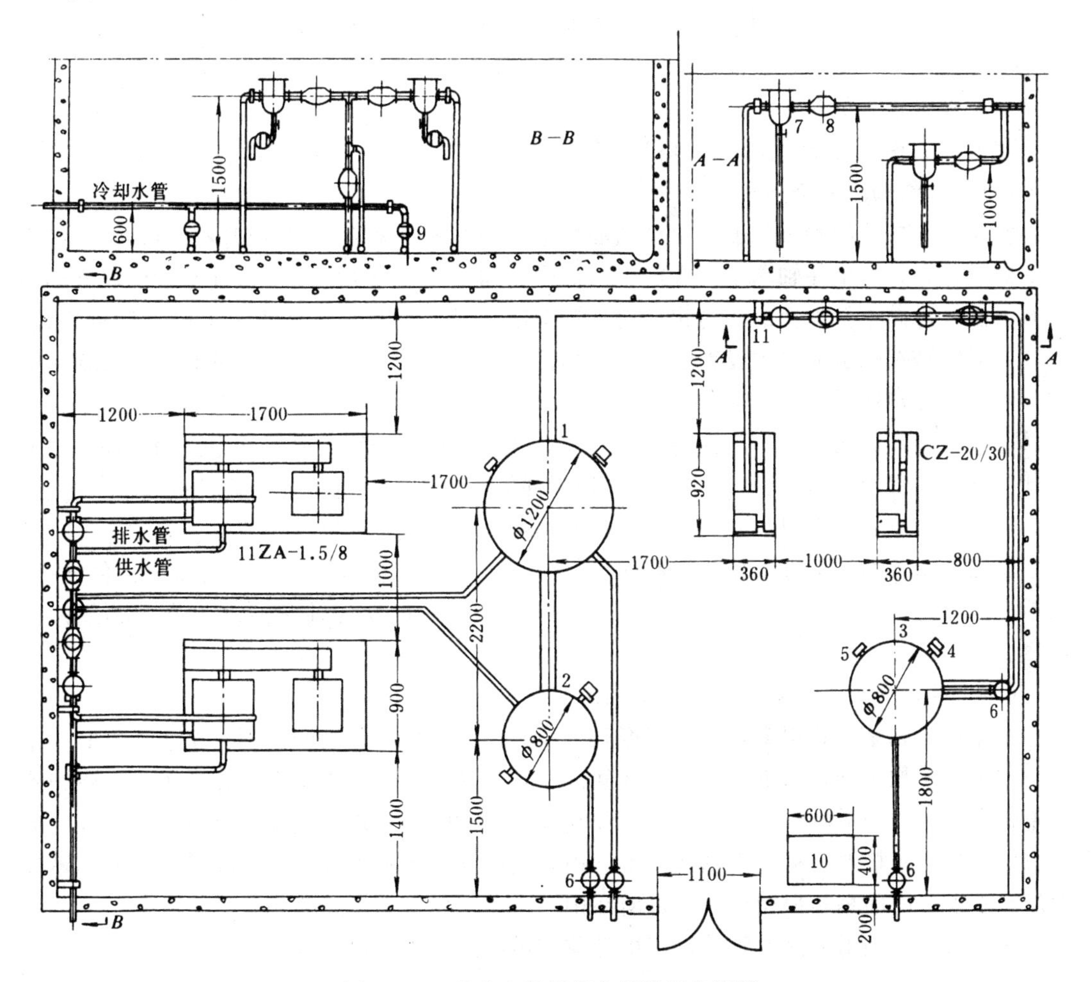

图3-19 某水电站压缩空气装置布置图

1—调相及风动工具贮气罐；2—制动贮气罐；3—高压贮气罐；4—安全阀；5—压力表；6—截断阀；7—气水分离器；8—止回阀；9—电磁阀；10—动力盘；11—管夹

第四章 技术供水系统

水电站的供水包括：技术供水、消防供水和生活供水。中、小型水电站常以技术供水为主，兼顾消防及生活供水，组成统一的供水系统。

技术供水主要是对运行的主机及辅助设备进行冷却和润滑，有时亦可作为操作能源[1]。消防供水是为厂房、发电机、变压器及油库等提供消防用水，以便发生火灾时进行灭火。

水电站的技术供水，应满足各用水设备的用水标准。

第一节 技术供水的对象及其对供水的基本要求

一、技术供水的对象

水电站的用水设备，随电站规模和机组型式而不同，中、小型水电站主要有：

（一）机组轴承油冷却器

水轮发电机组的轴承一般都浸没在油槽中，用透平油来润滑和冷却。运行时由摩擦产生的热量，开始积聚在轴承中，然后传入油中。如不及时导出，将使轴瓦和油的温度不断上升，温度过高不仅加速油的劣化，而且还会缩短轴瓦的寿命，严重时可能将轴承烧毁。为此，通常是在轴承油槽中设置蛇形管式油冷却器（称内部冷却），冷却水不断从管内流过，吸收并带走透平油内的热量。

某些大型或卧式机组，为提高冷却效果，采用在轴承油箱外设置浸于流动冷却水中的冷却器（称外部冷却），通过油泵来加强轴承油箱与冷却器间透平油的循环冷却。

对于容量更大的机组，采用体内冷却的结构，让水直接从轴承内流过。

总之，用各种冷却方式控制轴承的工作温度，是保证机组安全运行的重要条件之一。轴承工作温度一般为40～50℃，最高为60～70℃，一旦发现轴承温度过高，必须停机检修。

（二）水轮机及深井泵导轴承的水润滑

水轮机导轴承型式很多，当采用橡胶轴瓦时，要求以水作为润滑剂。机组运行时一定压力的水，从橡胶轴瓦与不锈钢轴颈之间流过，形成润滑水膜以承受工作压力，并将摩擦热量带走。与油润滑轴承相比，硬质橡胶具有一定的吸振作用，提高了运行的稳定性。但对润滑水的要求极严，运行中轴瓦产生磨损，其间隙易随温度变化，寿命较短，刚性不如油润滑轴承，时间稍长振摆加大。目前在中、小型水轮机上较少采用。

深井泵的导轴承亦是橡胶轴瓦，启动前需供给润滑水润滑。

[1] 对射流泵、高水头进水阀等的操作。

（三）发电机空气冷却器

运行发电机的电磁损失及轴承以外的机械摩擦最终都转化成热量，如不及时散出，可使温度升高。过高的温升会降低出力和效率、损坏绝缘、影响寿命甚至引起事故。因此，必须给以冷却。发电机允许的温度上升值随绝缘等级而不同，一般为70～80℃，需由一定的冷却措施来保证。

水轮发电机多用空气作为冷却介质，以流动的空气带走热量。空气流动的方式称通风方式。小型发电机常用开敞式或通流式通风，容量较大时多用密闭式通风。即将发电机周围的一定空间密封起来，构成风道，在定子外壳开孔装空气冷却器。发电机运行时，转子风扇或通风机强迫空气在密闭范围内循环流动，冷空气通过转子线圈、定子通风沟时吸热升温，热空气穿越冷却器时散热降温，一般空气工作温度为30～60℃。其空气冷却途径如图4－1所示。

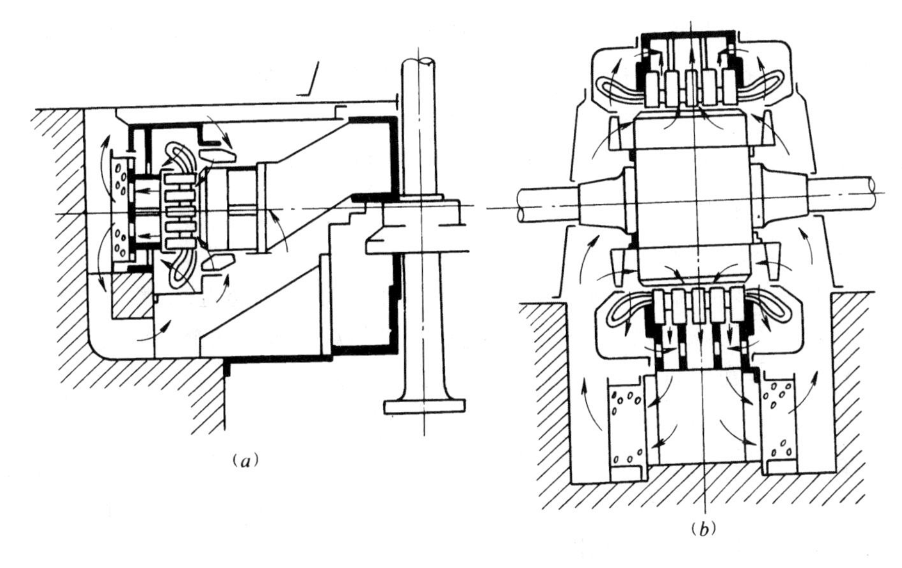

图4－1 发电机内空气冷却途径

（a）立式机组；（b）卧式机组

空气冷却器是水管式热交换装置，立式机组布置在定子外壳的风道内，卧式机组安装在发电机下面的机坑中。冷却器的个数和安装状况随机组容量和结构而不同。

空气冷却器的冷却效果对发电机的功率和效率有很大影响，当冷风温度较低时，发电机效率较高、功率较大；反之，效率显著下降，如表4－1所示。

表4－1　　进风口空气温度对发电机出力的影响

进风口空气温度（℃）	15	20	30	35	40	45	50
发电机功率相对变化（%）	＋10	＋7.5～＋10	＋2.5～＋5	0	－5～－7.5	－15.2	－22.5～－25

（四）水冷式空气压缩机

空气被压缩时，内能增加，温度升高，并把热量传给气缸。为保证空压机正常运行，避免润滑油分解和碳化，必须加强冷却，降低压缩空气温度。空压机的冷却方式有水冷式和风冷式。水冷式是在气缸和气缸盖周围包以水套，通入冷却水，将热量带走。

（五）油压装置的水冷却

运行油泵压油及油的高速流动克服摩擦，产生热量，特别是当主接力器或主配压阀漏油量大时，油泵启动频繁，回油箱的油温上升。油的黏度下降，不仅对液压操作不利、促进油的劣化，而且会使漏油增多，造成恶性循环。

为控制油温，大型及某些中型油压装置常在回油箱内设置冷却水管，对油进行冷却。

通流式的特小型调速器，没有压力油罐，油泵连续运行，故在回油箱中设冷却器，以保持油温正常。

二、用水设备对技术供水的基本要求

用水设备对水量、水压、水温、水质的要求如下。

（一）水量

用水设备所需的水量由制造厂给出。在初步设计时可参考类似的电站机组或用经验公式、曲线图表等进行估算，待技施设计时，再按厂家资料校核。

（二）水压

供给用水设备的水必须保持一定的压力，压力过低不能维持要求的流量，压力过高则可能使冷却器或设备损坏。

1. 轴承冷却器和发电机空气冷却器

冷却器入口水压的上限由其强度条件决定。其试验水压不超过 0.35×10^6Pa，工作水压不超过 0.2×10^6Pa，入口水压的下限取决于冷却器及排水管的流动阻力，必须保证通过所需要的流量。冷却器的水力损失一般为 $(40\sim75)\times10^3$Pa。

2. 水润滑的橡胶瓦轴承

对橡胶瓦轴承，水既是润滑剂又是冷却介质。入口水压的高低主要由润滑条件决定，应保证在轴颈与轴瓦之间形成足够的承力水膜。中、小型机组其入口水压值为 $(0.15\sim0.2)\times10^6$Pa。水压过高又可能使水箱破坏。

3. 水冷式空压机

空压机冷却水套在气缸与机架之间，强度较高，入口水压可以稍高，一般不超过 0.3×10^6Pa，其下限仍由水力损失大小决定。

（三）水温

冷却器热量交换的多少，不仅与通过的冷却水量有关，还受冷却水温的影响。结合我国具体情况，各种冷却器的入口水温均按25℃作为设计标准。当水温高时，须专门设计特殊的冷却器，加大冷却器的尺寸，使有色金属的消耗量增加，且给布置造成困难。冷却器高度与冷却水温关系见表4-2。

表4-2　　冷却器高度与进水温度的关系

进水温度（℃）	25	26	27	28
冷却器有效高度（mm）	1600	1800	2050	2400
相对高度（%）	100	113	128	150

由表 4－2 可见，冷却水温升高 3℃，冷却器高度增加 50%，还会使发电机出力降低。因此，进水温度最高不得超过 30℃。

如果水温常年低于 25℃，则可根据图 4－2 来折减供水量。

冷却水温度也不宜过低，它会使冷却器水管外部凝结水珠。一般要求冷却器进口水温不低于 4℃，进出口水的温差也不能太大，规定维持在 2～4℃，以避免沿管长方向因温度变化过大而产生裂缝。

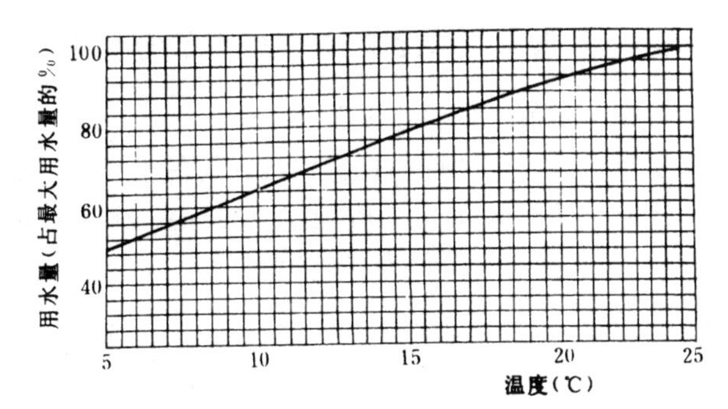

图 4－2　水温低于 25℃时供水量的折减系数

（四）水质

技术供水的水质要求，主要是限制水内的机械杂质、生物杂质和化学杂质的含量。

1. 机械杂质

悬浮物：河流中常见的树枝、木屑、杂草等如果进入供水管道，会影响流量，影响导热，因此，技术供水中不允许含有悬浮物。

泥沙：水中泥沙在管道中沉积，将增大水力损失，妨碍冷却器热交换。它进入橡胶瓦轴承则影响更严重，会加速磨损，缩短轴承寿命。因此，对技术供水的泥沙含量必须控制。一般要求：冷却用水含沙量不大于 $5kg/m^3$，泥沙粒径不大于 0.1mm；润滑用水含沙量不大于 $0.1kg/m^3$，泥沙粒径不大于 0.025mm。

2. 水生物及有机物

我国南方气温，水温均较高，河流中生长着许多蚌类水生物。它如果进入技术供水管道，就可能附着在管壁上形成“淡水壳菜”。壳菜的生长繁殖会加大水流阻力，影响冷却器传热。

如果油污等有机物质进入技术供水管道，也会粘附在冷却器管壁上，阻碍传热，影响冷却器正常运行；橡胶轴瓦遇到油类还会加速老化。因此，技术供水应力求不含油污等有机物。

3. 化学杂质

硬度：当水经过岩层时会溶入各种化学杂质，主要是各种盐类。它在水中的含量以“硬度”表示，硬度一度（德国度）相当于一升水中含有 10mgCaO 或 7.19mgMgO。硬度又分为暂时硬度、水久硬度和总硬度三种。由碳酸盐类构成的硬度称为暂时硬度，因它们在水加热、煮沸过程中沉淀出来，水中硬度即行消失；由硫酸盐或氯化物则构成永久硬度，因它们在水加热、煮沸过程中很少沉淀出杂质；总硬度为暂时硬度与永久硬度之和。

暂时硬度较大的水在较高温度下易形成水垢，增大水流阻力，降低过水能力，影响传热。水久硬度大的水在高温下也会析出具有腐蚀性的水垢，富有胶性，易引起阀门黏结，坚硬难除。

水的硬度随地区、河流、水源种类而不同，地下水的硬度一般较地面水为高。水依硬度可分为：

极软水　0～4度　　　　中等硬水　8～16度

软　水　4～8度　　　　硬　　水　16～30度

水电站的技术供水要求用软水，暂时硬度不超过8～12度。

pH值：氢离子浓度以10为底对数的负值称pH值。即 $pH=-\lg[H^+]=\lg\frac{1}{[H^+]}$。

根据pH值，可将水分为：

pH=7，为中性反应；pH>7，为碱性反应；pH<7，为酸性反应。

大多数天然水的pH值为7～8。pH值过大或过小都会腐蚀金属，产生沉淀物堵塞管道。

第二节　技术供水的净化与处理

用水设备对水质的要求，主要是指对机械杂质、水生物和化学杂质含量的限制。由于天然河水中含有多种杂质，特别是汛期杂质剧增，必须对它进行净化和处理。

一、技术供水的净化

对水中所含悬浮物、泥沙等机械杂质的清除称为水的净化。主要方法有：

（一）清除污物

1. 拦污栅

为了拦阻较大的悬浮物，需在技术供水的取水口装设拦污栅，这是清除污物的第一道防线。特别在汛期淤堵杂草较多，应注意及时清除。

2. 滤水器

滤水器是清除水中悬浮物的主要设备，按滤网的型式分为固定式和回转式。

滤水器依靠滤网阻拦水流中的悬浮物，其网孔尺寸视悬浮物的大小而定，一般孔径为2～6mm的钻孔钢板，外面包有铜丝滤网，水流通过网孔的流速为0.1～0.25m/s。滤水器的尺寸取决于通过的流量。滤网孔的有效过流面积至少应为进、出水管面积的2倍，即有一半的网孔被堵塞时仍能保证必要的水量。

固定式滤水器，如图4-3（*a*）所示。水由进水口进入，穿过滤网后由出水口流出，污物被拦在滤网外边，采用定期反冲法进行清扫。即在滤水器进出口之间加旁通管或并联另一滤水器，正常运行时，阀3、阀4关闭，阀1、阀2打开。反冲洗时，阀1关闭，阀3、阀4打开。压力水从滤网内部反冲出来，将污物冲入排污管。

回转式滤水器，如图4-3（*b*）所示。水从下部流入带滤网的转筒内部，由内向外穿过滤网，经转筒与滤水器外壳间的环形流道进入出水管。滤网固定在可手动回转的转筒上，转筒用钢板分隔成几等格，使其中一格正对排污管口。打开排污阀，处在排水管上方这一格滤网即进行反冲洗，水由外向内流过滤网，把污物带走。手动旋转转筒，可使每一格滤网都得到冲洗。与固定式相比，回转式可在运行中冲洗，运行方便灵活。

对于手动操作感到吃力的大型回转式滤水器，可采用电动操作。

它清除水中的一般悬浮物是简单有效的，但被夹杂泥草的污物堵塞，则很难冲洗，其结构有待进一步改进。

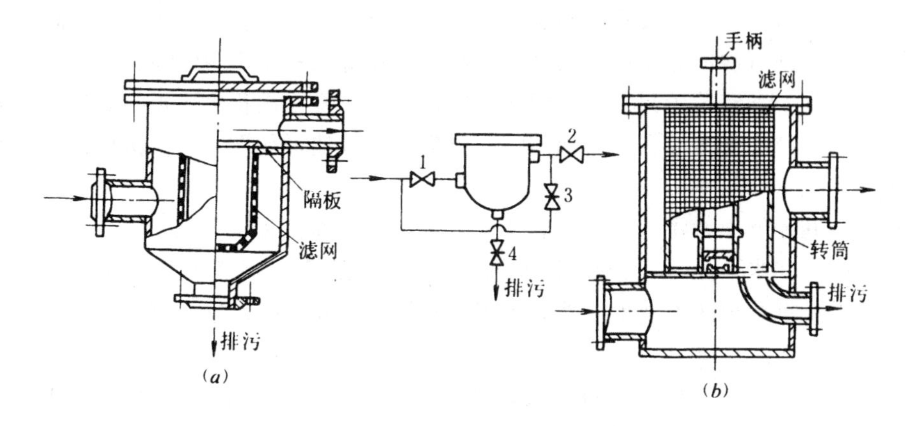

图 4-3　滤水器
(a) 固定式；(b) 回转式

(二) 清除泥沙

河水中的泥沙与流域的多种因素有关，差异也相当大。有的常年混浊不清，有的雨季含沙量大，有的短时夹带泥沙。为保证技术供水的要求，必须针对实际采取相应除沙措施。

1. 沉沙池

沉沙池具有结构简单、运行费用低、除沙效果好的特点，为较多自流供水电站所采用。

(1) 平流式沉沙池。平流式沉沙池，如图 4-4 (a) 所示。一般做成矩形，其长宽比不小于 4∶1，长深比不小于 10∶1，有效深度 3～4m。采用穿孔墙进水，溢流堰集水的结构。设计时应根据流量和含沙量要求，参照已建成电站的经验决定具体尺寸。常采用水在池内停留 1～3h，池内水平流速为 10～30mm/s。实践证明效果良好，需注意清洗和排污。

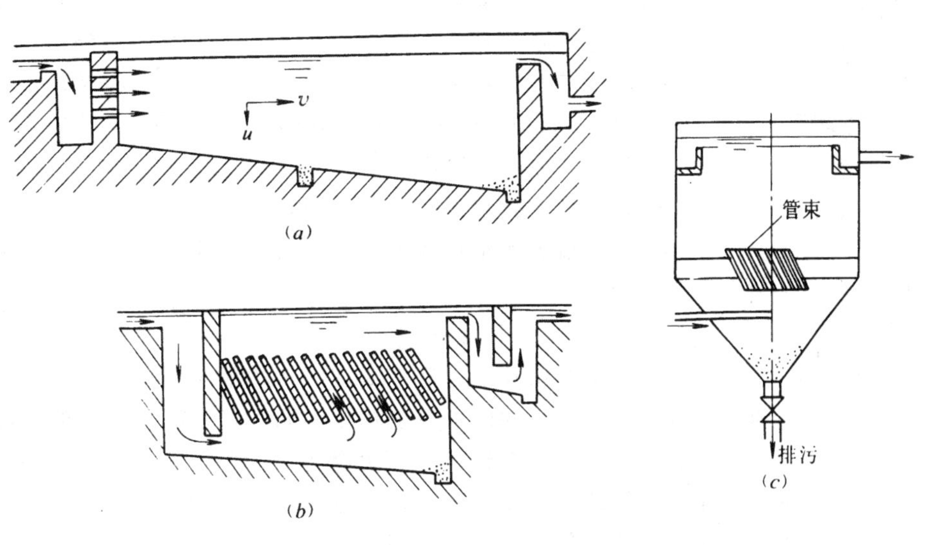

图 4-4　沉沙池
(a) 平流式；(b) 斜板式；(c) 斜管式

（2）斜板式沉沙池。当泥沙沉降速度一定时，沉沙效率与沉沙池的水平面面积成正比，所以，平流式沉沙池总是占用很大的面积，水电站常受地形限制而无法采用。为此，在平流式沉沙池中加装若干斜板，斜板使水平面上的总投影面积大大增加，既加快了泥沙沉淀，积泥亦可自动滑落池底，便于排除。斜板式沉沙池，如图 4－4（*b*）所示。斜板一般与水平方向成 60°角。

斜板间的间隔较小，将水池分隔成若干个小通道。根据水力学原理，流道湿周增长，水力半径减少，在水平流速 v 相同时，雷诺数 Re 大为降低，从而减弱了水的紊动，促进沉淀，同时颗粒沉淀距离也减少，缩短了沉淀时间。经验表明，它的沉淀效果比平流式高 3～5 倍。

（3）斜管式沉沙池。根据斜板式沉沙池原理，又设计了斜管式沉沙池，其构成如图 4－4（*c*）所示。水由倾斜的管束流过，湿周进一步增长，水力半径更小，雷诺数低至 50 以下，沉淀效果将更显著。

斜管断面常采用蜂窝圆角形，亦可用正方形或矩形，其内径或边长为 25～35mm，斜管长 800～1000mm，倾角亦为 60°。

2. 水力旋流器

水力旋流器是利用离心力来清除水中泥沙的装置。在技术供水系统中具有除沙和减压的作用。常用的圆锥形水力旋流器，如图 4－5 所示。水沿切线方向流入旋流器，在进出口水压差作用下形成高速螺旋运动流向下端，离心力将泥沙颗粒甩向器壁，最后经出沙口 5 落入储沙缸 7 内，清水则旋流到下部后又折向上，在中心产生二次涡流又向上运动，最后经清水管 4 流出。储沙缸连接排污水管，可定期排沙、冲洗。

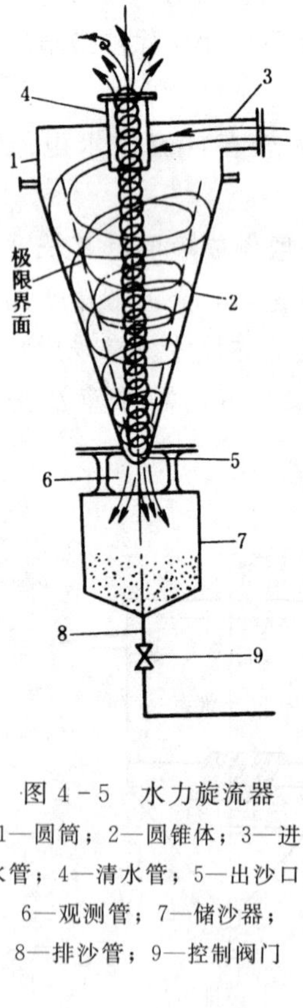

水力旋流器结构简单，占地面积小，投资低；被分离的液体在器内停留时间短，除沙效率高；能连续运行且便于自动控制。但它的水力损失大，壁面易磨损，杂草不易分离，除沙效果受含沙量和颗粒大小的影响，适用于含沙量相对稳定，粒径在 0.003～0.15mm 的场合。对颗粒较大的泥沙亦可清除。

图 4－5　水力旋流器

1—圆筒；2—圆锥体；3—进水管；4—清水管；5—出沙口；6—观测管；7—储沙器；8—排沙管；9—控制阀门

二、水生物的防治

由于淡水壳菜繁殖速度很快，在管壁上附着紧密，质地坚硬，用机械方法很难清除，应着重于阻止它的生成，通常采取下列措施：

（一）用药物毒杀

壳菜生殖旺期为 9—11 月，其幼虫对药物的抗力远远小于成虫，是向技术供水系统投放毒药的最好时期。一般浓度控制在 5～20ppm（1ppm 为百万分之一）的五氯酚钠水溶液，当水温高于 20℃时，采用低浓度；反之，则采用高浓度。且要求在投药后，连续处理 24h 以上，能收到大于 90%的毒杀效果。但是必须注意对下游河道的污染，使供水水质满足国家的有关规定。

（二）提高管内流速和水温

淡水壳菜属于软体群栖性动物，依靠本身分泌的足丝牢固地生长在水中固定的硬物上，形成重叠群体。最适宜在水流平缓、水温16～25℃条件下生活。当水温超过32℃就很难生存。因此，采取定期切换供、排水管路或提高流速的办法，亦可有效地阻止淡水壳菜的生成。

三、技术供水的处理

对水中化学杂质的清除称为水的处理。由于化学杂质的清除比较困难，需要很多的设备和费用，中、小型水电站一般不考虑，只是在确定水源时，选用化学杂质符合要求的水，故仅作简要介绍。

（一）除垢

当水中暂时硬度较高时，冷却器内常有结垢现象，影响冷却效果及设备使用寿命。其化学过程是重碳酸盐$Ca(HCO_3)_2$或$Mg(HCO_3)_2$被分解，游离CO_2散失，产生碳酸钙或碳酸镁过饱和沉淀，吸附于流道表面，再经结晶过程形成水垢。

$$Ca(HCO_3)_2 \rightarrow CO_2\uparrow + H_2O + CaCO_3\downarrow$$
$$Mg(HCO_3)_2 \rightarrow CO_2\uparrow + H_2O + MgCO_3\downarrow$$

水垢的存在将使导热效率大为降低，需要定期清除，但机械方法既费时，又费力。常用的防结垢措施有：

(1) 化学方法：当水垢是纯粹的碳酸盐时，可采用酸使水垢溶解。

(2) 物理方法：主要是指电磁或超声波处理。使沉淀的结晶不形成水垢，而成为不再凝聚的附着物，以利定期排除。

（二）除盐

由于水的热容是相同容积空气的3500倍，为了提高发电机的极限容量，采用了双水内冷的发电机供水系统。它包括一次冷却水和二次冷却水。一次冷却水是通过定、转子空心导线内部的冷却水，水质的好坏直接影响到发电机的安全经济运行和线棒的寿命。因此，对水质的要求高，需经严格的化学处理，从而成本亦高。为提高经济性，必须循环使用，它带出的热量，再由二次冷却水通过热交换器进行热交换后带走。可见二次冷却水就是一般的技术供水，用来冷却一次水，不循环使用。

根据《水内冷发电机运行维护暂行规定》，一次水的水质应符合如下要求：

导电率——小于$5\mu\Omega/cm$；硬度——小于10微克当量/升；pH值——6～8；机械混合物—无。

为保证一次水的纯度，对不符合要求的水质，常采用离子交换法除盐，设备由厂家供给。

第三节　技术供水的水源及供水方式

一、水源

技术供水水源的选择非常重要，不仅要满足用水设备对水的基本要求，还要使整个系统运行维护简单，技术经济合理。

一般情况下，均采用水电站所在的河流作为技术供水水源。只有当河水不满足要求时，才考虑其他水源。为了保证供水可靠，还需设置不同形式的备用水源。各类水源及特点是：

（一）上游取水

从上游取水可以利用水电站的自然落差，不需要或减少了提水的费用，常是设计中优先考虑的水源类型。按取水口布置位置又分为：蜗壳、压力引水管和坝前取水。

1. 蜗壳取水

在每台机组的蜗壳设取水口，可以各机组自成体系，从蜗壳中取出该机组所需要的水量，也可以将各取水口用干管联系起来，组成全站的技术供水系统。

此种取水方式管道短，设备简单，占地面积小，便于集中布置和操作。适用于水头适合水质又好的电站。对于小型卧式机组，多由制造厂配好取水装置，安装、使用更为方便。

2. 压力引水管取水

取水口通常在进水阀前面（当装设进水阀时），它有两种不同的运用条件：

（1）各机组均设置取水口。这与蜗壳取水方式很接近，只是管道稍长。对于立式机组，它更便于布置和安装。

（2）全站设置统一的取水口。对于水头适合但水质较差的电站，取水口放在主厂房内将难于布置水处理设备，因而常从分岔前的总管上取水。在厂房外布置净化设施，再由供水干管输向各机组。

此种取水方式至少应设两个能供全电站用水量的取水口。若电站有两根以上的压力引水总管，则应在每根压力管设一个取水口，既可相互切换使用，又不因水管检修而影响技术供水。

3. 坝前取水

直接从坝前取水，取水口的设置除考虑水温和水深关系外，还要考虑含沙量和初期发电等要求。可在不同高程、不同位置设置几个取水口，随上游水位的变化，可以选择合适的水温及水质（含沙量）；当某个取水口遭到堵塞或损坏时，不致影响技术供水，如图4-6所示；在机组及引水系统检修的情况下，供水仍不会中断，可靠性高；遇河流水质较差时，便于布置大型净化设备。其缺点是：引水管道长，投资大，特别是前池距厂房远的引水式电站尤为突出。多用于河床式、坝内式和坝后式电站。又因其水源可靠，通常用作备用水源。

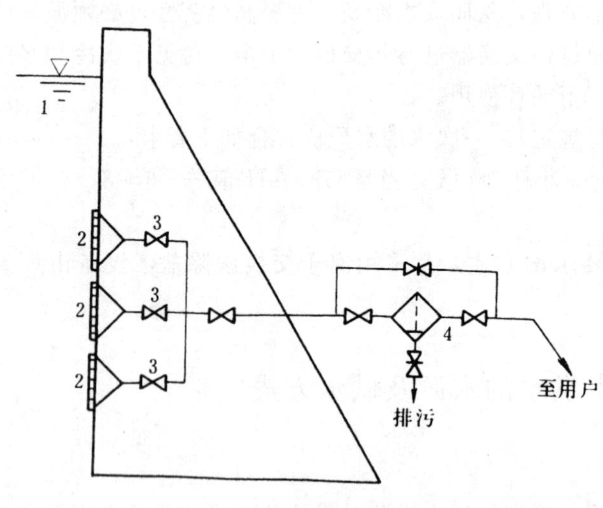

图4-6　坝前不同高程取水

1—水库；2—取水口；3—阀门；4—滤水器

（二）下游取水

当上游取水不能满足水压要求或能源利用不合理时，常用水泵从下游尾水抽水，再送至各用水设备。此种取水方式每台水泵需有单独的取水口，布置灵活，管道较短，但其可靠性差，容易中断供水，设备投资运行费用增加。

这种取水方式应考虑电站安装或检修后首次投入运行时机组启动的用水；对于地下厂房长尾水管，取水口在尾水管内，因水轮机补气使水中含有气泡，它被带入冷却器中会影响冷却效果，必须设法排除。

（三）地下水源

当河水不能满足水质要求时，可采用地下水作为供水水源。但需在电站勘测时确定有否可供应用的地下水源。

地下水是水源中含沙量最少且一般不含水生物和有机物质。特别适用于水轮机及深井泵导轴承的润滑。

这种取水方式应设有足够大的水池，用来储备、稳流和澄清。水池上部和下部分别设有溢流和排污通道，水位实现自动控制。多采用水泵抽取，因而投资和运行费用较高。如其具有一定压力，可自流供水，既经济又实用。

总之，各种水源及取水方式都具有各自的特点，适用于一定的条件，必须根据电站的具体情况选用。确定水源及取水方式是设计技术供水系统的首要工作，应当在满足用水设备要求的同时，力求合理。

二、供水方式

水电站的供水方式由电站水头、水源类型、机组容量和结构形式等条件决定。

（一）自流供水

水头为20～80m的水电站（小型水电站为水头在12m以上时），当水质、水温均符合要求，或水质经简单净化能满足要求时，一般都采用从上游取水的自流供水方式。

自流供水是利用电站的自然落差将水输向用水设备，供水可靠，设备简单，运行维护方便，是设计、运行理想的供水方式。

当电站最大水头高于50m时，为保证用水设备安全，必须有可靠的减压措施。常在取水口后面装设减压阀降低供水压力，当降压不多时，也可用截止阀来调节供水压力。无论哪种方法降压，实质都是消耗能量。都应在减压前、后装设压力表，以监视水压，确保安全。

（二）水泵供水

一般水头高于80m（对于小型水电站，水头大于120m时）或低于12m的电站，多采用水泵供水方式，来保证所要求的水量和水压。从节约能源出发，高水头电站一般从下游抽水，低水头电站根据实际情况，全面考虑，可以从下游抽水，也可以从上游抽水。从上游抽水时，可减少水泵扬程，运行比较经济。

当用地下水源时，亦多是水泵供水方式。

此种供水方式，在布置上比较灵活，当水质不良时，容易布置水处理设备，特别是大型机组可以设置独立供水系统，既省去了机组间的联络管道，又便于机组自动控制。水泵供水的主要问题在于供水可靠性差，尽管考虑了备用设备，但当失去电源时，仍使供水中断，且设备投资大，运行费用高。

（三）混合供水

混合供水是既有自流供水又有水泵供水的供水方式。水头为12～20m（对于小型水电站，最大水头在12m上下，最小水头小于12m）的电站，单一供水不能满足要求，需采用混合供水。常用方式有：

1. 自流供水与水泵供水交替使用的系统

对于水头小于20m，且变化幅度较大的电站，当水头能满足水压要求时，采用自流供水方式；反之，改为水泵供水方式。切换水头由技术经济比较确定。此种供水系统通常是两种水源，共用一套管道，不设备用水泵。因此，在不降低安全可靠性条件下，可简化系统，减少设备，方便运行。

2. 自流与水泵按用户同时供水的系统

对于水头为20m左右的立式机组电站，采用按用水设备位置和要求水压分别供水的办法。即一部分设备由自流供水，另一部分设备由水泵供水的方式。

3. 水塔供水系统

用水泵抽水至水塔，再由水塔向设备自流供水的系统。对用水量不大的小型水电站比较适合，它兼有水泵和自流供水的特点，但增加了水塔或水池的基建投资。其容量按全站一小时以上用水量确定，对水可起到沉淀和稳流作用，使水泵间歇运行。

（四）其他供水方式

1. 射流泵供水

当水电站水头为80～160m时，可考虑射流泵供水。利用上游水库的高压水来抽吸下游尾水，混合成一股压力居中的液流，给机组作技术供水。如图4-7所示。它使上游压力水经射流泵后，压力降低，不需再进行减压，原减压消耗的能量用来抽吸下游尾水，增大了水量，供水量是上、下游取水量之和，兼有自流和水泵供水的特点。射流泵设备简单、不需外加电源、运行可靠。

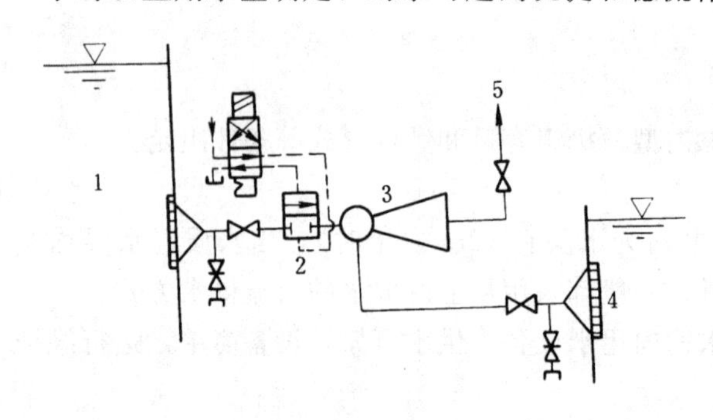

图4-7　射流泵供水

1—水库；2—液压阀；3—射流泵；4—下游尾水；5—供水

2. 水轮机顶盖供水

对于中、高水头电站，可从水轮机顶盖取水，利用转轮密封漏水作为机组技术供水。其特点是：水源可靠，水量充足；可在某半径处获得需要水压；间隙对漏水起了良好的减压和过滤作用，保证了水质清洁，水压稳定。操作控制简单，能随机组的启、停自动投入、切除水源；能随机组出力的增、减自动加大、减小供水量；节省了能量。但作调相机运行时，需另设水源供水。

三、设备配置方式

在选定水源和供水方式后，如何恰当地确定设备配置，主要取决于电站的单机容量和机组台数。通常有以下几种类型：

（一）集中供水

全站所有用水设备都由一个或几个共用的取水设备取水，再经共用的干管供给各用水设备。这种设备配置便于集中布置，运行、维护比较方便，适用于中、小型水电站。

（二）单元供水

全站没有共用的供水设备和管道，每台机组自设取水口、设备和管道，自成体系，独立运行。此种配置适用于大型机组，特别是水泵供水的大、中型电站。它的优点是机组间互不干扰，容易实现自动化，便于运行与维护。

（三）分组供水

当电站的机组台数较多时，采用集中供水，管道过长可能造成供水不均匀；或管道直径过大给布置带来困难。采用单元供水，设备数量又过多。此时，可将机组分成若干组，每组构成一个完整的供水系统。其特点是：既减少了设备，又方便了运行。

第四节 水泵在水电站中的应用

一、水电站中常用水泵的类型和特点

水泵是一种转换能量的机械，它把动力机的机械能传递给所输送的水，用来增加水的能量（位能、压能或动能）。

它作为一种通用机械，不仅在国民经济各个领域中得到了广泛的应用，就是在水电站的供、排水系统中也是非常重要的设备。

由常用水泵的总型谱图（图 4－8）可见：往复泵和回转泵的使用范围侧重于高扬程、小流量；轴流泵和混流泵的使用范围侧重于低扬程、大流量；离心泵的使用范围最广，扬程在 8～2800m，流量在 5～20000m^3/h 范围内。

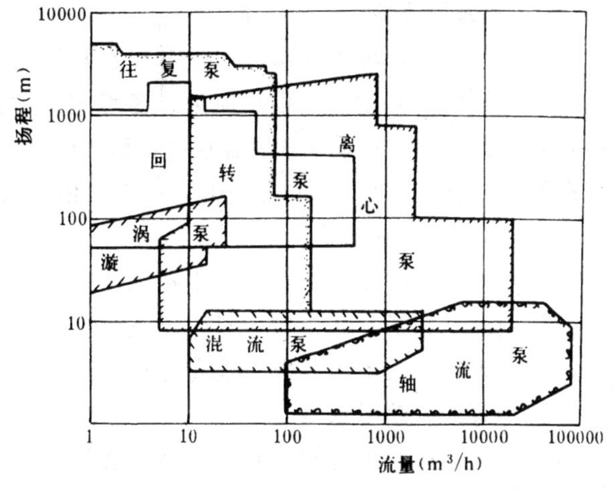

图 4－8 常用水泵的总型谱图

因此，水电站中常用的水泵是离心泵，具体类型和使用范围，见表 4－3。

表 4－3 离心泵的类型及使用范围

序号	水泵类型	型号		扬程范围（m）	流量范围（m^3/h）	注
		旧	新			
1	单级单吸离心泵	BA、B	IS	5～125	6.3～400	
2	单级双吸离心泵	Sh	S	10～140	144～11000	
3	多级单吸离心泵	DA	D	16～370	20～288	
4	深井泵	SD、SJ、JD	J、JC	10～130	10～490	
5	潜水泵	JQ、JQB		4.5～204	10～3300	

它们的特点是：单级单吸离心泵：结构简单，维护方便，体积小，重量轻，成本低。

单级双吸离心泵：流量大，扬程较高，泵壳为水平中开式，安装检修方便，叶轮布置对称，基本上没有轴向力，运行比较平稳。

多级单吸离心泵：流量小，扬程高，结构较复杂，拆装较困难。

深井泵：实质上是立式多级单吸离心泵。叶轮装于动水位以下，启动前不需引水，电动机安装在井上，提水高度不受允许吸上真空高度的限制，亦无受潮和淹没问题，结构紧凑，使用比较可靠。但传动轴长，耗用钢材多，造价贵，安装精度高，检修困难。

潜水泵（深井）：机泵合一，不用长传动轴，重量轻；电机与水泵均潜入水中，不需修建地面泵房；安装检修简便。

二、水泵的选择

选泵的主要依据应是所需要的流量、扬程及其变化值。

（一）选泵的原则

（1）所选择的水泵应满足各个时刻对流量和扬程的需要；

（2）水泵整个运行的工作点均在高效区内，保证效率高，耗电少，抗气蚀性能好；

（3）依据所选定的水泵建造泵房，其土建和设备费最少；

（4）在选定水泵能力上要近、远期相结合，考虑发展余地。

（二）选泵的步骤

（1）根据工作环境和吸水池水位深浅及其变化，确定适宜的泵型；

（2）在选定的泵型中，根据流量、扬程的大小和变化，确定最佳的水泵型号和台数；

（3）依据选定的水系统来校验水泵扬程，校核实际运行工作点是否均处于高效区内，若工作点偏离高效区较远，可重新选泵，或采取相应调节措施，使工作点回到高效区内工作。

（三）选泵需注意的因素

（1）尽量选用同型号水泵，便于备用、安装维护和管理，减少备品备件；

（2）当水量和扬程变化较大时，可适当增加水泵台数、大小搭配，便于调度；

（3）考虑必要的备用台数，提高可靠性。

三、水泵的启动引水

由离心泵工作原理可知，它在启动前必须引水。常用引水方法有：

（一）当吸水管带有底阀时

1. 人工引水

将水从水泵顶部的引水孔灌入。此法引水时间长，只适用于临时性小型水泵。

2. 用压水管中的水倒灌引水

当压水管内经常有水时采用。开启水泵出口止回阀旁路的引水阀门引水。

（二）当吸水管不装设底阀时

1. 射流泵引水

（1）射流泵工作原理。如图 4 - 9 所示，高压水以流量 Q_1、扬程 H_1 由喷嘴高速射出时，连续带走了吸入室内的空气，使吸入室内形成真空，待抽升的液体在大气压力作用下，以流量 Q_2 经吸入管进入吸入室，两股液体（Q_1+Q_2）在混合管中进行能量传递和交换，使流速、压力渐趋一致，再经扩散管使部分动能转化为压能后，将混合液体以扬程 H_2 输送出去。

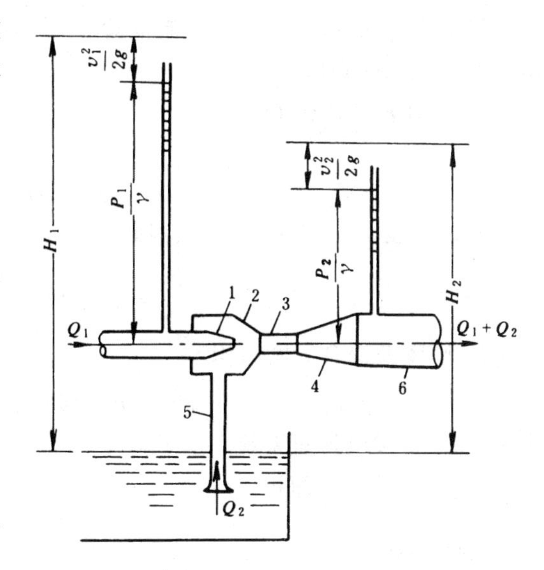

图 4-9　射流泵工作原理

1—喷嘴；2—吸入室；3—混合管；4—扩散管；5—吸水管；6—压出管

射流泵的工作性能用下列参数表示：

$$流量比\ q=\frac{被抽液体流量}{工作液体流量}=\frac{Q_2}{Q_1}$$

$$压头比\ h=\frac{射流泵扬程}{工作压力}=\frac{H_2}{H_1-H_2}$$

$$断面比\ f=\frac{喷嘴断面}{混合室断面}=\frac{F_1}{F_2}$$

式中　Q_1——工作液体的流量，m^3/s；

Q_2——被抽液体的流量，m^3/s；

H_1——喷嘴前工作液体具有的能量，mH_2O；

H_2——射流泵的扬程，mH_2O；

F_1——喷嘴的断面积，m^2；

F_2——混合室的断面积，m^2。

（2）射流泵的特点及在供排水中的应用。射流泵的突出特点是：它不以电为动力，不受厂用电源可靠性的影响，全厂停电仍能正常工作，是任何以电为动力的泵型无法做到的；无转动部分，结构简单，制造、安装方便，成本低；不怕潮湿，不怕水淹，工作可靠。但在能量传递过程中，损失较大，故其效率较低，用于排水时最高为 30%～50%，用于供水时最高为 60%左右。

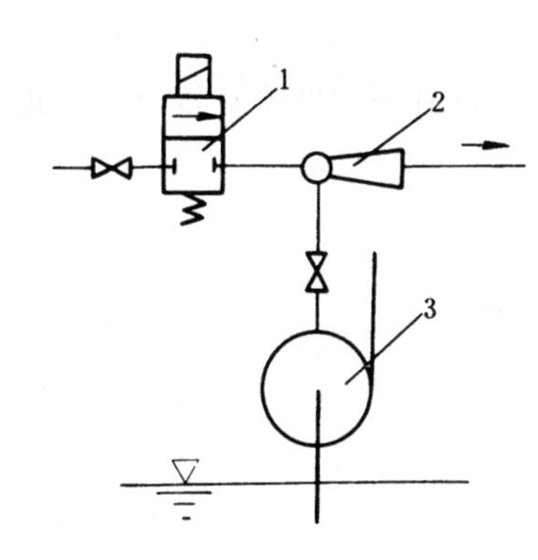

图 4-10　射流泵引水

1—电磁阀；2—射流泵；3—离心泵

射流泵在供排水中的应用主要是：当电站水头适合时，作为供水泵，见本章第三节；用作顶盖排水泵，布置比较方便；用作渗漏排水泵，不以电作动力，工作可靠；用作检修排水泵，不需启动引水设施；用作离心泵的启动引水，如图 4-10 所示。

（3）射流泵计算。它的计算通常是按已知的工作流量和扬程，及实际需要抽吸流量和扬程来确定其各部尺寸。计算中常采用试验数据和经验公式，因此，在实用中可按运行情况作适当调整。表 4-4 给出了射流泵效率较高时，其参数间的关系。

表 4-4　　射流泵 q、h、f 参数关系

f	0.15	0.20	0.25	0.30	0.40	0.50	0.60	0.70	0.80	0.90	1.00
q	2.00	1.30	0.95	0.78	0.55	0.38	0.30	0.24	0.20	0.17	0.15
h	0.15	0.22	0.30	0.38	0.60	0.80	1.00	1.20	1.45	1.70	2.00

根据下列条件，说明射流泵尺寸计算方法。

如图 4-9 所示，已知抽吸流量 Q_2（m^3/s），射流泵扬程 H_2（mH_2O），喷嘴前工作液体能量 H_1（mH_2O）。

1）工作液体流量 Q_1

$$h=\frac{H_2}{H_1-H_2}$$

由 h 查表 4-4 得：q；f，因此

$$Q_1=\frac{Q_2}{q}$$

2）喷嘴及混合管断面积

$$F_1=Q_1/\phi\sqrt{2gH_1} \tag{4-1}$$

式中 ϕ——喷嘴流量系数，一般取 $\phi=0.95$；

F_1——喷嘴断面积，m^2。

喷嘴直径

$$d_1=1.13\sqrt{F_1} \tag{4-2}$$

混合管断面积

$$F_2=\frac{F_1}{f}$$

混合管直径

$$d_2=1.13\sqrt{F_2} \tag{4-3}$$

3）喷嘴与混合管间距 l：资料给出适合长度

$$l=(1\sim2)d_1(H_1 \text{ 高取大值}) \tag{4-4}$$

4）混合管型式及长度 L_2：试验证明，技术条件相同时，圆柱形比圆锥形混合管效能高。故采用圆柱形，其长度最佳值为

$$L_2=(6\sim7)d_2(H_1 \text{ 高取大值}) \tag{4-5}$$

5）扩散管圆锥角 θ 及扩散管长度 L_3：扩散管圆锥角推荐值为

$$\theta=8^\circ\sim10^\circ \tag{4-6}$$

扩散管长度

$$L_3=\frac{d_3-d_2}{2\text{tg}\frac{\theta}{2}} \tag{4-7}$$

6）喷嘴长度 L_1：喷嘴收缩圆锥角 γ 一般不大于 40°，另一端与压水管相连，其直径为 D_1，则

$$L_1=\frac{D_1-d_1}{2\text{tg}\frac{\gamma}{2}} \tag{4-8}$$

7）吸水管出口直径 D_0

$$D_0=(1.5\sim2)d_2(\text{取标准直径}) \tag{4-9}$$

8）射流泵效率 η

$$\eta=qh \tag{4-10}$$

9）关于吸入室的构造，应保证实现 l 值的调整范围，且使吸水口位于喷口的后方，吸水口处被吸水的流速不能太大，务使吸入室内真空值 $H<7mH_2O$。

2. 水环式真空泵引水

（1）水环式真空泵的工作原理及特点。工作原理：如图 4-11 所示。启动前，泵内灌入一定量的水，叶轮旋转时在离心力作用下，将水甩向四周，形成一个与外壳同心的旋转水环 2，由于此水环与叶轮是偏心的，因而每两叶片间的空间，沿顺时针方向在右半部是逐渐增大的，压力随之降低，空气从进气口 3 吸入。正下方容积最大；在左半部则逐渐减小，压力随之升高，将吸入的空气经排气口 4 排出。叶轮不断旋转，真空泵就不断吸气和排气。

排气 进气 6 5 2 1 4 3

图 4-11　水环式真空泵工作原理

1—叶轮；2—水环；3—进气口；4—排气口；5—进气管；6—排气管

常用的水环式真空泵有 SZB 和 SZZ 型。其型号意义：S——水环式；Z——真空泵；B——悬臂式；Z——直联式（电机与真空泵）。

水环式真空泵的特点：引水快，工作可靠，易实现自动化；结构简单，体积小，重量轻，价格低。

（2）水环式真空泵的选择。真空泵选择是依据水泵与吸水管所需的抽气量及真空度而定。中小型电站只选用一台。

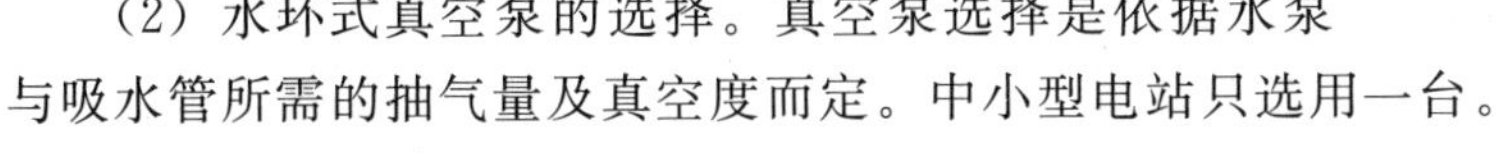

抽气量的计算

$$Q_Z=K\frac{V_B+V_G}{T}\quad(m^3/min)\qquad(4-11)$$

式中　Q_Z——真空泵抽气量；

K——漏气系数，取 $K=1.05\sim1.10$；

V_B——泵房中最大一台水泵泵壳容积（m^3），相当于吸水口面积乘以吸水口至压水管闸阀的距离；

V_G——泵房中最大一台水泵吸水管容积（m^3），为吸水管面积乘以吸水池最低水位至水泵吸水口的距离；

T——水泵允许引水时间（min），一般小于 5min。

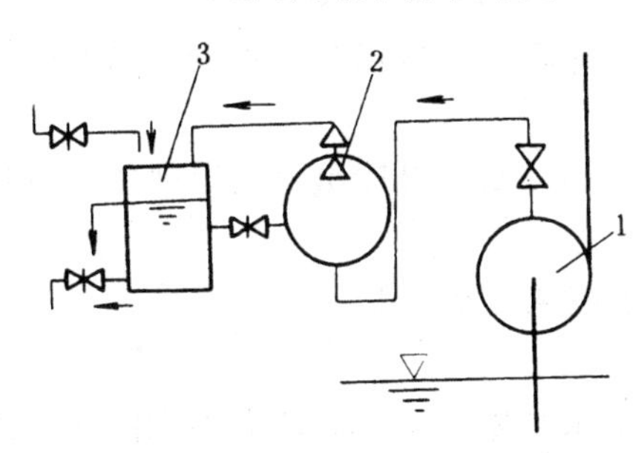

图 4-12　真空泵为离心泵启动引水

1—离心泵；2—真空泵；3—真空水箱

最大真空度计算

$$H_Z=\frac{[H_A]}{13.6}\quad(mmHg)\qquad(4-12)$$

式中　H_Z——最大真空度；

$[H_A]$——水泵的最大安装高度，mm。

（3）水环式真空泵的应用。在水电站的供排水系统中，常用它为离心泵启动引水，如图 4-12 所示。

第五节　技术供水系统的设计

一、技术供水系统图

设计技术供水系统，主要是根据电站实况，选定水源、决定供水方式、选择设备、拟制技术供水系统、校核供水参数、确定技术供水系统图等。

（一）设计原则

(1) 供水可靠，保证各用水设备对水量、水压、水温和水质的要求，在机组运行期间，不能中断供水；

(2) 便于安装、维护和操作，系统应力求简单、明确、避免误操作；

(3) 布置应合理，使安装、检修和运行互不干扰；

(4) 具有适应电站水平的自动化操作；

(5) 节省投资和运行费用。

（二）基本要求

(1) 适当考虑备用：取水至少应有两路，当从上游取水时，通常以本机组蜗壳或压力引水管引水作主用水，从坝前引水作备用水，在主用水中断时，备用水能自动投入。若采用水泵供水又无其他备用水源时，备用泵应自动启停。

(2) 合理配置自动化元件：

1) 各机组总供水管应设自动启闭阀门；

2) 各轴承油冷却器排水管应设示流信号器；

3) 水润滑橡胶瓦导轴承不能耐受65～70℃的高温，为防止它在高温下加速老化，对其供水必须十分可靠，不允许发生任何中断。由主、备用水源并列供水，在备用供水管上设自动阀门，当主供水故障，由示流信号器自动投入备用供水。在主供水管设止回阀以防备用水倒流；

4) 水冷空压机进水管上的给水阀宜自动启闭，排水管上设有示流信号器；

5) 采用水泵供水时，水泵应能自动启停，供水总管上应设有压力信号器；

6) 设有减压阀或射流泵的供水系统，在其前后应装设压力信号器。

(3) 合理设置仪表和阀门：

1) 旋转式滤水器通常只设一只；固定式滤水器一般设两只，互为备用，也可在一只滤水器前后设一带隔离阀的旁路管作为备用通路。滤水器进出水管上装压力表或差压信号器；

2) 机组各冷却器进出水管应装设压力表和阀门（若出水管可能出现负压则装压力真空表），以便调节水压和分配水量；

3) 水轮机导轴承及主轴密封润滑水的进水管道上应装设压力表；

4) 水冷空压机进水管的给水阀后装压力表；

5) 水泵吸水管上应装真空表，当吸水池水位高于水泵安装高程时，需加设阀门；压水管上应设压力表、止回阀和阀门。

(4) 其他附件：取水口应设拦污栅及吹气清污的管接头。

总之，应使技术供水系统技术上先进，经济上合理，维护上方便，运行上可靠。

（三）技术供水系统图

它由水源、管道系统、量测控制元件及用水对象等组成。在初设阶段选定水源、供水方式和供水设备后，即可拟定技术供水系统图。需考虑不同方案进行分析、比较，确定最佳方案。在施工设计时，根据设备用水资料，核定供水设备容量，并修订系统图。下面介绍中、小型水电站常用的典型技术供水系统图。

1. 自流供水系统

图 4-13 所示为自流单元供水系统图。主水源取自蜗壳或压力引水管，取水口按两台机组用水量考虑，以作为其他机组的备用。经滤水器过滤后，供机组冷却、润滑用水。坝前取水作为备用水源。凡不受机组开、停机影响的用水，如消防、生活及水冷空压机等，都由此水源供水。因水导对供水可靠性和水质要求高，由两水源经二次过滤和自动阀门并联供水。

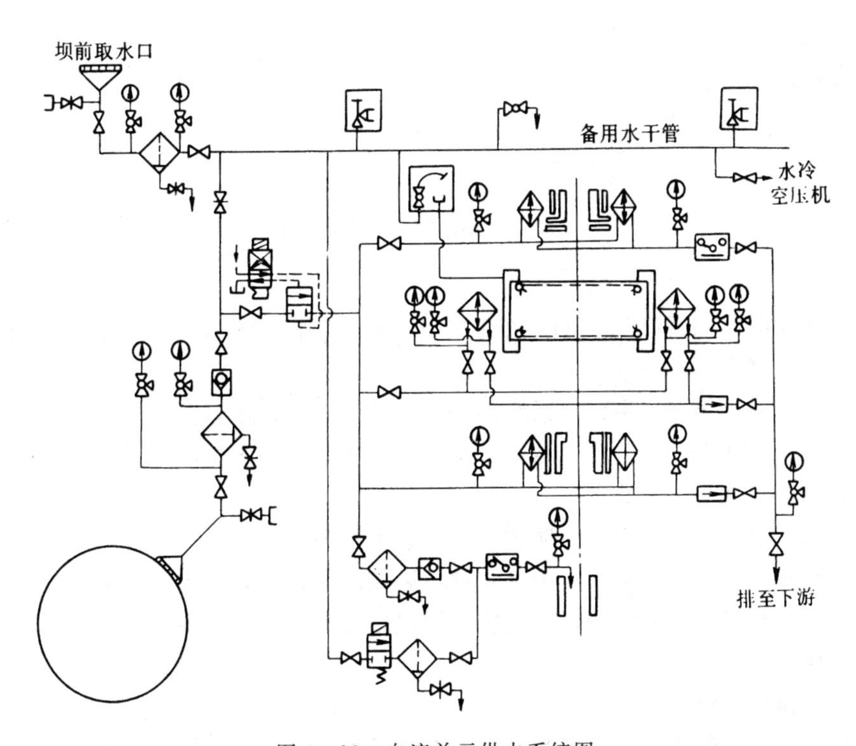

图 4-13 自流单元供水系统图

两水源通过联络管道和阀门相连。系统简单，运行灵活、可靠，设备分散布置在地面上，方便安装、运行和维修。水头适合、水质良好的中小型水电站经常采用。

2. 水泵供水系统

如图 4-14 所示为水泵集中供水系统图。设有三台水泵，两台工作，一台备用，其流量各为全站用水量的一半，经滤水器后分别接至环形供水总管，各机组的冷却润滑水与环形总管相连。

工作水泵随机组启、停而启、停，备用泵则由装在环形总管上的压力信号器自动

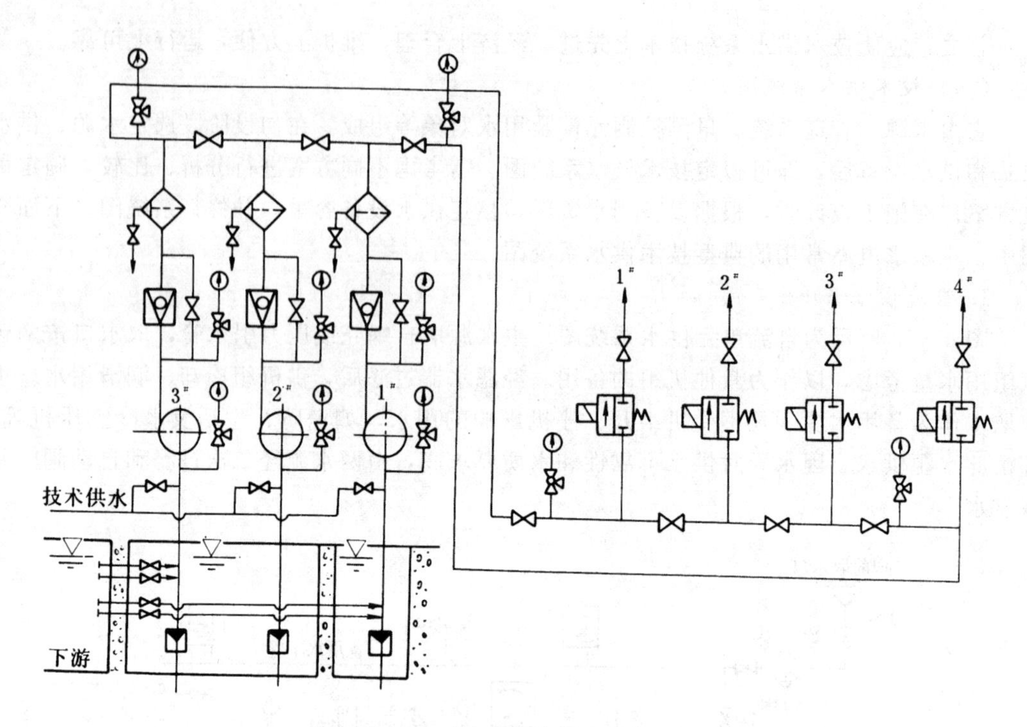

图 4-14　水泵集中供水系统图

控制。

使用水泵台数少，投资较小，设备布置集中，便于操作和维护，但泵的自动化结线复杂。

3. 混合供水系统

图 4-15 所示为混合集中供水系统图。由坝前的自流供水为主用，水泵从尾水抽水为备用，三台水泵，两台工作，一台备用，其流量均为全站用水量的一半。消防采用水泵由水库抽水，消防水池供水方式。

设置自流供水、水泵供水和消防供水三根总管，各机组用水设备供水由其电磁阀门自动控制，当自流供水压力降低至压力信号器下限值时，自动启动水泵供水。

该系统具有自流和水泵集中供水的特点，但水泵运行时间较少，设备投资和运行费用都低于水泵供水系统。

二、设备用水量计算

设备用水量应以制造厂提供资料为准。在初设阶段可按下述各式估算。

（一）机组轴承冷却用水量

1. 推力轴承冷却器用水量

机组稳定运行时，轴承达到热平衡状态，全部摩擦损失都转变成热量，并被冷却水带走，其冷却水量 Q_T 为

$$Q_T=\frac{3600\Delta N_T}{c\Delta t}\quad (\mathrm{m^3/h}) \tag{4-13}$$

其中

$$\Delta N_T=\frac{Pfv}{10^3}\quad (\mathrm{kW}) \tag{4-14}$$

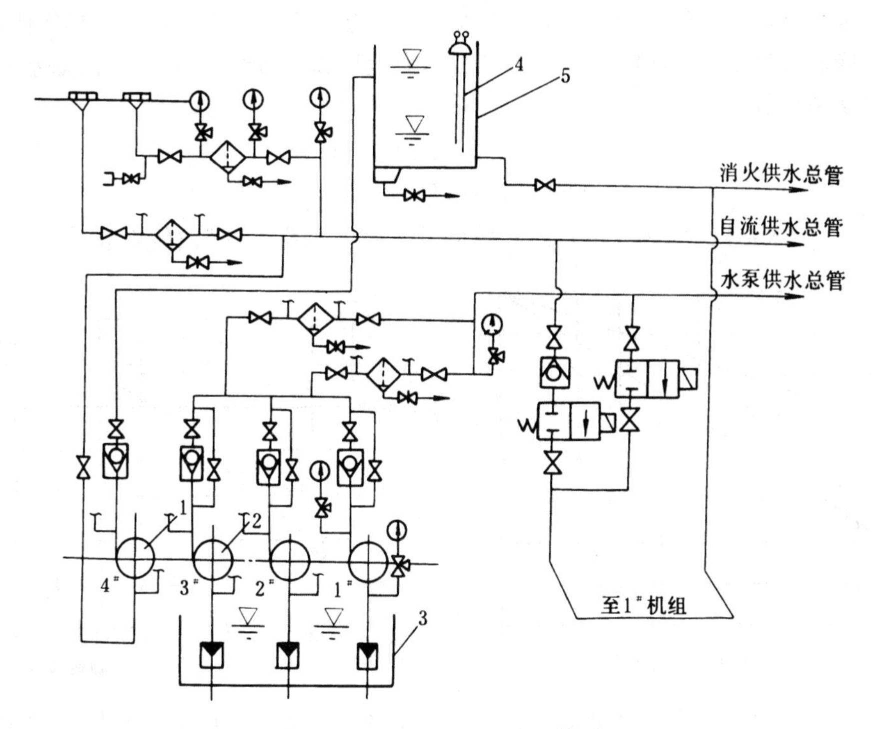

图 4-15　混合集中供水系统图

式中　c——水的比热，25℃时 $c=4.19\times10^{3}$J/(kg·℃)；

Δt——水在冷却器内温升，一般 $\Delta t=2\sim4$℃；

ΔN_T——推力轴承损耗功率，kW；

P——推力轴承负荷（N），立式机组包括轴向水推力和转动部分重量，一般推力瓦上单位压力为 $(2\sim4)\times10^{6}$Pa；

f——镜板与推力瓦的摩擦系数，当油温在 40～50℃时，小机组 $f=0.003\sim0.004$；大机组 $f=0.0009\sim0.0011$；

v——推力瓦表面平均圆周速度，m/s。

Q_T 还可按下式估算

$$Q_T=0.75Pn \quad (\text{L/h}) \tag{4-15}$$

式中　P——推力轴承负荷，T；

n——机组额定转速，r/min。

推力轴承的摩擦损失随水轮机工作水头而变化，因此，冷却耗水量也随工作水头不同，水头低于最大水头时，其耗水量按图 4-16 所示关系折减。

2. 导轴承冷却用水量

发电机上、下导轴承由于负荷较轻，其冷却器耗水量不多，一般按推力轴承耗水量10%～20%计算。

3. 水轮机导轴承的用水量

水轮机导轴承有两种润滑方式：油润滑和水润滑。其用水量分别为：

（1）油导轴承需要的冷却用水量可按发电机推力轴承用水量的10%～15%估算。

（2）橡胶瓦轴承靠水润滑和冷却，其工作温度应低于65～70℃。当已知水轮机轴直径时，供水量可按下式估算

$$Q_S = 1.5q \quad (\mathrm{L/s}) \tag{4-16}$$

$$Q_S = (1\sim2)Hd_J^3 \quad (\mathrm{L/s}) \tag{4-17}$$

式中　q——与水轮机轴直径 d_Z 有关的最小用水量，由图4-17曲线查取，L/s；

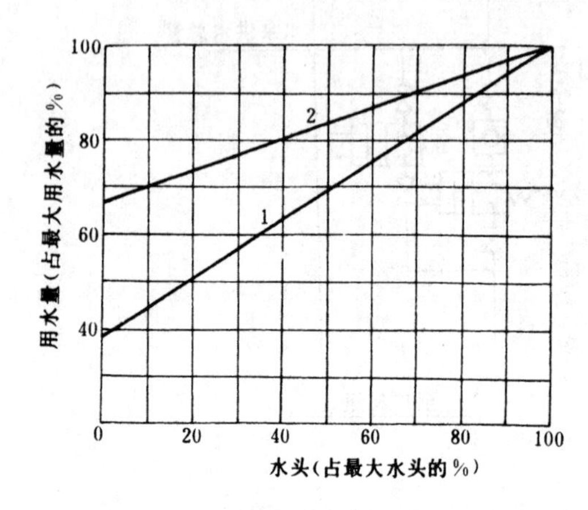

图4-16　推力轴承油冷却器用水量与水轮机水头的关系

1—转桨式水轮机；2—混流式水轮机

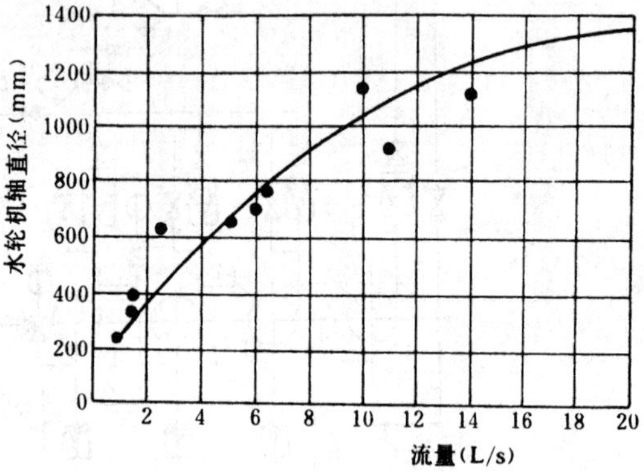

图4-17　橡胶轴承润滑水量与主轴直径关系

H——润滑水箱入口水压力（mH_2O），通常 $H=15\sim20$；

d_J——水轮机轴颈直径（m），$d_J=d_Z+b$，当 $d_Z<650$mm 时 $b=15$mm，$d_Z\geqslant650$mm 时 $b=20$mm。

润滑水宜采用大值，以防水轮机导轴承下部产生负压时，水量不能满足要求。

（二）发电机空气冷却器用水量

稳定运行时，发电机的全部电磁损失（包括铜损、铁损、励磁和附加损耗等）都转换成热量，被空气吸收后交换给冷却水，再按进水温度为25℃，发电机带最大负荷连续运行所产生的最大热量来确定用水量。其计算公式如下

$$Q_K = \frac{3600\Delta N_D}{c\Delta t} \quad (\mathrm{m^3/h}) \tag{4-18}$$

$$\Delta N_D = \frac{N(1-\eta)}{\eta} - \Delta N_Z \quad (\mathrm{kW}) \tag{4-19}$$

式中　c——水的比热，25℃时 $C=4.19\times10^3$ J/(kg·℃)；

Δt——冷却器进出口水温差，当发电机工作温度（60～80）℃时，可取下值：入口水温≤10℃，$\Delta t=4$℃；入口水温=（10～20）℃，$\Delta t=3$℃；入口水温≥20℃，$\Delta t=2$℃；

ΔN_D——发电机的电磁损失，kW；

N——发电机额定功率，kW；

η——发电机效率（%），一般小型机组 η=0.92～0.96；大型机组 η=0.96～0.98；

ΔN_Z——发电机轴承的机械损耗（kW），对悬式机组包括推力轴承和导轴承摩擦损耗，其中推力轴承损耗功率 ΔN_T 计算同式（4－14），导轴取推力轴承的10%～20%。

在初步设计时，还可按下式估算

$$Q_K = 0.34N(1-\eta) \quad (m^3/h) \tag{4-20}$$

式中符号意义同上。

空气冷却器用水量随发电机负荷而变，当功率因数为常数时，用水量与负荷的关系，如图 4－18 所示。

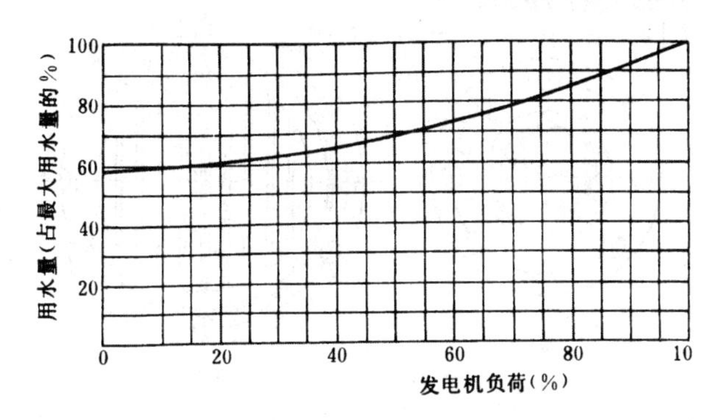

图 4－18 空气冷却器用水量与发电机负荷关系

（三）水冷式空压机的用水量

空压机的用水量 Q_y 一般按排气量大小估算

$$Q_y = Q_r q \quad (L/min) \tag{4-21}$$

式中 Q_r——空压机额定排气量，m^3/min；

q——每 m^3 排气量所需的冷却水量（L/min）通常 $Q_r \leqslant 15m^3/min$，$q=4.5\sim5L/m^3$；$Q_r > 15m^3/min$，$q=3.5\sim4.5L/m^3$。

（四）总用水量

水电站技术供水总量，应按用水设备的种类、台数逐项统计。此外，尚需考虑厂内检修、卫生等生活用水量，中小型水电站此部分用水量可按全站 $1\sim2m^3/h$ 计。

三、供水设备选择

（一）取水口及拦污栅

（1）取水口应根据取水方式确定，一般应考虑备用取水口。

单机组电站取水口不少于两个；自流供水系统，每台机组应有一个取水口；水泵供水系统，每台水泵设一个取水口。

（2）通过取水口的流量应根据系统情况决定。当自流供水压力能满足消防要求时，通过每个取水口的流量按一台机组最大用水量加上最大消防用水量（一台发电机消防用水量加一个消火栓消防水量）确定。当不考虑消防用水并有备用取水口时，通过每个取水口的流量按一台机组最大用水量确定。如无备用取水口，则按全厂有一个取水口检修，通过其余取水口的流量，能满足全厂总用水量的要求确定。

(3) 取水口应设置拦污栅。常用的有钢板钻孔式和栅栏式两类。其结构如图 4-19 所示。断面与管道直径相适应，过栅流速可在 0.25～0.5m/s 范围内选用（上限值用于蜗壳或压力引水管取水）。机械强度应按拦污栅完全堵塞情况下的最大作用水头进行设计。拦污栅基本尺寸见表 4-5。

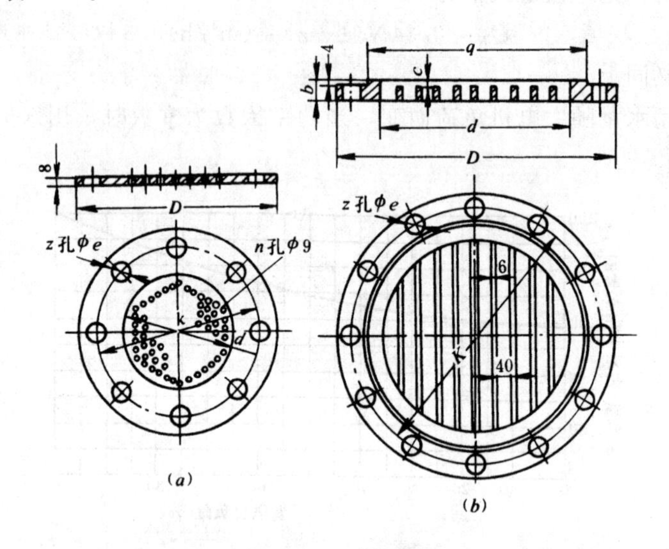

图 4-19　拦污栅

(a) 钢板钻孔式；(b) 栅栏式

表 4-5　　拦污栅基本尺寸

标称直径 D_g(mm)	图 4-19 所示尺寸 (mm)									不同流速 (m/s) 下水力损失 (m)		
	d	D	k	q	b	e	c	Z	n	1.0	2.0	3.0
钻孔钢板式												
100	108	220	180			18		8	61	0.23	0.92	2.05
150	159	285	240			23		8	125	0.26	1.02	2.28
200	216	340	295			23		8	241	0.23	0.92	2.05
栅栏式												
250	330	445	400	370	30	23	5	12				
300	380	505	460	430	30	23	5	16				
350	430	565	515	482	32	25	7	16		0.012	0.007	0.106
400	480	615	565	532	32	25	7	20				
450	530	670	620	585	34	25	4	20				

无论哪种取水口，均应配置冲洗或吹扫设施。

(二) 滤水器的选择

技术供水在进入用水设备前，必须经过过滤，因此，在靠近取水口的供水管道上，需装设滤水器。对于水润滑导轴承和主轴密封用水水质要求较高，应在主、备用供水管道上加装过滤精度高的滤水器。

滤水器个数必须满足在清污时不中断机组的供水。当采用固定式滤水器时，要在同一管道上并联装设两只，或装设一台滤水器另加装旁路供水管及阀门。因转动式滤水器能边工作、边清洗，故在供水管道上只需装设一台。

滤水器应设有反映堵塞的装置，可以采用差压信号器，亦可以在滤水器前后装设压力表。水导轴承润滑水管道，一般装有示流信号器，其滤水器不再装设信号装置。

（三）水泵的选择

有关水泵选择内容详见本章第四节。这里仅介绍水泵流量和扬程计算，安装高程计算见第五章第二节。

1. 流量

在水电站的技术供水系统中，每台供水泵的流量 Q_B 按下式确定

$$Q_B \geqslant \frac{Q_J Z_J}{Z_B} \quad (\mathrm{m^3/h}) \tag{4-22}$$

式中 Q_J——一台机组总用水量（$\mathrm{m^3/h}$），初设时按前述方法计算，技设时厂方提供；

Z_J——机组台数，单元供水时 $Z_J=1$，分组供水时，为一组的机组台数；

Z_B——同时工作水泵台数，通常为一台，最多不超过两台。

2. 扬程

水泵供水的总扬程 H_B，应按通过最大计算流量时，仍能保证最远最高用水设备所需的压力和克服管道中的阻力来考虑。

（1）由下游尾水取水时

$$H_B=(\nabla_L-\nabla_W)+H_L+\Sigma h_s+\frac{v^2}{2g} \quad (\mathrm{mH_2O}) \tag{4-23}$$

式中 ∇_L——最高冷却器进水管管口标高，m；

∇_W——下游最低尾水位标高，m；

H_L——冷却器要求的进水压力（$\mathrm{mH_2O}$），由厂家提供，通常不超过 $20\mathrm{mH_2O}$；

Σh_s——到最高冷却器进口，水泵吸水管道和压水管道的水力总损失，$\mathrm{mH_2O}$；

$\frac{v^2}{2g}$——动能损失，$\mathrm{mH_2O}$。

（2）由上游水库取水时

$$H_B=H_L-(\nabla_K-\nabla_L)+\Sigma h_s+\frac{v_2}{2g} \quad (\mathrm{mH_2O}) \tag{4-24}$$

式中 ∇_K——上游水库最低水位标高，m；

其他符号同前。

（四）阀门的选择

阀门的选择详见第一章第四节。

（五）管道的选择

技术供水系统管道通常采用“水煤气钢管”，因它能承受较大的内压和动荷，施工连

接简便。水导轴承润滑水管道，滤水器以后的部分应采用镀锌钢管，防止铁锈进入水导轴承。

管道直径按管中通过流量和经济流速确定。

$$d=\sqrt{\frac{4Q}{\pi v}} \quad (m) \tag{4-25}$$

式中 Q——管道通过的最大设计流量，m^3/s；

v——管内经济流速（m/s），其值为：水泵吸水管 $v=1.2\sim2.0$，水泵压水管 $v=1.5\sim2.5$，自流供水管 $v=1.5\sim7.0$（水头为15～60m），$v=0.6\sim1.5$（水头＜15m）；

d——管径，m。

计算后取标准直径，根据表4-6选用。

表4-6　水煤气钢管尺寸

管径	公制（mm）	6	8	10	15	20	25	32	40	50	70	80	100	125	150
	英寸制（英寸）	1/8	1/4	3/8	1/2	3/4	1	$1\frac{1}{4}$	$1\frac{1}{2}$	2	$2\frac{1}{2}$	3	4	5	6
壁厚	普通管（mm）	2.00	2.25	2.25	2.75	2.75	3.25	3.25	3.50	3.50	3.75	4.00	4.00	4.50	4.50
	加厚管（mm）	2.50	2.75	2.75	3.25	3.50	4.00	4.00	4.25	4.50	4.50	4.75	5.00	5.50	5.50

按上述方法初步选定管径后，还需通过管网水力计算，进行校核后最终确定。

管道壁厚按工作压力选取，普通管用于工作压力为 2×10^6Pa 以下；加厚管用于 3×10^6Pa 以下。管道上其他元件，如三通、弯头、渐变段等均以通流直径和工作压力为准，按有关手册选用。

（六）排水管出口位置

机组冷却水排水管出口，通常设在最低尾水位以下，以利用冷却器出口至下游尾水位之间的水头，避免空气经排水管出口进入管内，影响水流。由于其常年浸没在水下，应考虑检修管道和阀门的措施；为防止杂物堵塞水管，还应设拦污栅和压缩空气吹扫管接头。

四、供水系统的布置

供水系统布置属于辅助设备的布置内容。通常是在电站枢纽布置、厂房机电设备布置之后进行。此时，主、副厂房的型式和结构尺寸均已最终确定。

在进行辅助设备布置时，必须对厂房的结构有明确的立体概念。遵循布置紧凑、位置合理、在安装、检修、运行、维护等方面，应满足安全、可靠、灵活、方便的要求，适当考虑整齐美观。有经验的设计人员在进行厂房机电设备布置时，对辅助设备的布置就已做了通盘考虑，因此，辅助设备的布置不会影响厂房机电设备的布置，不会影响厂房的结构和尺寸。但它直接影响着运行、维护的安全方便和厂内布置的整齐美观。

技术供水系统的布置不仅取决于供水和取水方式，还取决于厂房和机组的型式。

（一）取水口的布置

取水口的布置主要与供水和取水方式有关，既要满足水温和水深的要求，也要考虑泥沙和杂物的阻塞。

对于坝前或下游的取水口，至少应布置在最低水位以下 2m，取水应从河流侧方，取水流速一般为主流流速的 1/5～1/10。无论哪种水源，取水口应布置在流水区域。

对于压力引水管的取水口，通常在进水阀前面（当装设进水阀时）。其布置位置应在压力引水管道侧壁上，一般是在水平方向上下 45°范围内。因布置在顶部，易被水中的悬浮物堵塞；布置在底部，又易沉积泥沙。

对于蜗壳的取水口，混凝土蜗壳的取水口，就布置在蜗壳的侧壁上；金属蜗壳的取水口，其布置位置与压力引水管相同。

（二）滤水器的布置

滤水器的布置要与供水和取水方式相适应，其位置尽量靠近取水口，并使进出水管平直、附件少，安装检修、运行操作均方便。

（三）阀门的布置

（1）经常操作的阀门，应布置在便于操作和拆卸的地方；高于地面 2m 以上，但距楼板较近的阀门，可在正对阀门中心的楼板上开孔（平时加盖），采用加长柄来操作；电动操作阀门要考虑防潮问题，液压操作阀门则尽量缩短液压管道，后两种阀门一般用于水平安装。

（2）升降式止回阀只能水平安装；旋启式止回阀可水平或垂直安装，但在垂直安装时，其水流方向应自下而上。

（3）减压阀安装时，要分清高、低压侧，其安全阀应装在低压侧。

阀门一般不应倒置，大口径（大于 300mm）闸阀或长柄盘形阀附近留有足够的操作拆装场地。

（四）水泵的布置

水泵的布置与供水、取水方式和水轮机组的类型有关。

（1）当采用水泵单元供水方式时，最好将水泵布置在相应机组段内，以缩短管道，减少水头损失，便于运行维护。

（2）当采用水泵集中供水方式时，则需设置供水泵房，将水泵集中布置在泵房内，其位置应结合电站具体条件确定，保证吸压水损失最小。

布置水泵时，可采取机组轴线平行单排并列或机组轴线呈一直线单行顺列，如图 4－20 所示，布置形式均较紧凑。

不论哪种布置均应满足相邻两机组突出基础的净距或机组突出部分与墙壁之间的净距，应能拆卸水泵轴或电动机转子，具体尺寸见表 4－7。泵房需考虑机组检修场地，其位置一般靠近泵房大门，平面尺寸要求能放下泵房内最大一台设备，并维持各设备间有不小于 0.8m 的通道，以供运行人员检查和维护之用。在非自灌式泵房中，还需考虑真空引水装置，其位置以不影响机组检修，便于操作和不加大泵房面积为原则。一般布置在水泵进水侧靠墙或泵房一侧空地角落，抽气管道可沿墙架设或沿机组管沟敷设。当水泵台数多、机组容量大，单件重大于 1t 时，可考虑设起重设备。除此之外，在进行泵房的设备

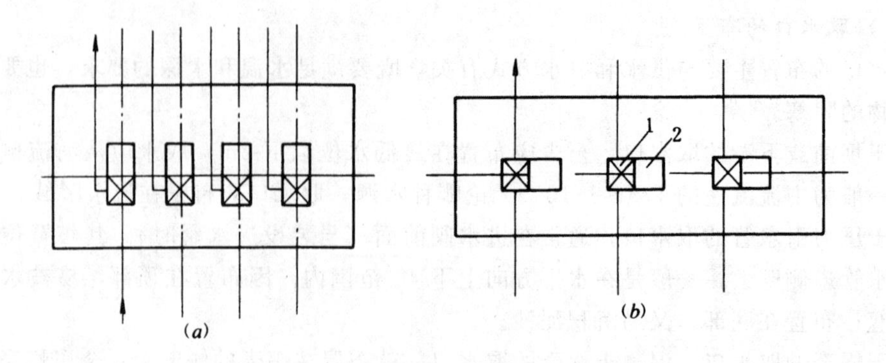

图 4-20　水泵机组布置形式

(a) 机组轴线平行单排并列；(b) 机组轴线呈一直线单行顺列

1—水泵；2—电动机

和管道布置时，还需结合电气设备和值班人员的运行维护通道，统一考虑，合理布置。

表 4-7　　机组间距

布置情况	最小间距
1. 相邻两个基础间距 (1) 电机功率小于55kW (2) 电机功率大于55kW	 不小于0.8m 不小于1.2m
2. 相邻两机组突出部分的净距以及机组突出部分与墙的间距	应保证泵轴或电机转子检修时可以拆卸、并不小于0.7m
3. 若两机组的电机功率大于55kW	同上要求，并不小于1.0m

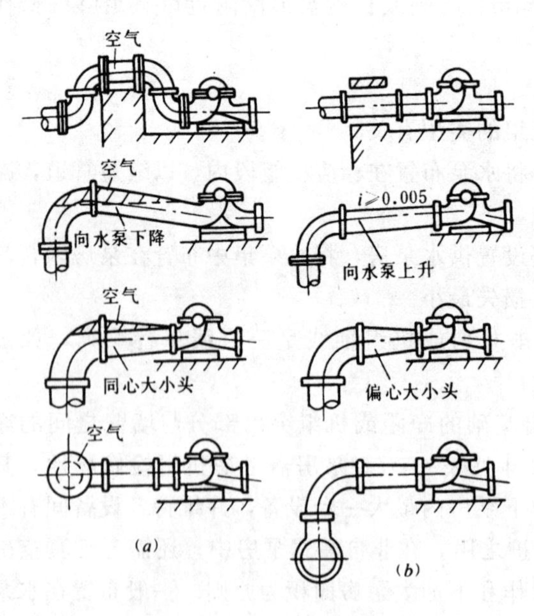

图 4-21　吸水管与水泵连接方法

(a) 不正确的连接；(b) 正确的连接

(五) 管道的布置

1. 水泵吸水管道的布置

水泵吸水管道常处于负压状态下工作，因此，要求吸水管道不漏气，不产生气囊。通常吸水管道中流速小于水泵吸水口流速，则吸水管直径大于吸水口处直径，其间需用偏心渐缩管连接。图 4-21 给出了吸水管与水泵连接方法。

最好每台水泵设有单独的吸水管，尽量做到管道短，附件少，水流条件好，水力损失小，提高效率，降低造价和运行费。

对于供水泵，当从尾水取水时，其吸水管进口布置应尽量避免受冲起的泥沙、水压的脉动、水位的升降及机组冷却排水等给供水水质和水泵运行带来的影响。

当从吸水池吸水时，为使吸水管进口有较好的水力条件，互不干扰，防止水面产生漩涡和混入空气，吸水管进口在水池中的位置，如图 4－22 所示。

2. 管道布置

（1）总管的布置：不论哪种取水方式的技术供水管，若在厂内连成技术供水总管，一般都布置在按机、电分区的相应水轮机层上游侧或下游侧。从机组引出的总排水管则直通下游。供水总管尽可能明敷，如必须设在沟内时，应满足下列条件：

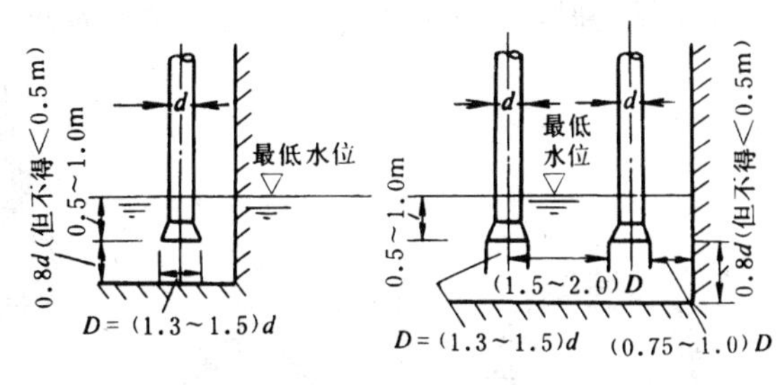

图 4－22　吸水管在水池中的位置

1）管沟的宽度和深度应满足检修需要，管与沟底的净距不小于 100mm。

2）沟底应向排水口或集水井倾斜，其坡度为 0.001～0.005。

3）管沟应设活动盖板。

平行敷设的管道，布置要紧凑，拆装要方便。沿墙布置的管道，管件与墙间的净距不小于 100mm，管与管间的净距大于法兰盘与管的距离。穿越混凝土分缝处的埋设管道，应在分缝两侧管段设置弹性垫层，防止由两侧位移不同而影响管道。

（2）支管的布置：机组供水总管按水流平顺，管道损失最小的原则，由技术供水总管引至各用水设备进口位置象限，再自下而上由相应高程引给各用水设备。其中水导润滑及主轴密封水管从机坑踏板与顶盖之间通过。推力、上导、下导轴承冷却水管一般沿机架安装，大部分为明敷。但由于地方狭小，管道拆装不便，适当加装活接头或耐油承压橡胶管段，以利管道连接。管道上的仪表和自动化元件应布置在易观察的地方，控制阀门应布置在便于操作处。

空气冷却的供排水环管，是机墩管道中过水量最大的管道，一般埋设在冷却器下部的钢筋混凝土中，通过阀门与空气冷却器进出口相连。

（3）管道的固定与支承：水电站技术供水系统管道的种类和数量较多，除埋设管外，其明敷部分均应适当地设置支架和吊架，以固定支承管道。关于管道支架的间距，可查表 4－8。

表 4－8　　管道支架间距

公称通径（mm）	管子规格（外径×壁厚）（mm）	支架间距（m）		公称通径（mm）	管子规格（外径×壁厚）（mm）	支架间距（m）	
		无隔热层	有隔热层			无隔热层	有隔热层
15	18×3	2.5	1.5	100	108×4	6.5	4.5
20	25×3	3	2	125	133×4	7	5
25	32×3.5	4	2	150	150×4.5	8	6
32	38×3.5	4.5	2.5	200	216×6	9	7.5
40	45×3.5	5	3	250	273×8	10	9
50	57×3.5	5	3	300	325×8	11	9.5
65	73×4	6	4	350	377×9	11.5	10
80	83×4	6	4	400	425×9	12	10.5

常用的管道支架有滑动式和固定式，如图 4－23 所示。当管道在楼板下方敷设，没有墙柱等支靠物时，需采用吊架，又分为固定高度式和可调高度式，如图 4－24 所示。

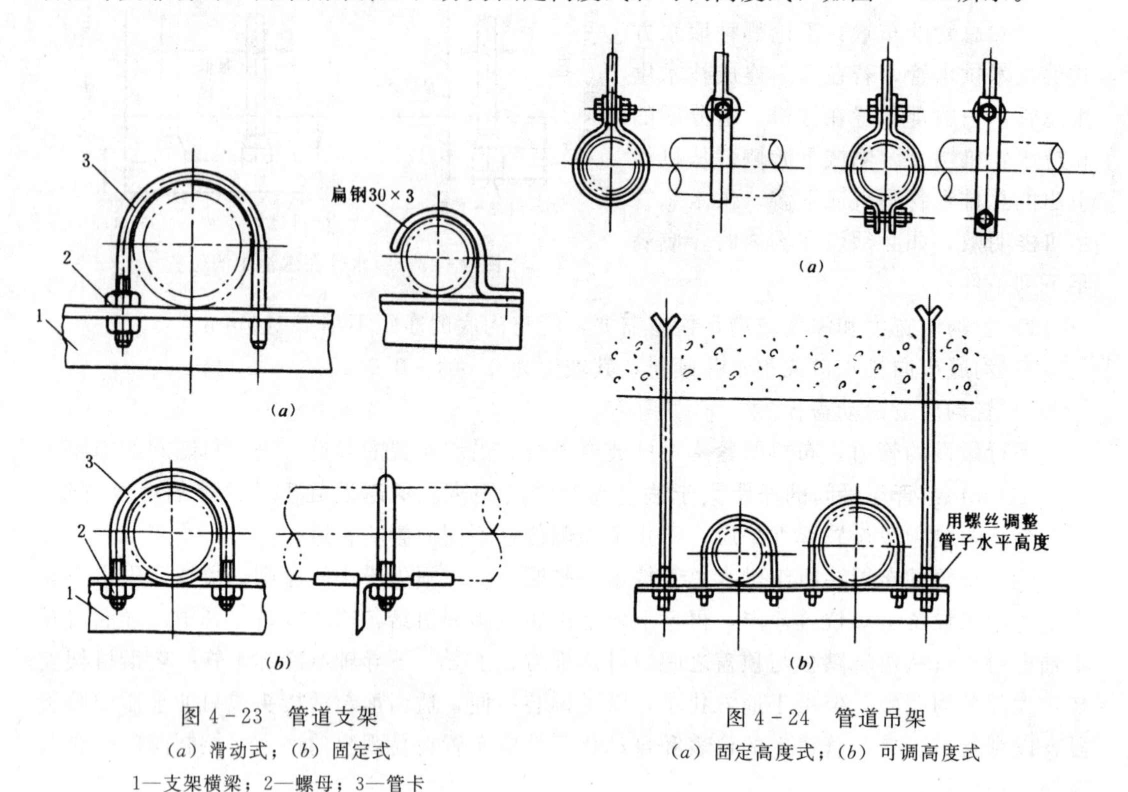

图 4－23　管道支架

（a）滑动式；（b）固定式

1—支架横梁；2—螺母；3—管卡

图 4－24　管道吊架

（a）固定高度式；（b）可调高度式

（六）水管道的防腐蚀和防结露措施

1. 水管道的防腐蚀措施

水管道多采用普通钢管，其防锈措施是在管外涂防锈漆，有底漆和面漆两层。底漆常用红丹漆，经常处于水下的管道宜用 L_{44} －1 型铝粉沥青船底漆，面漆是既能保护底漆又能起到装饰和彩色标志的作用，常用调合漆或磁漆。

对于锈蚀不太深或经清扫后还有少量氧化皮的钢管，可直接涂刷带锈涂料（如 7148 稳定型带锈底漆），待底漆膜干后再涂面漆。

2. 防结露措施

水电站的水管道（特别是供水管道）经常出现管壁结露。露水集聚下滴不仅造成地面积水，且影响自动化元件和电气设备正常运行。因此，除加强通风防潮外，还应对结露水管采取隔热措施，让隔热材料的表面温度高于周围空气的露点温度，使其表面不结露。隔热层厚度应通过计算确定，需根据具体情况选取不同的隔热结构，常用的保温材料有石棉布、石棉灰、矿渣棉、膨胀蛭石、玻璃棉及超细玻璃棉等。为防止潮气侵入影响材料隔热性能，通常在隔热层外再涂防潮漆。

五、水系统的水力计算

（一）水力计算的目的

（1）计算管道水力损失，校核管道中通过最大用水量时，水压是否符合规定，合理选择水系统元件和设备。

（2）对自流供水系统，校核电站水头是否满足用水设备的水压要求。

（3）对水泵供水系统，校核水泵扬程和吸水高度是否符合要求。

（二）水力计算的方法

水力计算的主要内容，是计算所选管径的管道在通过计算流量时的水力损失 h，通常是按水力学公式计算沿程摩擦损失 h_y 和局部阻力损失 h_j。

即
$$h=h_y+h_j \tag{4-26}$$

1. 沿程摩擦损失

（1）按摩阻系数法

$$h_y=\xi_M \frac{v^2}{2g} \quad (\mathrm{mH_2O}) \tag{4-27}$$

$$\xi_M=0.025\frac{L}{d} \tag{4-28}$$

式中 ξ_M——摩阻系数；

L——管长，m；

d——管径，m；

v——管内流速，m/s。

（2）按水力坡降法

$$h_y=iL \quad (\mathrm{mmH_2O}) \tag{4-29}$$

式中 i——直管水力坡降（$\mathrm{mmH_2O/m}$），即单位管长的水力损失。可根据流量、管径、允许流速查有关手册。

对一般钢管（有一定腐蚀）或新铸铁管

$$i=2576.8\frac{v^{1.92}}{d^{1.08}} \tag{4-30}$$

对腐蚀严重钢管或使用多年的铸铁管

$$i=2734.3\frac{v^2}{d} \tag{4-31}$$

式中 d——管径，mm；

L、v——同前。

（3）按比阻法

$$h_y=AQ^2LK \quad (\mathrm{mH_2O}) \tag{4-32}$$

$$A=\frac{i}{Q^2}=\frac{0.001735}{d^{5.3}} \tag{4-33}$$

式中 A——比阻值，钢管的比阻 A 值查表 4-9，铸铁管的比阻 A 值查表 4-10；

Q——计算流量，$\mathrm{m^3/s}$；

K——修正系数，当管内平均流速 $v\geqslant1.2$m/s 时，$K=1.0$，$v<1.2$m/s 时，K 查表 4-11；

L——同前。

表 4-9　　钢管的比阻 A 值

水煤气管			中等管径		大管径	
公称直径 D_g (mm)	$A(Qm^3/s)$	$A(QL/s)$	公称直径 D_g (mm)	$A(Qm^3/s)$	公称直径 D_g (mm)	$A(Qm^3/s)$
8	225500000	225.5	125	106.2	400	0.2062
10	32950000	32.95	150	44.95	450	0.1089
15	8809000	8.809	175	18.96	500	0.06222
20	1643000	1.643	200	9.273	600	0.02384
25	436700	0.4367	225	4.822	700	0.01150
32	93860	0.09386	250	2.583	800	0.005665
40	44530	0.04453	275	1.535	900	0.003034
50	11080	0.01108	300	0.9392	1000	0.001736
70	2893	0.002893	325	0.6088	1200	0.0006605
80	1168	0.001168	350	0.4078	1300	0.0004322
100	267.4	0.0002674			1400	0.0002918
125	86.23	0.00008623			1500	0.0002024
150	33.95	0.00003395			1600	0.0001438
					1800	0.00007702
					2000	0.00004406

表 4-10　　铸铁管的比阻 A 值

内径 (mm)	$A(Qm^3/s)$	内径 (mm)	$A(Qm^3/s)$
50	15190	500	0.06839
75	1709	600	0.02602
100	365.3	700	0.01150
125	110.8	800	0.005665
150	41.85	900	0.003034
200	9.029	1000	0.001736
250	2.752	1100	0.001048
300	1.025	1200	0.0006605
350	0.4529	1300	0.0004322
400	0.2232	1400	0.0002918
450	0.1195	1500	0.0002024

表 4-11　　钢管和铸铁管 A 值的修正系数 K_3

v(m/s)	0.2	0.25	0.3	0.35	0.4	0.45	0.5	0.55	0.6
K_3	1.41	1.33	1.28	1.24	1.20	1.175	1.15	1.13	1.115
v(m/s)	0.65	0.7	0.75	0.8	0.85	0.9	1.0	1.1	≥1.2
K_3	1.10	1.085	1.07	1.06	1.05	1.04	1.03	1.015	1.00

2. 局部阻力损失

（1）局部阻力系数法

$$h_j=\Sigma\xi\frac{v^2}{2g}\quad(mH_2O)\qquad(4-34)$$

式中 ξ——管件的局部阻力系数，查有关手册或表 4-12；

v——同前。

表 4-12　　管件的局部阻力系数

<table>
<tr><th>编号</th><th>阻抗名称</th><th>简　图</th><th>阻 力 系 数</th></tr>
<tr><td>1</td><td>进口拦污栅</td><td></td><td><table><tr><td>$\frac{f_0}{f}$</td><td>0.4</td><td>0.5</td><td>0.6</td><td>0.7</td><td>0.8</td></tr><tr><td>ξ</td><td>6.0</td><td>3.8</td><td>2.2</td><td>1.3</td><td>0.79</td></tr></table>通常$\frac{f_0}{f}=0.6\sim0.8$，$\xi=2.2\sim0.79$</td></tr>
<tr><td>2</td><td>弯头</td><td></td><td><table><tr><td>$\frac{d}{2R}$</td><td>0.2</td><td>0.3</td><td>0.4</td><td>0.5</td><td>0.6</td><td>0.7</td><td>0.8</td></tr><tr><td>ξ'</td><td>0.14</td><td>0.16</td><td>0.21</td><td>0.29</td><td>0.44</td><td>0.66</td><td>0.98</td></tr></table>$\xi=\xi'\frac{\alpha}{90}$</td></tr>
<tr><td>3</td><td>截止阀（全开时）
a）直通式
b）直流式
（斜轴杆）
c）角式</td><td></td><td>a）$\xi=4.3\sim6.1$
b）$\xi=1.4\sim2.5$
c）$\xi=3.0\sim5.0$</td></tr>
<tr><td>4</td><td>闸阀</td><td></td><td><table><tr><td>$\frac{h}{d}$</td><td>0.25</td><td>0.3</td><td>0.4</td><td>0.5</td><td>0.6</td><td>0.7</td><td>0.8</td><td>0.9</td><td>1.0</td></tr><tr><td>ξ</td><td>30</td><td>22</td><td>12</td><td>5.3</td><td>2.8</td><td>1.5</td><td>0.8</td><td>0.3</td><td>0.15</td></tr></table></td></tr>
<tr><td>5</td><td>止回阀</td><td></td><td>$\xi=1.0\sim1.5$</td></tr>
<tr><td>6</td><td>测流隔板</td><td></td><td><table><tr><td>$\frac{f_0}{f}$</td><td>0.3</td><td>0.4</td><td>0.5</td><td>0.6</td><td>0.7</td><td>0.8</td></tr><tr><td>ξ</td><td>18.4</td><td>8.2</td><td>4.0</td><td>2.0</td><td>0.97</td><td>0.41</td></tr></table>通常取$\frac{f_0}{f}=0.45\sim0.6$；$\xi=6.0\sim2.0$</td></tr>
<tr><td>7</td><td>示流信号器</td><td></td><td>$\xi=0.5$</td></tr>
</table>

续表

编号	阻抗名称	简　图	阻　力　系　数
8	电磁阀		$\xi=0.5$
9	滤水器	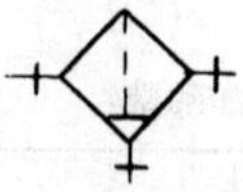	$\xi=7.5\sim9.0$ （考虑了部分堵塞情况）
10	三通管 1）当 $d=D$		见下表
	2）当 $Q_1<Q_2$	v_1, Q_1　v_2, Q_2　v_3, Q_3	见下表
	3）当 $Q_1>Q_2$	v_1, Q_1　v_2, Q_2　v_3, Q_3	见下表
11	管道进口 1. 管口未做圆 2. 管口略修圆 3. 喇叭形进口	v	1. $\xi=0.50$ 2. $\xi=0.20\sim0.25$ 3. $\xi=0.05\sim0.10$
12	管道出口 （淹没出流）	v	$\xi=1.0$
13	管道突然扩大	ω_1　Q　ω_2	$\xi=\left(\frac{\omega_2}{\omega_1}-1\right)^2$（相应于流速 v_2） $\xi=\left(1-\frac{\omega_1}{\omega_2}\right)^2$（相应于流速 v_1）

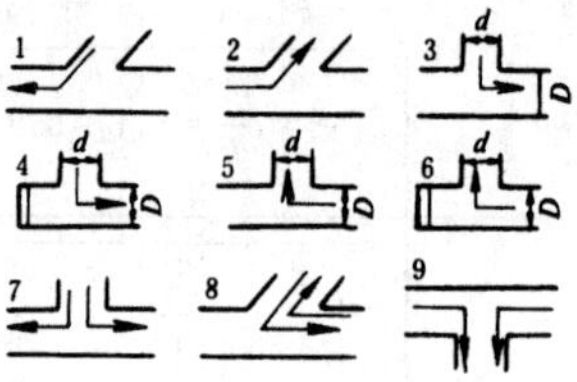

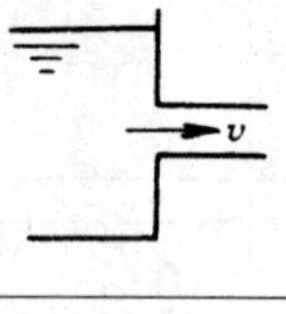

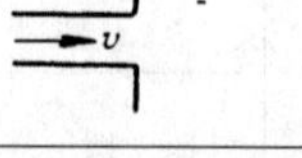

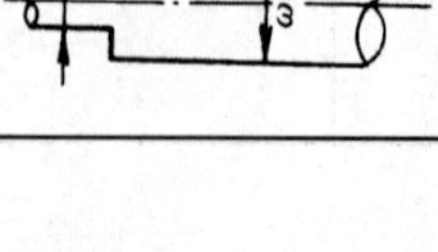

10　1）当 $d=D$

简图	简图编号	ξ
	1	0.5
	2	1.0
	3	1.0
	4	1.15
	5	1.15
	6	1.4
	7	1.5
	8	3.0
	9	3.0

10　2）当 $Q_1<Q_2$

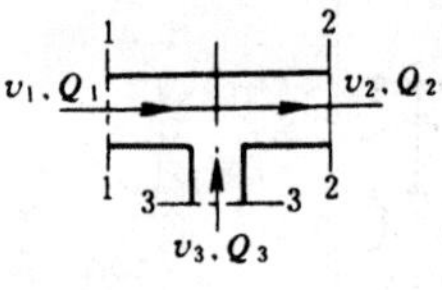

Q_3/Q_2	0	0.2	0.4	0.6	0.8	1.0
ξ_{3-2}	−1.2	−0.4	0.08	0.47	0.72	1.0
ξ_{1-1}	0.04	0.17	0.30	0.41	0.51	0.60

ξ_{3-2} 和 ξ_{1-2} 对流速 v_2 而言

10　3）当 $Q_1>Q_2$

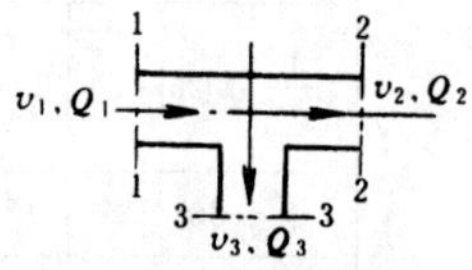

Q_2/Q_1	0	0.2	0.4	0.6	0.8	1.0
ξ_{1-2}	0.95	0.88	0.89	0.95	1.10	1.15
ξ_{1-2}	0.04	−0.08	−0.05	0.07	0.21	0.35

ξ_{1-3} 和 ξ_{1-2} 对流速 v_1 而言

续表

<table>
<tr><th>编号</th><th>阻抗名称</th><th>简　图</th><th>阻　力　系　数</th></tr>
<tr><td>14</td><td>管道突然缩小</td><td></td><td>
<table>
<tr><td>$\frac{\omega_2}{\omega_1}$</td><td>0.01</td><td>0.10</td><td>0.20</td><td>0.40</td><td>0.60</td><td>0.80</td><td>1.00</td></tr>
<tr><td>ξ</td><td>0.5</td><td>0.45</td><td>0.40</td><td>0.30</td><td>0.20</td><td>0.10</td><td>0</td></tr>
</table>
</td></tr>
<tr><td>15</td><td>水泵取水管进口端的滤水网
1. 有底阀
2. 无底阀</td><td></td><td>1. $\xi=10$
2. $\xi=5\sim6$</td></tr>
<tr><td>16</td><td>渐变段</td><td></td><td>
<table>
<tr><td>θ</td><td>≤5°</td><td>15°</td><td>20°</td><td>25°</td><td>30°</td><td>45°</td><td>60°</td><td>75°</td></tr>
<tr><td>ξ</td><td>0.06～0.005</td><td>0.18</td><td>0.20</td><td>0.22</td><td>0.24</td><td>0.30</td><td>0.32</td><td>0.34</td></tr>
</table>
相应于流速 v_1
</td></tr>
</table>

（2）当量长度法

$$h_j=iL_j \quad (\mathrm{mmH_2O}) \tag{4-35}$$

式中　L_j——局部阻力当量长度（m），查有关手册或表 4－13。

表 4－13　　管件的局部阻力当量长度 L_j　　（m）

口径（mm）	局部阻力损失种类							
	底阀	止回阀	闸阀（全开）	有喇叭进水口	无喇叭进水口	弯头（90°）	弯头（45°）	扩散管
50	5.3	1.8	0.1	0.2	0.5	0.2	0.1	0.3
75	9.2	3.1	0.2	0.4	0.9	0.4	0.2	0.5
100	13	4.4	0.3	0.5	1.3	0.5	0.3	0.7
125	17.4	5.9	0.4	0.7	1.8	0.7	0.4	0.9
150	22.2	7.5	0.5	0.9	2.2	0.9	0.5	1.1
200	33	11.3	0.7	1.3	3.3	1.3	0.7	1.7
250	44	14.9	0.9	1.8	4.4	1.8	0.9	2.2
300	56	19	1.1	2.2	5.6	2.2	1.1	2.8
350	64	22	1.3	2.6	6.5	2.6	1.3	3.2
400	76	25.8	1.5	3.0	7.6	3.0	1.5	3.8
450	88	30.2	1.8	3.5	8.8	3.5	1.8	4.4
500	100	34	2.0	4.0	10.0	4.0	2.0	5.0

（三）水力计算的步骤

（1）根据水系统图和设备、管道在厂房中实际布置情况，绘制水力计算简图（图中标出与水力计算有关的设备和管件参数）。

（2）按管径和流量对管道进行分段，计算流量相同管径相同者为一段。在各段管道上标明计算流量、管径、管长和流向。

(3) 选定计算方法，查出相应的水力坡降 i，比阻值 A，局部阻力系数 ξ 等参数，计算出$\frac{v^2}{2g}$和各管段局部阻力系数总和。

(4) 按上述公式，分别计算出各管段的沿程摩擦损失 h_y，局部阻力损失 h_J 和总损失 h。

水系统的水力计算通常按表 4－14 格式进行。

表 4－14　　　　水力损失计算表

管段	管径 d (mm)	流量 Q (m^3/h)	流速 v (m/s)	水力坡降 i (mm/m)	管长 l (m)	沿程损失 $h_y=i\cdot l$ $\times10^{-3}$ (mH_2O)	局部阻力系数 ξ										$\Sigma\xi$	$\frac{v^2}{2g}$	局部损失 $h_j=\Sigma\xi\cdot\frac{v^2}{2g}$ (mH_2O)	总损失 $h_w=h_y+h_j$ (mH_2O)
							弯头	三通	闸阀	滤水器										
1	2	3	4	5	6	7	8	9	10	11	12	13	14	15	16	17	18	19	20	21

(5) 根据计算结果，对水系统各回路进行校核，凡不符合要求的管段，需调整原管径，重新计算，直到满足用水设备要求为止。

对自流供水系统，水头损失最大回路的总水力损失应小于供水的有效水头（供水有效水头为上游最低水位与下游正常水位之差，或上游最低水位与排入大气的排水管中心高程之差）。对装有水泵加压者（水泵自上游取水，排水至下游），该项总水力损失应小于有效水头加水泵全扬程。对自下游取水排至下游的水泵供水系统，该项总水力损失应小于水泵的全扬程（对排入大气的排水管，全扬程应扣除排水管中心高程至下游最低水位之差）。水泵吸水管段的水力损失，加上水泵安装高度，应小于允许吸上真空度。

第六节　消 防 供 水 系 统

水电站中有各种各样的易燃物，如木结构、油类及电气设备等，具有着火的可能性。因此，除在运行中加强消防监督外，还必须根据设备特点，采取有效的灭火措施，以便一旦发生火灾时将火及时扑灭。水、沙土和化学灭火剂等都是常用的灭火材料。沙土用于扑灭小范围内的油类着火；灭火剂贮存、使用均方便，灭火速度亦快，电绝缘性能亦好，就是成本高，新型灭火剂“1211”(CF_2ClBr) 和“1202”(CF_2Br_2) 灭火效果也好，并已在水电站中使用；水灭火具有效果好、费用低、方便、量足和易得等优点。所以，水电站都设有消防供水系统，专门供厂区、厂房、发电机及油系统等的消防用水。

一、消防供水的水源及供水方式

电站设计时，消防供水水源应与技术供水水源同时考虑。至于消防供水的方式则取决于各消火对象对供水的要求、电站水头和选定水源，也有自流供水、水泵供水和混合供水方式。

（一）自流供水

当水头高于 30m 时，与技术供水方式相同，可为自流供水。水源和取水口与技术供水合用，但应设单独的消防供水总管，用两根联络管与技术供水总管连接，形成环形供水。

（二）水泵供水

水头低于 30m 的电站，供水压力达不到消防用水要求，宜设置专用的消防水泵供水。一般只设一台，手动操作，且从下游取水，取水口位置应使水泵在任何运行工况下都能自行引水，保证水泵随时处于完好备用状态。其电源应绝对可靠，当无备用电源时，应设内燃机动力源。

当技术供水亦采用水泵供水方式时，可考虑将两者结合的供水系统。

（三）混合供水

当水头在 30m 左右，但其变幅较大时，消防供水亦可采用混合供水方式，即水头高时，自流供水；水头低时，水泵供水。

二、厂房消防

水电站厂房的消防，多以消火栓经软管、喷嘴射出的水柱为主，化学灭火器为辅。

消火栓及软管、喷嘴均为标准化产品，中小型电站常用 $\phi50\sim65$mm 的消防软管，配用 $\phi13\sim19$mm 的喷嘴，国内生产的消防软管，工作压力为 0.75MPa，最大试验压力达 1.5MPa。

消火栓的位置和数量应通过计算水柱射程决定，必须保证两相邻消火栓的充实水柱能在厂房内最高最远的可能着火点处相遇。当厂房长度小于 50m 时，可只设两个消火栓。对于中小型电站，由于厂房宽度较小，其布置一般为与发电机消防相结合的单列式，且最好嵌在厂房侧墙内，活接头高度控制在距发电机层地面 1.2m 左右。

消防用水量根据消火栓喷射流量计算，一般按两股水柱同时工作，每股耗水量为 2.5L/s 作为计算依据。

消防供水压力由喷射高度决定，而喷射高度又与水力射流的特性有关。当水头为 H_0 的水由圆形喷嘴射出时，由于空气阻力射流掺气和旋涡的影响，使射流离开喷嘴后，逐渐分散，其喷射高度 H_B 小于 H_0，有部分水头 ΔH 被消耗掉。H_B 由三部分组成；即紧密部分、破裂部分和分散部分，如图 4-25 所示。其中前两部分水柱集中、水流密实是消防的有效部分，合称为密集部分。为便于定量，对常用的手提式直流水枪，规定由喷嘴起至射流 90%的水量穿过 $\phi38$cm 圆圈止的长度称为充实水柱。密集射流的特性与水压大小、水枪构造和喷嘴角度有关，在一定范围内，喷嘴水压越大，射程和流量也越大；喷嘴越光滑，枪筒结构水力条件越好，射流越密集，射程亦越远。且喷射角为 30°～32°时射程最远，90°时射流高度最大。

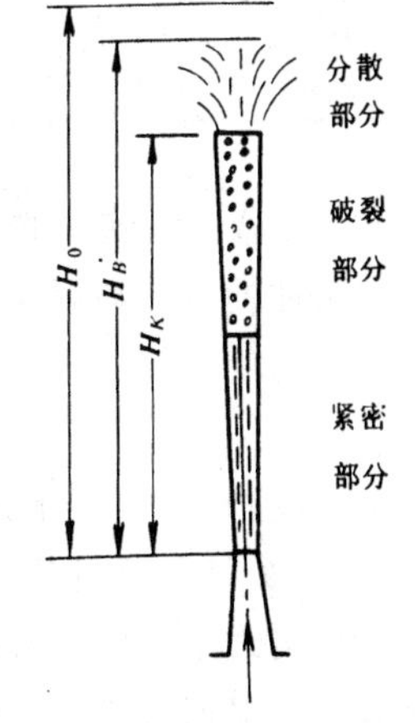

图 4-25 消防喷嘴射流

因此，只要确定了消火栓位置和最远最高的可能着火点，即可计算出充实水柱高度 H_K。它与射流总高度 H_B 有关，都取决于喷射出口处水压力 H_0 和喷嘴直径。根据实验，其关系式

为

$$H_K=\frac{H_B}{\alpha}\quad (\mathrm{m}) \tag{4-36}$$

$$H_B=\frac{H_0}{1+\phi H_0}\quad (\mathrm{m}) \tag{4-37}$$

式中　α——与 H_B 有关的系数，见表 4-15；

ϕ——与喷嘴直径有关的系数，见表 4-16。

表 4-15　　系数 α 与 H_B、H_K

H_B (m)	7	9.5	12	14.5	17.2	20	24.5	26.8	30.5	35	40	48.5
α	1.19	1.19	1.2	1.21	1.22	1.24	1.27	1.32	1.38	1.45	1.55	1.6
H_K (m)	6	8	10	12	14	16	18	20	22	24	26	28

表 4-16　　系　数　Φ

喷嘴直径 d (mm)	10	11	12	13	14	15	16	19	22	25
ϕ	0.0228	0.0209	0.0183	0.0165	0.0149	0.0136	0.0124	0.0097	0.0077	0.0061

由上两式可得喷嘴出口压力 H_0

为

$$H_0=\frac{\alpha H_K}{1-\alpha H_K\phi}\quad (\mathrm{mH_2O}) \tag{4-38}$$

为保证消防的供水压力 H，还需考虑供水总管和消防软管的水力损失

$$H=H_0+\Delta h_Z+\Delta h_R\quad (\mathrm{mH_2O}) \tag{4-39}$$

$$\Delta h_R=AQ^2L\quad (\mathrm{mH_2O}) \tag{4-40}$$

表 4-17　　系　数　A

类别＼管径 (in)	2	$2\frac{1}{2}$	3
橡胶软管	0.0075	0.00777	0.00075
帆布软管	0.015	0.00385	0.0015

式中　Δh_Z——供水总管的水力损失，$\mathrm{mH_2O}$；

Δh_R——消防软管的水力损失，$\mathrm{mH_2O}$；

Q——通过软管的流量，L/s；

L——软管长度（m），一般为 10、15、20 三种；

A——软管的比阻值，见表 4-17。

水柱的有效喷射半径 R，当按竖直喷射高度 H_K 计算时，其结果是偏安全的。

$$R=H_K+L\quad (\mathrm{m}) \tag{4-41}$$

式中　H_K——充实水柱长度，m；

L——软管长度，m。

在实践中，由于火灾时有强烈的冷热空气对流，风力对射流影响很大，使充实水柱半径减小，根据试验，对于手提式直流水枪的充实水柱长度，喷嘴压力水头和喷嘴流量间的关系，可按表 4-18 进行换算。

表 4-18　　　　　　　　　直流水枪的密集射流技术数据换算

充实水柱(m)	喷嘴在不同口径时的压力水头和流量									
	ϕ13mm		ϕ16mm		ϕ19mm		ϕ22mm		ϕ25mm	
	压力水头(m)	流量(L/s)	压力水头(m)	流量(L/s)	压力水头(m)	流量(L/s)	压力水头(m)	流量(L/s)	压力水头(m)	流量(L/s)
6.0	8.1	1.7	8.0	2.5	7.5	3.5	7.5	4.6	7.5	5.9
7.0	9.6	1.8	9.2	2.7	9.0	3.8	8.7	5.0	8.5	6.4
8.0	11.2	2.0	10.5	2.9	10.5	4.1	10.0	5.4	10.0	6.9
9.0	13.0	2.1	12.5	3.1	12.0	4.3	11.5	5.8	11.5	7.4
10.0	15.0	2.3	14.0	3.3	13.5	4.6	13.0	6.1	13.0	7.8
11.0	17.0	2.4	16.0	3.5	15.0	4.9	14.5	6.5	14.5	8.3
12.0	19.0	2.6	17.5	3.8	17.0	5.2	16.5	6.8	16.0	8.7
12.5	21.5	2.7	19.5	4.0	18.5	5.4	18.0	7.2	17.5	9.1
13.0	24.0	2.9	22.0	4.2	20.5	5.7	20.0	7.5	19.0	9.6
13.5	26.5	3.0	24.0	4.4	22.5	6.0	21.5	7.8	21.0	10.0
14.0	29.5	3.2	26.5	4.6	24.5	6.2	23.5	8.2	22.5	10.4
15.0	33.0	3.4	29.0	4.8	27.0	6.5	25.5	8.5	24.5	10.8
15.5	37.0	3.6	32.0	5.1	29.5	6.8	28.0	8.9	27.0	11.3
16.0	41.5	3.8	35.5	5.3	32.5	7.1	30.5	9.3	29.0	11.7
17.0	47.0	4.0	39.5	5.6	35.5	7.5	33.5	9.7	31.5	12.2

三、发电机消防

运行中的发电机可能由于定子线圈发生匝间短路、接头开焊等事故而着火，为防止事故扩大应设置灭火装置。制造厂一般都在发电机定子线圈上下方布置灭火环管，如图4-26所示。在环管对着线圈一侧交错钻有两排直径为2～5mm喷射呈一定角度的小孔，孔的间距为30～100mm。灭火时便均匀地向线圈端部喷水，水吸收热量并气化成蒸汽，阻隔空气使火窒息。

设计发电机消防水管时，应采取有效措施，防止平时有水漏入发电机，以免造成事故。对有人值班的电站，可手动操作供水，供水管道如图4-27所示。平时活接头断开，

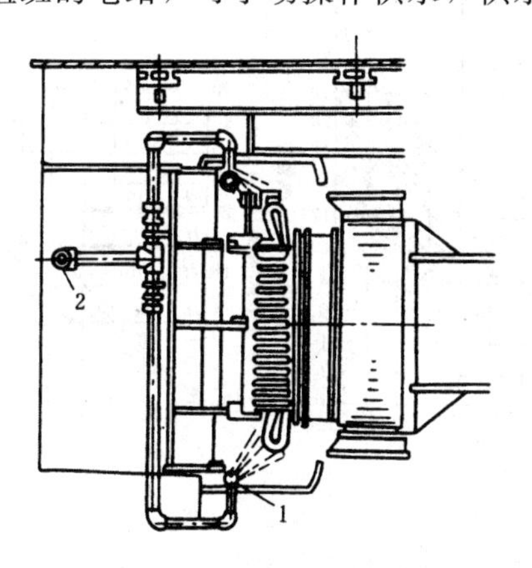

图4-26　发电机灭火管道

1—灭火环管；2—进水管道

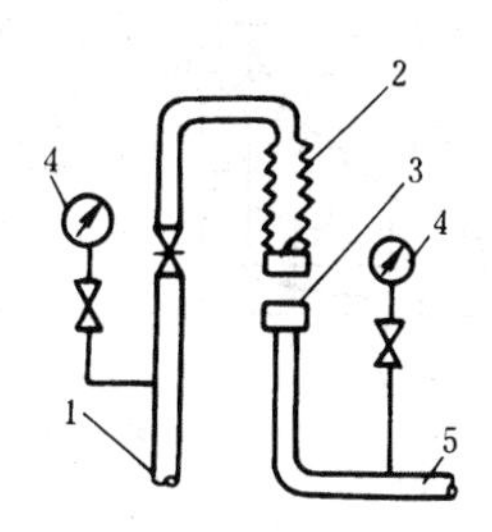

图4-27　灭火环管供水快速接头

1—引自消防泵管；2—软管；3—活接头；4—压力表；5—至灭火环管

需要灭火时，利用软管快速接头与消防水源接通，再开启阀门。给灭火环管供水的消火栓，可各机组单独设置，也可与厂房消火栓合并，后者必须采用双水柱式消火栓。

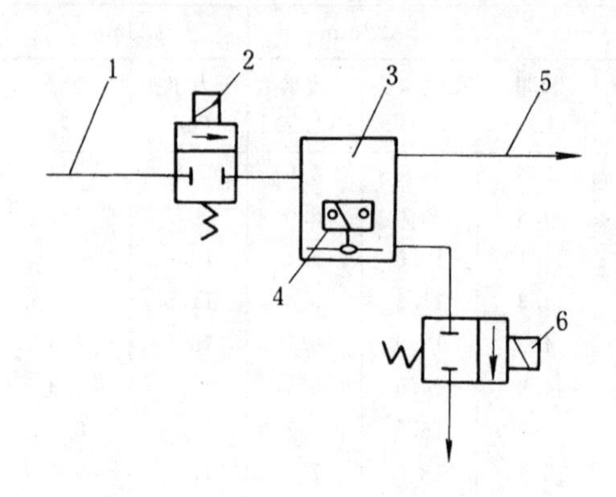

图 4-28　发电机消防自动控制装置

1—引自消防水源；2、6—电磁阀；3—集水罐；4—水位信号器；5—引至发电机

对无人值班的电站，可采用自动灭火装置，如图 4-28 所示。在发电机风罩内装设 HZI-L_1 型电离式烟探测器，BD-77 型感温式火灾探测器等。探知火情后，立即将信号送至中控室报警、记录、并使消防自动控制装置中的电磁阀 2 开启，压力水进入环管来灭火。排水电磁阀 6 平时开启，将电磁阀 2 的漏水泄入排水系统。集水罐 3 中有水位信号器 4，当排水管堵塞或漏水量过大时，发出信号。在发电机着火时，由火灾报警装置的信号将电磁阀 6 关闭。

灭火环管的断面积与环管供水方式有关，当环管从一端供水时，其断面积应比$\frac{1}{2}$环管上喷水孔泵面积大 1.25～1.5 倍，当从两端供水时，其断面积应比$\frac{1}{4}$环管上喷水孔总面积大 1.25～1.5 倍。

灭火环管的入口水压应不小于 20～25mH_2O。其消防水流量取决于供水压力和环管直径及长度，可由图 4-29 查取。图中按三种管径分别绘出入口水压（实线）和消防水量（虚线）与环管长度的关系，其中 H 及数值是规定的环管末端压力水头。如某发电机灭火环管直径为 38mm，从供水口到末端管长为 9m，要求环管末端水头为 15mH_2O，则由图查得环管入口压力应为 20mH_2O，耗水量为 7L/s。

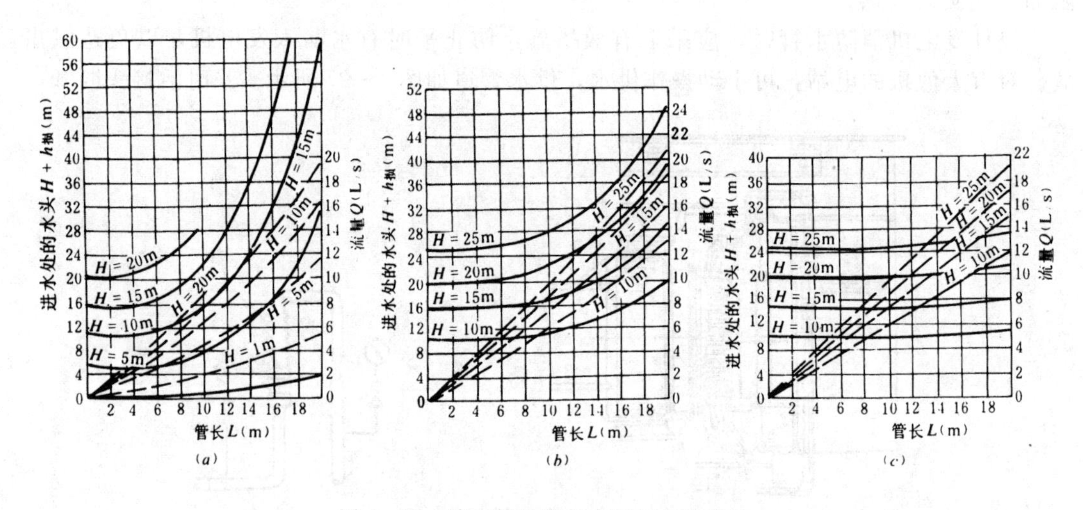

图 4-29　消防管长度与水压和水量关系

(*a*) 管径为 38mm；(*b*) 管径为 50mm；(*c*) 管径为 75mm

发电机消防的水力计算

（一）钻孔环管中的水力损失 h_W

1. 查曲线法

根据环管直径 d，环管末端水压 H，管段上的喷水量 Q_0 或管长 L，可由图 4－29 查得进水处的压力水头为 $H+h_W$，如前例 $H=15m$，查出 $H+h_W=20m$，即 $h_W=5m$。

2. 流量连续公式法

$$h_W=AL\left(Q_T^2+Q_0Q_T+\frac{Q_0^2}{3}\right)\quad (mH_2O) \tag{4-42}$$

$$A=\frac{0.00148}{d^{5.33}} \tag{4-43}$$

$$Q_0=q_0n \tag{4-44}$$

$$q_0=\mu\omega\sqrt{2gH} \tag{4-45}$$

式中 h_W——计算管段的水力损失，mH_2O；

A——系数；

d——环管直径，m；

L——环管管段长度，m；

Q_T——通过流量，m^3/s；

Q_0——管段上的喷水量，m^3/s；

q_0——单孔喷水量，m^3/s；

ω——孔的断面积，m^2；

μ——孔的流量系数，取 $\mu=0.61$；

H——孔前管中水头，mH_2O；

n——管段上的小孔数。

（二）软管中的水力损失 h_R

$$h_R=m\frac{Q^{1.9}}{D^{5.25}}L\quad (mH_2O) \tag{4-46}$$

式中 m——系数，帆布软管 $m=5000$；涂橡胶的帆布软管 $m=3000$；橡胶软管 $m=2000$；

Q——流量，L/min；

D——软管内径，mm。

为简化计算，亦可采用下面经验公式

$$h_R=AQ^2L\quad (mH_2O) \tag{4-47}$$

式中 A——软管的阻力系数，见表 4－17；

Q——通过软管的流量，L/s；

L——软管长度，m。

四、油系统消防

水电站中的油库、油处理室、油化验室等都是消防的重点，均需设置消防设备。

油处理室及油化验室一般采用化学灭火器及沙土供灭火用。当接受新油或排出废油时，由于油或干燥的空气沿管道流动与管壁摩擦而产生静电，引起火灾。所以应在管道出口及管道每隔 100m 处都装接地线，并且用铜导线把所有的接头、阀门及油罐良好接地。

油库采用的消防设施，还应在贮油罐上方加装消防喷头，下部装设事故排油管。发生火灾时，将存油全部经事故排油管排至事故油坑。同时消防喷头喷出水雾包围油罐，既降低表面温度，又阻融空气，从而使明火窒息，防止蔓延和爆炸，从多方面达到灭火的目的。小型水电站可只设置化学灭火器及沙箱。

油罐消防喷头的供水水源与油库的布置位置有关，当油库布置在厂内时，从厂房消防总管引取；布置在厂外且与厂房相距较远时，应设置单独的消防水管，阀门则采用手动控制。供水压力应保证喷水雾化，实验证明，常用的消防喷头入口水压为（0.5～0.6）×10^6Pa 时，喷水雾化较好，灭火效果显著。

第七节　技术供水系统计算实例

根据某水电站提供的资料，试设计技术供水系统。

一、基本资料

（1）电站装机两台；

（2）水位标高；

上游：正常高水位为 57.00m

最低水位为 43.00m

下游：正常尾水位为 22.04m（两台机满发）

最低尾水位为 21.10m

（3）电站净水头为 19.72～35.87m；

（4）制造厂提供资料见表 4-19；

表 4-19　　制造厂供给资料

冷却装置 \ 装置参数	用水量 (m^3/h)	进口压力水头 (mH_2O)	内部水头损失 (mH_2O)	冷却水温 (℃)
空气冷却器	250	15～20	7.5	≤25
推力上导轴承冷却器	40	15～20	8.0	≤25
下导轴承冷却器	25	15～20	6.0	≤25
水导轴承水箱	14.4	15～20	4.0	≤25

（5）各部冷却器和水导水箱标高示于图 4-30 中；

（6）水库水温：根据电站附近气象观测资料和邻近电站水库实测资料，最热月份月平均水温为 22℃。

二、设计计算

（1）根据基本资料，技术供水至水源采用自流单元供水方式，取水口设在进水阀前压力引水管上，每机一个。

（2）管道选择。支管采用制造厂确定的数值，主管则按通过流量为 329.4m^3/h（一台机水温 25℃时的总用水量）、流速为 3m/s 利用公式初选管径为 $D_g=200mm$，但通过试算水头损失偏大，不能满足最远最高用水设备进口水压要求，最后取 $D_g=250mm$，经复算符合要求。

（3）根据技术供水系统图和厂房布置图绘制技术供水管道计算图如图 4-30 所示。

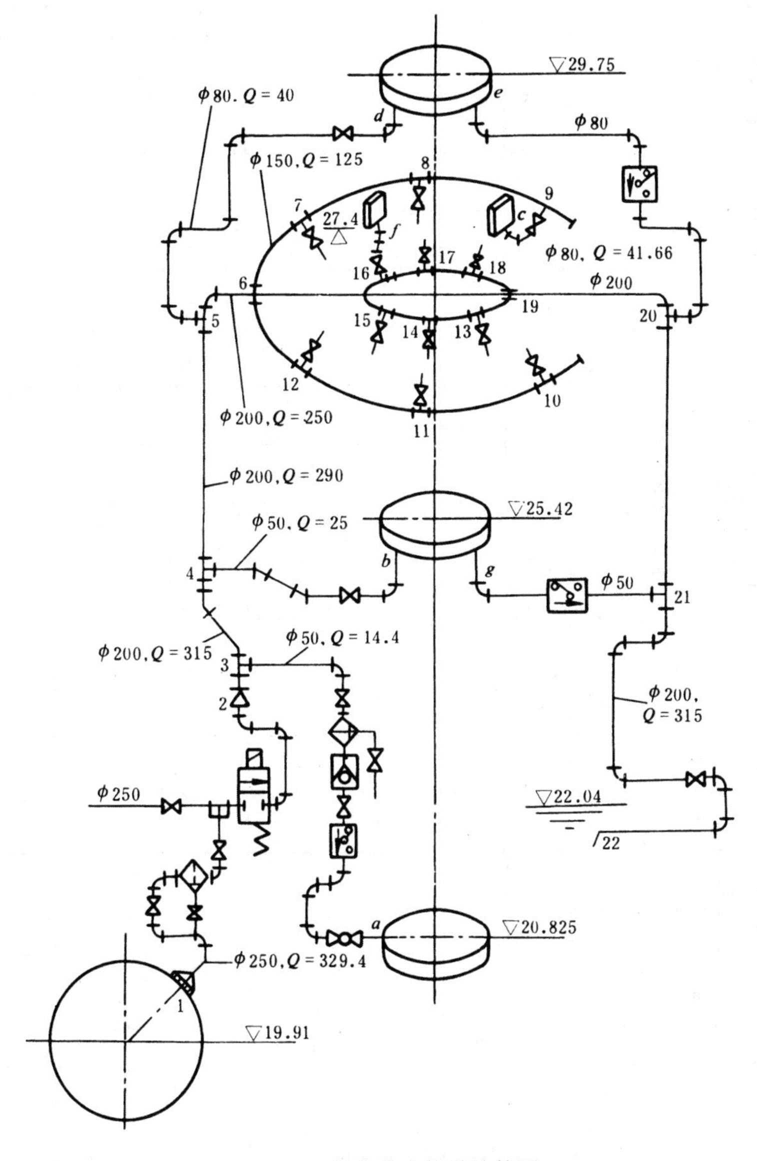

图 4-30 技术供水管道计算图

（4）列表计算各管段的水头损失，计算成果列于表 4-20 中。各管段的水头损失见表 4-21。

表 4－20

水力损失计算表

管段	管径 D (mm)	流量 Q (m^3/h)	流速 v (m/s)	管长 l (m)	沿管路长度的局部阻力系数																			$\xi_L=0.025\frac{l}{D}$	$\Sigma\xi$	$\frac{v^2}{2g}$ (m)	$\Delta h=\Sigma\xi\times\frac{v^2}{2g}$ (m)
							α	45																			
1	2	3	4	5	6	7	8	9	10	11	12	13	14	15	16	17	18	19	20	21	22	23	24	25	26	27	28
供水系统各管段																											
1－2	250	329.4	1.87	4.80	0.79	6×0.87		0.44		1.15						3×0.1				7.5				0.48	15.88	0.18	2.810
2－3	200	329.4	2.92	3.64									0.3		0.18									0.46	0.94	0.44	0.407
3－4	200	315.0	2.79	1.89		0.72							0.27											0.23	1.22	0.40	0.485
4－5	200	290.0	2.50	0.30									0.25											0.04	0.29	0.33	0.096
5－6	200	250.0	2.21	0.20		0.72					1.85													0.03	2.60	0.25	0.646
6－7	150	125.0	1.96	1.50									0.12											0.25	0.37	0.20	0.073
7－8	150	83.33	1.31	3.90									0.03											0.65	0.68	0.09	0.059
8－9	150	41.66	0.66	3.90					1.83															0.65	2.48	0.02	0.055
9－c	80	41.66	2.32	0.84			2×0.039									0.15								0.26	0.49	0.27	0.014
4－b	50	25.0	3.55	6.50		1.07		2×0.36					1.0			0.15								3.25	6.10	0.64	3.980
5－d	80	40.0	2.22	4.90		6×0.52							2.0			0.15								1.53	6.80	0.25	1.695
3－a	50	14.4	2.2	6.24		4×1.07							1.0			2×0.15	1.35	0.05	1.55	7.5	0.5			3.12	16.53	0.25	4.080

续表

管段	管径 D (mm)	流量 Q (m^3/h)	流速 v (m/s)	管长 l (m)	沿管路长度的局部阻力系数																			$\xi_L=0.025\frac{l}{D}$	$\sum\xi$	$\frac{v^2}{2g}$ (m)	$\Delta h=\sum\xi\times\frac{v^2}{2g}$ (m)
							α	45																			
1	2	3	4	5	6	7	8	9	10	11	12	13	14	15	16	17	18	19	20	21	22	23	24	25	26	27	28
排水系统各管段																											
e-20	80	40.0	2.22	4.90		6×0.52															0.5			1.53	5.15	0.25	1.282
f-16	80	41.66	2.32	0.84			2×0.17		1.65							0.15								0.26	3.40	0.27	0.660
16-17	150	41.66	0.66	3.90																				0.65	0.65	0.02	0.015
17-18	150	83.33	1.31	3.90										0.52										0.65	1.17	0.09	0.102
18-19	150	125.0	1.96	1.50										0.42										0.25	0.67	0.20	0.013
19-20	200	250.0	2.21	0.20		0.72						3.2												0.03	3.95	0.25	0.983
20-21	200	290.0	2.56	0.30										0.22										0.04	0.26	0.33	0.086
21-22	200	315.0	2.79	13.57		5×0.72										0.15			2.66			1.0		1.70	9.11	0.40	3.620
g-21	50	25.0	3.55	7.50		2×1.07								−0.5							0.5			3.75	5.89	0.64	3.780

表 4-21　各管段的水头损失

管线 \ 管段	1—3	3—4	4—5	5—c	5—d	4—b	3—a	$\Sigma\Delta h_1$ (mH_2O)
供水管段								
1—c	3.217	0.485	0.096	0.846				4.644
1—d	3.217	0.485	0.096		1.695			5.493
1—b	3.217	0.485				3.980		7.682
1—a	3.217						4.080	7.297

管线 \ 管段	f—20	e—20	g—21	20—21	21—22	$\Sigma\Delta h_2$ (mH_2O)
排水管段						
f—zz	1.772			0.086	3.620	5.479
e—zz		1.282		0.086	3.620	4.988
g—22			3.780		3.620	7.400

(5) 各冷却器管线的总水头损失和剩余压力见表 4-22。

表 4-22　不同水温时各管线的总水头损失和剩余压力

管　线	$\Sigma\Delta h$ (mH_2O)		ΔH (mH_2O)	
	水温 25℃	水温 8℃	水温 25℃	水温 8℃
空气冷却器	17.62	6.35	−3.02	8.25
推力上导轴承	18.48	6.65	−6.23	5.60
下导轴承	21.08	7.48	−4.50	9.10
水导轴承	7.30	2.63	9.88	14.54

总水头损失 $\Sigma\Delta h$ 计算式为

$$\Sigma\Delta h=\Sigma\Delta h_1+\Sigma\Delta h_N+\Sigma\Delta h_2$$

式中　$\Sigma\Delta h_1$——供水管段水头损失，mH_2O；

$\Sigma\Delta h_N$——冷却器内部水头损失，mH_2O；

$\Sigma\Delta h_2$——排水管段水头损失，mH_2O。

三、成果分析

当两台机发满出力时，本电站压力引水管水头损失约为 1m，根据上述数据，当水库水位为 43.00m 时，其各管线剩余压力见表 4-22。剩余压力 ΔH 计算式为

$$\Delta H=\nabla_{s\min}-\nabla_J-\Sigma\Delta h\ (mH_2O)$$

式中　$\nabla_{s\min}$——上游最低水位，m；

∇_J——冷却器进口高程，m；

$\Sigma\Delta h$——管线总水头损失，mH_2O。

由表 4-22 可见，除水导轴承管线有剩余压力外，其他各管线均为负值，故不满足要求，应考虑对技术供水计算进行修正。

(1) 水温修正。经对本电站水文资料的认真分析，一般三月份库水位开始回升，水温

亦开始降低，因此，二月份水库水位最低，其相应多年月平均水温为8℃，故按水温为8℃进行修正。由图4-2中查得机组冷却用水量仅需设计水温为25℃时的60%，则水头损失折减系数为 $(0.6/1.0)^2=0.36$。与此相应的各管线总水头损失和剩余压力亦列于表4-22中。

（2）校核：

1）校核本电站最小净水头时是否满足要求。

本例最小净水头 $H_{min}=19.72mH_2O$，而水头损失最大的用户为下导轴承，其值是 $\Sigma\Delta H_x=7.48mH_2O$，可见 $H_{min}>\Sigma\Delta h_x$，故满足要求。

2）校核各用户的剩余压力。由表4-22可见，当上游最低水位时，各管线在水温为8℃时均有剩余压力，即符合要求，不需再考虑水头和出力修正。

（3）用阀门削减剩余压力：根据水力学淹没出流公式

$$v=\frac{1}{\sqrt{\lambda\dfrac{L}{D}+\Sigma\xi}}\sqrt{2gZ}$$

在管径、管线已定的情况下，若不削减剩余压力，则相当于公式中 Z 值增大，因此，v 值增大，Q 值亦增大。若维持设计用水量，即需 v 值不变，可采用加大 $\Sigma\xi$ 值（即关小阀门）这一简便易行的办法来削减剩余压力。

由上计算可知，各管线的总水头损失值不等，而对本例的并联管道（供水系统多采用此方式）而言，从分流节点到汇流节点各管线的水头损失应相同。所以，在管径、管线已定的情况下，就需要用阀门开度变化来削减各管线的剩余压力，以满足各管线水头损失相等的要求。具体削减数值见表4-22。

值得提出的是，当采用此法削减剩余压力时，要保证各冷却器进口有足够的压力水头。为此，针对不同情况，可采用供、排水侧阀门共同削减或仅用排水侧阀门单独削减的办法。

第五章 排 水 系 统

第一节 排水系统的分类和排水方式

水电站除了需要设置供水系统外，还必须设置排水系统，目的是排除生产废水、检修积水和生活污水，保证水电站设备的正常运行和检修。

一、排水系统的分类和对象

水电站的排水可分为生产用水排水、渗漏排水和检修排水三大类。

（一）生产用水的排水

生产用水排水包括：发电机空气冷却器的冷却水；发电机推力轴承和上、下导轴承油冷却器的冷却水；稀油润滑的水轮机导轴承冷却器的冷却水等。

这类排水对象的特征是排水量较大，设备位置较高，一般都能靠自压直排下游。因此，习惯上都把它们放入技术供水系统，而不再列入排水系统。

（二）渗漏排水

（1）机械设备的漏水有：水轮机顶盖与大轴密封的漏水（对于混流式水轮机是经对称中空的固定导叶自流排入集水井，对于轴流式水轮机亦可由液位自动控制的专用水泵将其直接排至下游）；压力钢管伸缩节、管道法兰、蜗壳及尾水管进人孔盖板等处的漏水。

（2）下部设备的生产排水如：冲洗滤水器的污水；气水分离器及贮气罐的排水；空气冷却器壁外的冷凝水；水冷空压机的冷却水等，当不能靠自压排至厂外时，归入渗漏排水系统。

（3）厂房水工建筑物的渗水，低洼处积水和地面排水。

（4）厂房下部生活用水的排水。

渗漏排水的特征是排水量小，不集中且很难用计算方法确定；在厂内分布广，位置低，不能靠自压排至下游。因此，水电站都设有集中贮存漏水的容积称集水井或集水廊道，利用管、沟将它们收集起来，然后用设备排至下游。

（三）检修排水

当检查，维修机组或厂房水工建筑物的水下部分时，必须将水轮机蜗壳、尾水管和压力钢管内的积水排除。

检修排水的特征是排水量大，高程很低，只能采用排水设备排除。为了加快机组检修，排水时间要短。

总之，对排水系统的基本要求是：必须保证将渗漏和检修积水及时、可靠、安全地排除。

二、排水方式

（一）渗漏水排水方式

集水井排水：此种排水方式是将水电站厂房内的渗漏水经排水管、沟汇集到集水井中，用卧式离心泵排到厂外。由于厂内设置集水井容易实现，卧式离心泵的安装、维护方便，价格低廉。所以，目前中小型水电站渗漏排水多采用这种方式。

廊道排水：这种排水方式是把厂内各处的渗漏水通过管道汇集到专门的集水廊道内，再由排水设备排到厂外。此种方式多采用立式深井泵，且水泵布置在厂房一端。由于设置集水廊道受地质条件，厂房结构和工程量的限制，仅在装有立式机组的坝后式和河床式水电站中才有可能，加之立式深井泵的安装、维护复杂，价格昂贵，因此，目前中小型水电站中采用较少。

（二）检修排水方式

直接排水：此种排水方式是将各台机组的尾水管与水泵吸水管用管道和阀门连接起来。机组检修时，由水泵直接将积水排除。其排水设备亦多采用卧式离心泵。水泵可以和渗漏排水泵集中布置或分散布置。直接排水方式运行安全可靠，是防止水淹泵房的有效措施，目前，在中小型水电站中采用较多。

廊道排水：这种排水方式是把各台机组的尾水管经管道与集水廊道连接。机组检修时，先将积水排入集水廊道，再由水泵排到厂外。采用此种方式时，渗漏排水也多采用廊道排水，两者可共用一条集水廊道，条件许可时，渗漏水泵亦可集中布置在同一泵房内。因廊道排水方式的限制条件较多，所以它在中小型水电站中采用较少。

第二节　排水系统的设计

一、排水系统的设计

设计排水系统，主要是根据电站具体情况来确定排水量、排水方式，拟制排水系统图，选择设备等。

（一）设计原则及要求

水电站的排水系统，往往由于设计不合理，或运行中的误操作，会造成水淹厂房的事故，应给予足够的重视。所以，在设计排水系统时，要进行认真、仔细的研究，使其满足技术上先进、经济上合理、运行上可靠的要求。

渗漏排水和检修排水，因其排水内容和工作性质不同，采用设备和操作方式亦有差异，因此两个排水系统应分开设置。这主要是为了避免由于误操作或系统中某些缺陷所引起的水淹厂房事故。同时，渗漏排水量小，需要水泵电动机容量也小，要求水泵经常运行；而检修排水量大，所需水泵机组容量也大，水泵只在机组检修时运行。如果检修水泵兼作渗漏水泵，在水泵选型参数上很难作到双方兼顾，容易造成参数不合理，运行效率低，运行费用高。另外，两个排水系统在操作方式和自动化程度上的要求也有很大差别。中小型水电站为了减少设备，节约投资，简化管道，有时可把两个排水系统合在一起。但厂房应有可靠的防淹措施；或只允许设备共用，集水井应分开设置。

水泵排水管的出口高程与排水管道的检修、当地的气候条件和水泵的引水方式有关，一般多设在最低尾水位以下。这样对于有冰冻危害的水电站，由于水泵排水是间歇式的，可以防止管口被冰封堵；对于利用水泵出口止回阀旁通管来进行启动引水的水泵，可以始终处于准备启动的自动状态。但这时应考虑检修管道和附件的措施。

（二）排水系统图

水电站的排水系统应能安全、可靠、有效地完成排水任务。因此，一般应由吸水口、排水设备、控制设备、监测设备、输水设备和保护设备等组成。但对不同的水电站，其具体构成情况需根据电站型式、水文地质地形条件、厂房型式、结构及机组类型等因素来决定。

按照排水任务的要求，将排水系统的组成元件和设备进行合理的连接和配备，使其能够反映排水系统的规模、表达排水过程的程序，实现排水设备和运行方式的切换，完成渗漏排水和检修排水的任务，这样的图形就称为排水系统图。

绘制排水系统图时，要考虑厂房水下部分实际结构，排水设备的布置位置，根据系统要求进行连接，一般是将渗漏排水和检修排水绘制在一张图上。对于小型水电站，由于系统简单，亦有将油、气、水系统图绘在一起的，这样可以示出全厂辅助设备的配置和相互联系，给出清晰的总体概念。

下面介绍几种在中小型水电站中比较典型的排水系统图。

1. 渗漏排水与检修排水不分开的排水系统

（1）渗漏排水和检修排水完全合一的排水系统，如图 5－1 所示。

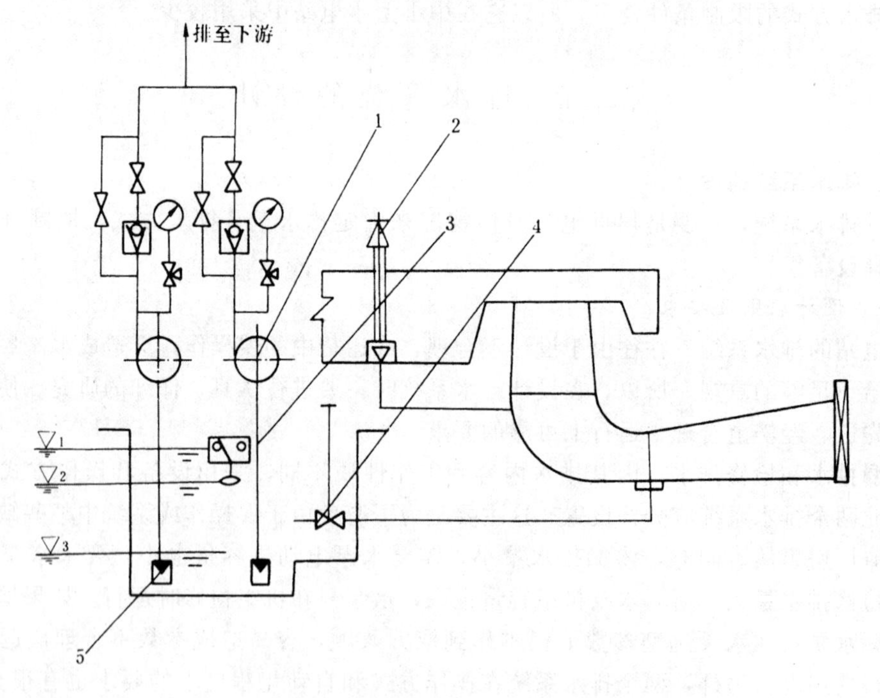

图 5－1　渗漏排水和检修排水完全合一的排水系统

1—水泵；2—盘形阀；3—液位信号器；4—长柄排水阀；5—底阀；

∇_1—备有泵启动、报警；∇_2—主用泵启动；∇_3—停泵

这是最简单的排水系统图。两个系统不但同用一套排水设备，还共用同一集水井。该系统设置两台卧式离心泵，作渗漏和检修排水之用，平时一台工作，一台备用，运行方式可定期切换，互为备用。由液位信号器根据整定的集水井水位控制其启、停。当机组检修时，先关闭进水闸门或水轮机进水阀，打开压力钢管和蜗壳排水阀，待内部水位与下游尾水位齐平后再关闭尾水闸门，打开尾水管长柄排水阀，将剩余积水排入集水井，同时将两台泵切换在手动位置，手动启动。将积水排完后，一台水泵停止，另一台水泵切换回到自动位置，专门排除上、下游闸门漏水和厂房内渗漏水。

这种排水系统的优点是设备少，管道简单，节省投资，运行维护方便。其不足之处是所需水泵容量大；可能由于尾水管长柄排水阀在机组检修完毕，重新开机前未关或误操作等原因，使尾水倒灌，造成水淹泵房或厂房的严重事故。再有就是长柄排水阀本身长期浸没水中，且不经常操作，容易产生锈蚀和损坏，以致不能开、闭或严重漏水。

(2) 渗漏排水和检修排水不完全合一的排水系统：如图 5－2 所示。它实际上是排水设备增加了水环式真空泵，渗漏集水与检修积水不连通的排水系统。正常运行时，两台泵作渗漏排水用，运行操作方式与渗漏排水和检修排水完全合一的排水系统相同。机组检修时，先关闭阀 1，打开阀 2，由两台水泵一起排除检修积水。待积水排除后，再关闭阀 2，打开阀 1，由 1# 水泵自动排除厂内渗漏水，2# 水泵手动排除进水口闸门和尾水管闸门的漏水。这种排水系统只要集水井中水泵的吸水管底阀正常，就可以避免水淹泵房和厂房事故。但是在两台泵同时排除尾水管积水时，会影响厂内渗漏水的排除，如用一台水泵进行渗漏排水，又会延长检修排水时间。且因排水泵的安装高程不可能低于尾水管底板高程，尾水管排水管口也不能安装底阀，因此处底阀长期不工作，极易产生锈损或被杂物卡塞等故障，又很难进行维修。为了满足检修排水泵在低水位时能启动引水，增设了一台真空泵。

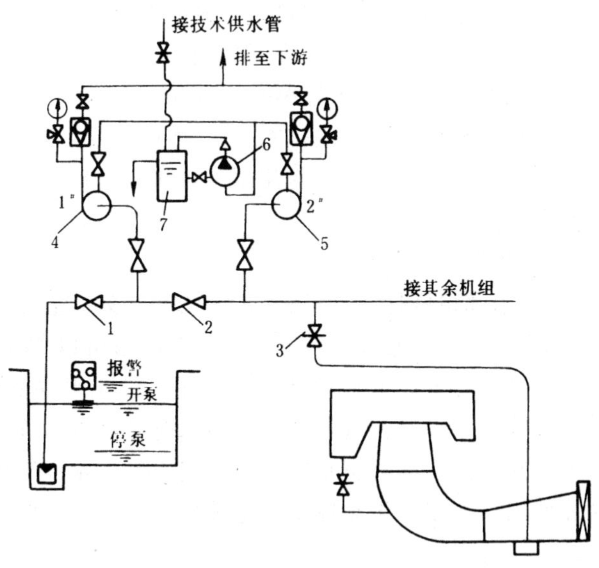

图 5－2 渗漏排水和检修排水不完全合一的排水系统

1—阀 1；2—阀 2；3—阀 3；4—1# 水泵；5—2# 水泵；6—水环式真空泵；7—水箱

（3）渗漏排水和检修排水不分开的改进系统：如图 5 - 3 所示。为了改进渗漏排水和检修排水不分开排水系统的不足，仅在该系统上增设一台检修排水泵，其排水量按检修排水量选择。原来两台水泵排水量则按渗漏排水量选择。

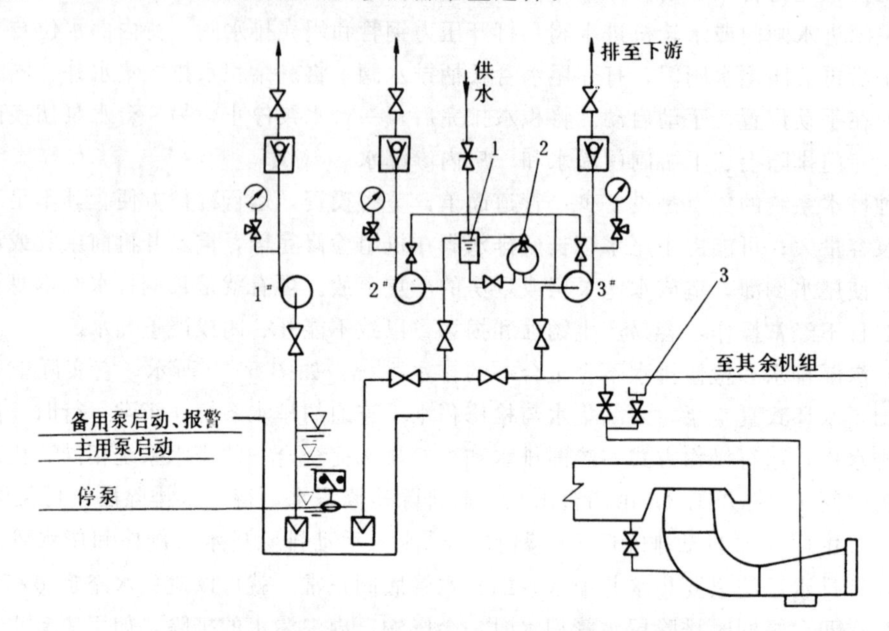

图 5 - 3　渗漏排水和检修排水不分开的改进系统

1—水箱；2—水环式真空泵；3—压缩空气吹扫接头

正常运行时，两台渗漏排水泵（1#，2#）互为备用，自动排除厂内渗漏水。机组检修时，1# 水泵仍自动排除厂内渗漏水，2# 水泵切换为手动，与 3# 水泵共同排除机组检修积水，待积水排干后，再由 3# 水泵单独排除进水口闸门和尾水管闸门漏水，而 2# 水泵则又恢复为 1# 水泵的备用。运行方式灵活，不间断厂内渗漏排水，小型电站采用较多。

当水头适合时，可采用射流泵排除渗漏水的排水系统。如图 5 - 4 所示。检修排水：同图 5 - 3 所示，仍为直接排水方式。渗漏排水：采用射流泵为主用泵，2# 泵兼为备用泵，由电极式水位计控制电磁液压阀，实现射流泵和备用泵的启、停。射流泵的高压水源取自蝴蝶阀前压力引水管。

2. 渗漏排水和检修排水分开的排水系统

图 5 - 5 所示是渗漏排水和检修排水分开的排水系统。该系统采用两台渗漏排水泵和两台检修排水泵，其中检修排水泵配有真空泵[1]。整个设备可以集中布置在同一水泵房内。渗漏排水采用集水井排水方式，两台水泵互为备用，由集水井液位信号器自动控制。检修排水采用直接排水方式，水泵经主管与各机组尾水管排水管相连。机组检修时，打开该机组尾水管排水管上的阀门，启动真空泵给水泵抽气引水，水泵即可启动排水。由于该水泵仅在机组检修时才使用，故多为手动控制。这种排水系统运行安全可靠，但所需设备较多，管道复杂。

[1] 根据需要，该真空泵亦可供渗漏排水泵抽气引水用。

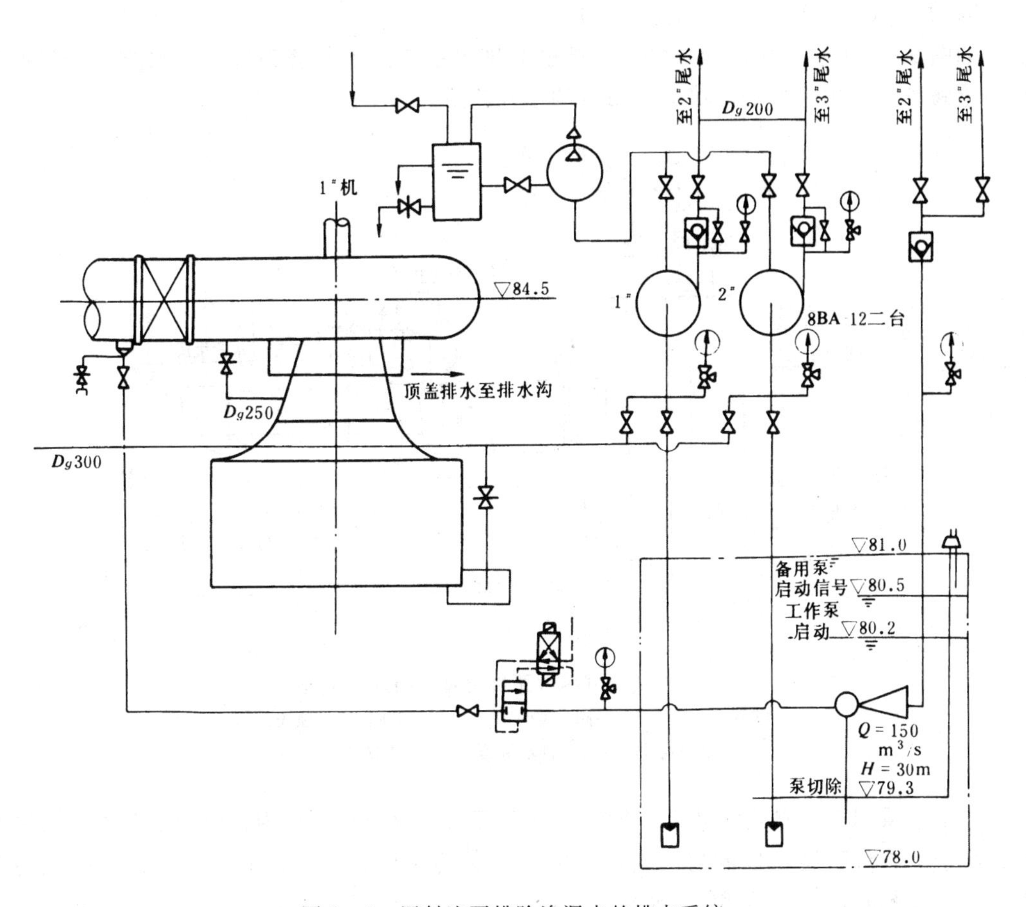

图 5-4　用射流泵排除渗漏水的排水系统

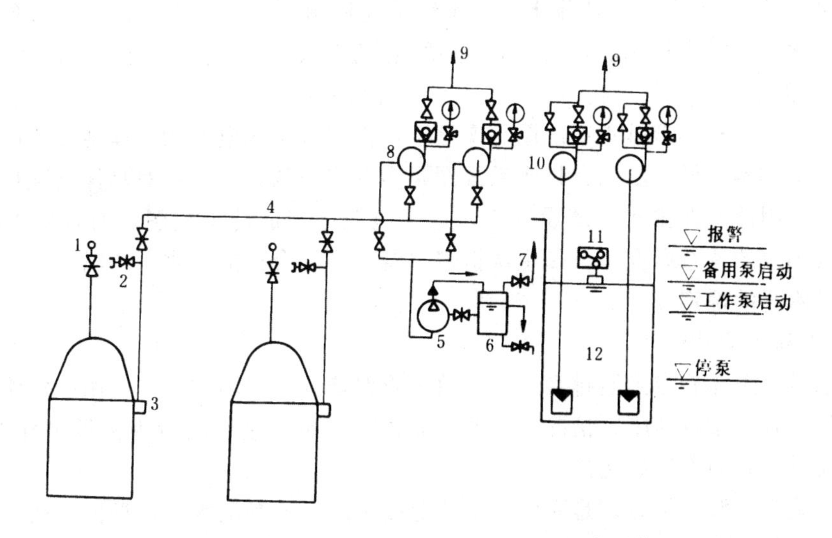

图 5-5　渗漏排水与检修排水分开的排水系统

1—蜗壳排水管；2—吹扫接头；3—有拦污网的吸水口；4—检修排水母管；5—真空泵；6—水箱；7—水箱供水管；8—检修排水泵；9—排水管；10—渗漏排水泵；11—液位信号器；12—渗漏集水井

3. 立式深井泵廊道排水的排水系统

如图 5-6 所示为立式深井泵廊道排水的排水系统。本系统为廊道排水方式，渗漏排水与检修排水共用一条沿厂房纵向布置的排水廊道。

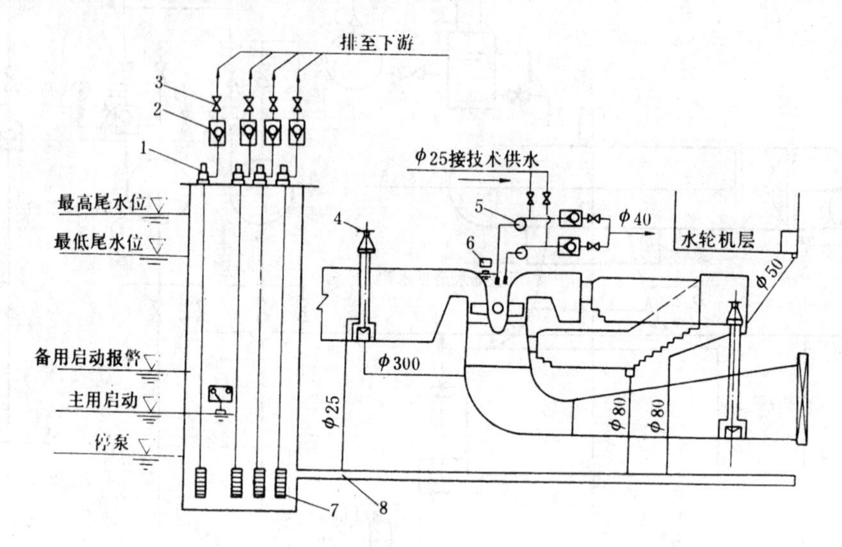

图 5-6 立式深井泵廊道排水的排水系统

1—立式深井泵；2—止回阀；3—阀门；4—盘形阀；5—顶盖排水泵；6—液位信号器；7—排水廊道；8—厂房横向排水管

排水泵采用四台立式深井泵，集中布置在厂房一端的水泵房内，电动机等电气设备则放在高于下游最高尾水位的房间内，对电气设备的通风、防潮、干燥及运行维护极为有利。正常运行时，1# 水泵和 2# 水泵互为备用，由廊道液位信号器自动控制，排除厂内渗漏水。3# 水泵和 4# 水泵为检修排水泵，采用手动控制，机组检修时，两台水泵共同排除机组检修积水，待积水排完后，由 3# 水泵单独排除上、下游闸门的漏水，而 4# 水泵切除变为 3# 水泵的备用。

以上介绍了六种典型排水系统图。实际上，由于各个水电站的具体情况不同，设计人员的思想方法亦不一样，所以，排水系统图是多种多样的，都是针对具体情况拟定的，且各有其特点。因此，在排水系统设计中，绝不能照搬现成的系统图，而是要根据具体情况，作认真细致的调查研究，权衡主次拟定出既先进又合理的排水系统图。

二、排水量的确定

（一）渗漏水量的估计

渗漏水量是选择确定渗漏排水设备参数的重要依据，但因它与水电站的地质、地形条件、厂房的型式、布置和施工情况、设备的制造、安装质量和运行维护等多种因素有关，一般很难通过计算的方法确定。

通常在确定渗漏水量时，是先由水工专业提出厂房的渗漏水量估算值，然后在分析本电站的渗漏水数据值，再考虑一定裕度，估计出作为设计依据的渗漏水量值 q(m^3/min)。

应当说明的是，装有混流式水轮机的水电站，厂内渗漏水量主要是来源于水轮机顶盖和大轴密封漏水，其中大轴密封又占绝大部分。这部分漏水量值，由制造厂提供，一般橡胶平板密封为0.5～1L/min，端面密封为5～7L/min。装有轴流式水轮机的顶盖排水，是由厂家配置专门的顶盖排水泵排除，厂内渗漏水量主要是厂房的渗漏水，其中以混凝土蜗壳的渗漏水为主。对于生产中排出的污水，如空气冷却器的冷凝水，滤水器的冲洗污水排水等，因水量很小，估计时可略去不计。

（二）集水井容积的确定

集水井内，工作水泵启动水位与停泵水位之间的容积，称为集水井有效容积，如图5－7所示。

渗漏集水井的有效容积，一般按能容纳30～60min的渗漏水量来考虑，表达式为

$$V_J=(30\sim60)q \quad (m^3) \qquad (5-1)$$

式中 V_J——渗漏集水井有效容积，m^3；

q——渗漏水量，m^3/min。

也就是说，设置了集水井，渗漏排水泵不必连续运行，而是每小时启动1～2次。

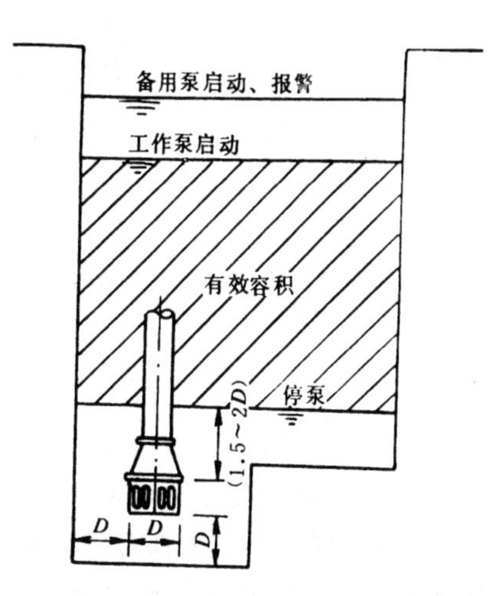

图5—7　集水井容积及底阀安装要求

由于影响渗漏水量的因素较多，在电站设计时，很难预计电站建成后厂房和设备的渗漏水情况。因此，很多水电站在设计过程中也就不再估渗漏水量，而是根据本电站厂房布置情况，参考已建成的同型相似水电站渗漏排水数据，直接确定集水井有效容积。在不增加开挖量和土建投资的情况下，宜充分利用水下大体积混凝土的空间，来加大集水井的有效容积，这样可以减少水泵启动次数，增加每次运行的时间，延长设备使用寿命。

报警水位[1]至不允许淹没的厂房地面之间，应留出一定的安全距离，这一部分容积称为安全容积，以便集水井达报警水位后，让运行人员在采取应急措施的时间内，不致发生水淹事故。

工作水泵启动水位与备用水泵启动水位间的容积，称为备用容积，它们之间的距离，主要是根据液位信号器两个发讯液位间的距离不能太小，一般要求不小于0.3m，否则，在液位波动时，不能保证自动控制的准确性。

根据集水井有效容积及其平面尺寸，便可求得工作水泵启动水位与停泵水位之间的距离。

停泵水位至井底的距离，则取决于底阀的大小，底阀的淹没水深及为防止吸入底部脏物和保证进水条件对底阀下缘至井底的间距要求。对于离心泵，底阀应竖直悬在水中，底阀与井底或周围井壁的距离不应小于底阀外径，从阀门平面算起的淹没水深不小于底阀外径的1.5～2.0倍，如图5－7所示。从而可确定集水井井底高程。

集水井的总容积为上述有关容积之和。

---

[1] 中、小型电站多采用在此水位备用水泵启动，同时报警。

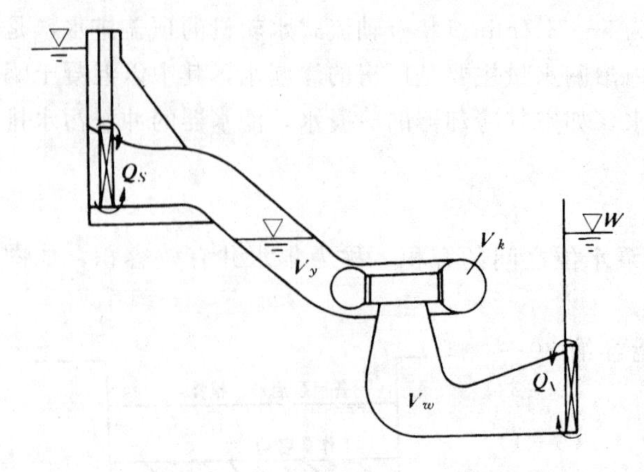

图 5-8　检修排水容积及漏水量

（三）检修排水量计算

检修排水量的大小，取决于水轮机的型式，尾水位的高低和上、下游闸门的漏水量。

1. 需排除的积水容积计算

一般在压力引水管或蜗壳的最低处都设有排水阀，经管道与尾水管连通。检修排水时，先将进水口闸门或水轮机进水阀关闭，打开压力引水管和蜗壳排水阀，使其高于下游尾水位的大量水体自流排至下游。因此，需要用水泵排除的仅是下游尾水位以下的积水，如图 5-8 所示。其容积可按下式计算

$$V=V_y+V_k+V_w \quad (m^3) \tag{5-2}$$

式中　V_y——尾水位以下压力引水管内积水容积，m^3；

V_k——尾水位以下蜗壳内积水容积，m^3；

V_w——尾水位以下尾水管内积水容积，m^3。

其中 V_y 按压力引水管布置情况和结构尺寸计算，对设置了水轮机进水阀的机组，则只计算进水阀后管段的积水容积。V_k 和 V_w 按制造厂提供的图纸尺寸计算。V_k 可按象限分成四个计算段，V_w 可按直锥段、肘管段和扩散段进行计算。也可以用查设计手册中有关曲线的方法来求取。

在积水容积计算中，下游尾水位的高程非常重要，应根据电站的具体情况，确定检修时可能遇到的最高尾水位，作为设计依据。一般以一台机组检修，其他机组发满额定功率考虑。

2. 上、下游闸门漏水量计算

检修排水过程中，上、下游闸门虽然关闭，但漏水仍然存在。漏水量 Q_L 可按下式计算

$$Q_L=q_sL_s+q_xL_x \quad (m^3/h) \tag{5-3}$$

式中　q_s、q_x——分别表示上、下游闸门止水密封单位长度的单位时间漏水量，L/(s·m)；

L_s、L_x——分别表示上、下游闸门止水边周长，m。

其中 L_s 和 L_x 根据上、下游闸门结构尺寸确定，q_s 和 q_x 则与闸门止水密封型式、制造工艺水平、安装质量和运行维护情况等因素有关。一般球阀取 $q=0.05$L/(s·m)；

蝴蝶阀当采用空气围带密封时取 $q=0.5$L/(s·m)；

当采用橡皮压紧式密封时取 $q=0.75$L/(s·m)；

对于钢结构的上、下游闸门，q 值可按照图 5-9 所示选用。由于闸门还受运行条件(泥沙磨损）的影响，漏水量会加大，设计时可取加大一级的 q 值。

闸门止水型式和漏水量 q 的关系见表 5-1。

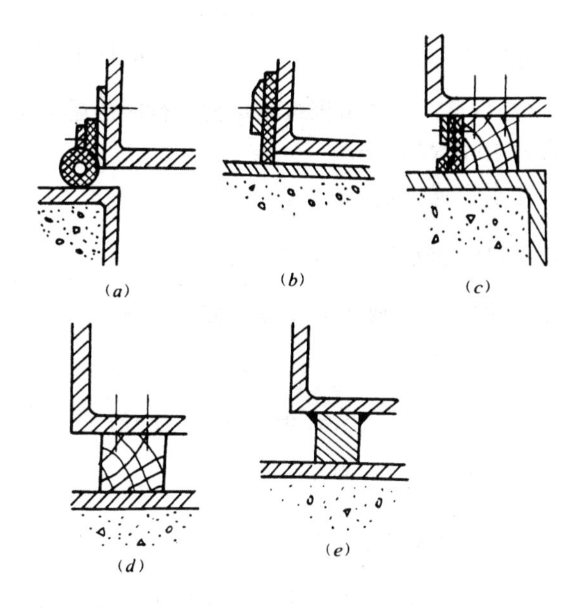

图 5-9　闸门止水型式

(a) 可调节橡皮止水；(b) 固定式橡皮止水；
(c) 包有帆布带的木止水；(d) 木止水；(e) 金属止水

表 5-1　　闸门止水型式和漏水量 q 的关系

止水型式	漏水量 q[L/(s·m)]	止水型式	漏水量 q[L/(s·m)]
(a) 可调节橡皮止水	0.50	(d) 木止水	2.00
(b) 固定式橡皮止水	0.75	(e) 金属止水	2.50
(c) 包有帆布带的木止水	1.25		

三、排水设备选择

(一) 渗漏排水泵的选择

渗漏排水泵的生产率 Q_B 可按水泵运行 10～20min 能排除集水井有效容积的渗漏水来选择。

即

$$Q_B=\frac{60V_J}{(10\sim20)}\quad(\mathrm{m^3/h})\tag{5-4}$$

式中　V_J——集水井有效容积，m^3。

式 (5-4) 中未计水泵运行期间流入集水井的渗漏水，这将使水泵实际工作时间大于计算值。在设计中，若渗漏水量 q 已经确定，则水泵生产率 Q_B 亦可按 3～4 倍渗漏水量来选择。

即

$$Q_B=(3\sim4)q$$

渗漏排水泵需要的扬程 H_B，应按集水井最低工作水位（停泵水位）与水电站全部机组满负荷运行的尾水位之差，并考虑克服管道总水头损失来确定，并按最高尾水位校核。按下式计算

$$H_B=(\nabla_w-\nabla_J)+h_w+\frac{v_2}{2g}\quad (mH_2O) \tag{5-5}$$

式中 ∇_w——下游尾水位（m），全电站机组满负荷运行时的尾水位；

∇_J——集水井最低工作水位，m；

h_w——排水管道总水头损失，mH_2O；

$\frac{v_2}{2g}$——排水管道出口流速水头，mH_2O。

当选用离心泵时，需校核水泵的吸上真空度和安装高度。

离心泵的吸上真空度 H_K

$$H_K=H_A+\varepsilon h_x+\frac{v_R^2}{2g}\quad (mH_2O) \tag{5-6}$$

式中 εh_x——吸水管中的水头损失，mH_2O；

$\frac{v_R^2}{2g}$——水泵吸入口的流速水头，mH_2O；

H_A——离心泵安装高度（m），对于卧式为叶轮轴心线到吸水池水面的垂直距离；对于立式为叶轮叶片进口边中点所在平面到吸水池水面的垂直距离，如图 5－10 所示。

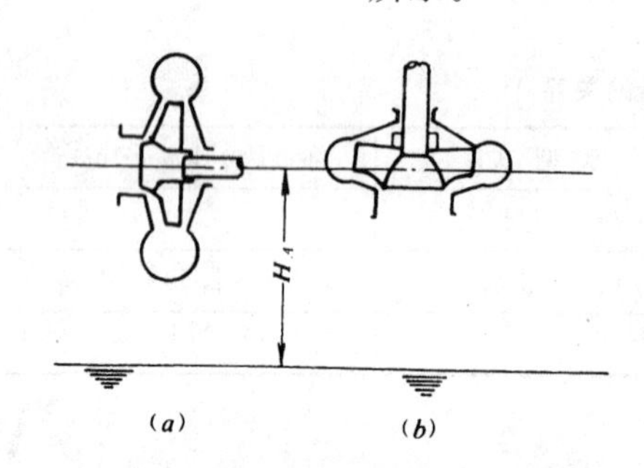

图 5－10 中小型离心泵的安装高度
(a) 卧式；(b) 立式

为防止发生气蚀，必须使水泵的吸上真空度 H_k 小于水泵产品规定的允许吸上真空高度 $[H_S]$ 即

$$H_k\leqslant[H_S]$$

离心泵的最大安装高度 $[H_A]$：

$$[H_A]=[H_s]-\varepsilon h_x-\frac{v_R^2}{2g}\quad (m) \tag{5-7}$$

应当指出，由于离心泵的 $Q-[H_s]$ 曲线是随流量增加下降的，所以，在计算水泵的最大安装高度 $[H_A]$ 时，应采用水泵运行中可能出现的最大流量所对应的 $[H_S]$ 值，吸水池水面按最低水位，以保证水泵在任何工况下运行都不发生气蚀。

又因 $[H_S]$ 值是在一个标准大气压，水温 20℃及转速为额定值的条件下，以清水试验得出的。实际上如果水泵使用地点的大气压和水温不符合上述条件，$[H_S]$ 值应按下式进行修正

$$[H_S]'=[H_S]-(10.33-H_a)-(H_{va}-0.24)\quad (mH_2O) \tag{5-8}$$

式中 $[H_S]'$——修正后的允许吸上真空高度，mH_2O；

$[H_S]$——水泵产品样本上查得的允许吸上真空高度，mH_2O；

H_a——水泵安装地点的大气压力（mH_2O），见表 5－2；

H_{va}——水在工作温度下的气化压力（mH_2O），见表 5－3。

离心泵的最大安装高程 ∇_A

$$\nabla_A=\nabla_x+[H_A]-0.5\quad (m) \tag{5-9}$$

式中　∇_x——吸水池最低水位标高，m；

　　0.5——考虑水泵制造有误差和吸水管不光滑的安全裕量。

表 5-2　　海拔高度与大气压（H_a）关系

海拔（m）	-600	0	100	200	300	400	500	600	700	800	900	1000	1500	2000	3000	4000	5000
大气压 H_a（米水柱）	11.3	10.33	10.2	10.1	10.0	9.8	9.7	9.6	9.5	9.4	9.3	9.2	8.6	8.4	7.3	6.3	5.5

表 5-3　　水温与气化压力（h_{va}）关系

水温（℃）	0	5	10	20	30	40	50	60	70	80	90	100
气化压力 h_{va}（米水柱）	0.06	0.09	0.12	0.24	0.43	0.75	1.25	2.02	3.17	4.82	7.14	10.33

渗漏排水泵工作的可靠性，直接关系到厂房和设备的安全。而泵的可靠性又取决于它的类型。由于卧式离心泵所具有的特点，在使已建成的中小型水电站较多采用。但因其受吸出高度限制，要求水泵安装高程较低，不利于电机防潮、泵房防淹，且安装检修过程中无法使用厂内吊车。因此，近年来新建的大型和单机容量较大的中型水电站又多选用其他泵型，如立式深井泵和射流泵等。

（二）检修排水泵的选择

由于检修排水量大，设备位置比较低，要求水泵运行安全可靠。当采用卧式离心泵时，必须设置启动引水装置。这主要是考虑水泵经第一次启动将积水排干后，便转为排除上、下游闸门的漏水，水泵变为断续或交替运行，启动较频繁，若此时水泵安装高程高于尾水管内水位，启动时就需要引水。

检修排水泵总生产率 ΣQ_B 可按下式计算

$$\Sigma Q_B=\frac{V}{T}+\Sigma Q_L \quad (\mathrm{m^3/h}) \tag{5-10}$$

式中　V——压力引水管、蜗壳和尾水管内需要排除的积水容积，$\mathrm{m^3}$；

　　T——水泵工作时间（h），一般为 4～6h，对大型电站及长压力隧洞或长尾水隧洞的电站，可适当延长；

　　ΣQ_L——上、下游闸门单位时间漏水量之和，$\mathrm{m^3/h}$。

检修排水泵一般选用两台，不设备用泵，故每台水泵的生产率为

$$Q_B=\frac{\Sigma Q_B}{2} \quad (\mathrm{m^3/h})$$

为了保证将积水排空后，能由一台水泵来排除上、下游闸门的总漏水，维持检修期间尾水管内无积水，或将积水位限制在某一范围，以确保检修工作安全进行。则每台水泵的生产率 Q_B 又必须大于总漏水量，即应满足

$$Q_B>\Sigma Q_L$$

由于检修排水泵不经常运行，所以，一般都不考虑自动化。但在排除闸门漏水时，可根据限制水位自动控制，防止因忘记启动水泵而造成事故。

检修排水泵的扬程 H_B 按尾水管底板最低点的高程与下游尾水位之差，并考虑克吸排水管道阻力所引起的总水头损失来确定，可按下式计算

$$H_B=(\nabla_W-\nabla_D)+h_W+\frac{v^2}{2g}\quad (\mathrm{m}) \tag{5-11}$$

式中 ∇_W——下游尾水位（m），取正常尾水位或检修期尾水位；

∇_D——尾水管底板最低点高程，m；

h_W——排水管道总水头损失，m；

$\frac{v^2}{2g}$——排水管道出口流速水头，m。

检修排水泵吸出高度和安装高程的校核方法与渗漏水泵相同。

（三）排水管径选择

排水泵选定后，即可从水泵资料中查得其进、出口直径，排水管道可按此直径和水泵流量进行水力计算，核算是否满足扬程和吸出高度要求，如不满足，可适当加大管径再算。当需过分加大管径时，亦可改选扬程和吸出高度较高的水泵。

四、排水系统的布置

排水系统一般处在厂房的底层，它直接与排水方式有关，所以在进行排水系统设备布置时，首先要根据地质条件，厂房结构和设备布置及施工开挖的实际情况来确定排水方式，然后才能布置有关的设备。

集水井的布置：集水井的平面位置和尺寸主要是根据可能开挖部位的情况确定。因为在保证集水井容积的条件下，其平面尺寸可相应变动。以做到在满足运行，检修需要的基础上，尽量经济，合理。

集水井应布置在厂房底层，要使最低一层设备及其地面的渗漏水，能靠自流排入其中。当采用卧式离心泵时，依此要求来确定集水井井顶高程。

排水泵房的布置：排水泵房的位置，一般是随动于集水井的部位，但其具体的长，宽，高尺寸，应根据水泵机组外形尺寸、台数和布置情况确定。当采用立式深井泵做渗漏或检修排水泵时，还要满足水泵进行安装和检修时的吊运要求，其高程应考虑电动机防潮及便于检修维护，多布置在水轮机层。若采用卧式离心泵排水时，对安装轴流式机组的电站，尾水管较长，水泵房可布置在尾水管上部，以得到较大的水泵室面积和空间，便于运行和维护；而对混流式机组的电站，多装设水轮机进水阀，排水泵可布置在进水阀廊道内。为了保证吸程要求，需要安装在足够低的位置上。

排水泵房设备布置的总要求，应保证工作可靠，运行安全，装拆、维护和管理方便，尽可能做到管道短、管件少、水头损失小。

管道的布置：吸水管道和压水管道是水泵工作系统的重要组成部分，在排水泵房的布置和安装时应给予充分重视。正确设计布置与合理安装吸、压水管道，对保证水泵的安全运行，节省投资，减少电耗都有重要的作用。

吸水管道的布置与要求见第四章第五节。

压水管道的布置与要求在排水系统设计中，压水管道的布置和敷设也非常重要。当下游水位很高，发生停泵水锤时，承受压力较大，所以要求压水管道坚固不漏水，多采用钢管和可靠的接口连接方式。压水管道的布置位置取决于泵房埋深、水泵结构、管径大小、水力条件及运行管理等多种因素，需要综合考虑。一般是沿地面、设管沟、埋设或架空敷设。当架空安装时，应作好支架、吊架固定，不应妨碍通行，不允许架设在电气设备上方。

检修排水阀的布置，检修排水阀主要是指混凝土蜗壳和尾水管的盘形排水阀。为了运行操作的灵活和检修维护的方便，通常将其操作控制部分放在水轮机层，排水阀部分应满足排干蜗壳和尾水管内积水。虽有制造厂布置图，但具体的布置位置，仍需由电站设计人员结合厂内设备布置统一考虑，为了防止水流冲击，最好布置在蜗壳和尾水管侧壁的凹槽内。

第三节　排水系统的设计计算实例

一、基本资料

1）电站形式：装机四台的河床式水电站；

2）水轮机型号：ZD510－LH－180；

3）水轮机安装高程：45.83m；

4）下游水位：

200 年一遇尾水位为 51.70m；

正常尾水位为 46.00m；

最低尾水位为 45.05m；

5）过水系统主要尺寸如图 5－11 所示。

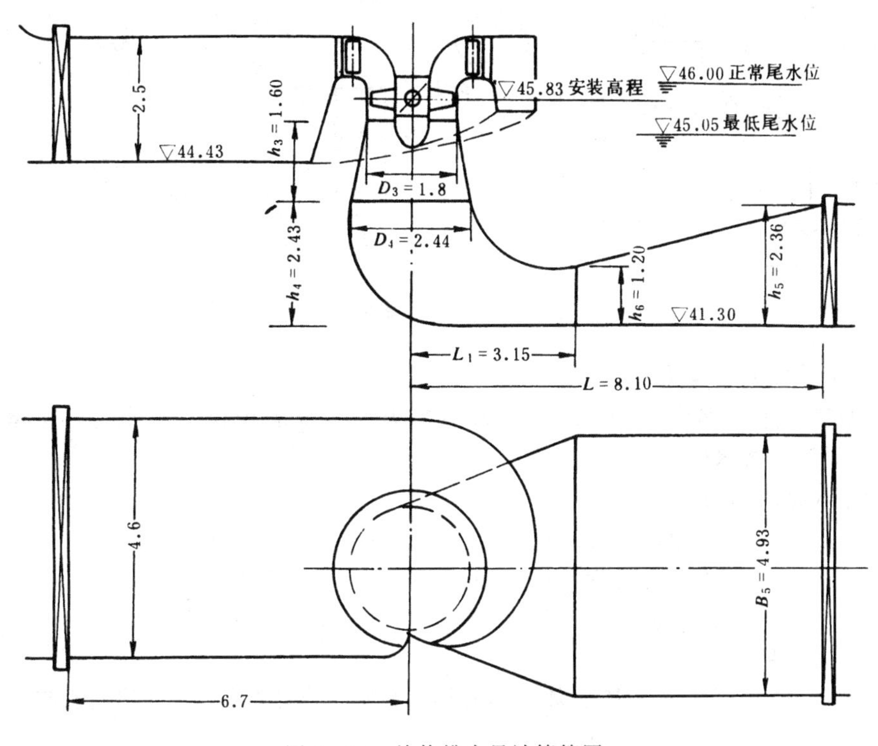

图 5－11　检修排水量计算简图

二、排水系统拟定

采用厂房渗漏排水与机组检修排水分开的排水系统。

厂房渗漏排水选用两台卧式离心泵，由集水井内液位信号器根据其水位变化自动控制工作泵和备用泵的启动与停止。两台水泵相互切换互为备用。

机组检修排水亦选用两台卧式离心泵，将检修时的积水和上、下游闸门的漏水直接排到下游。吸水管口不设置底阀，选用一台水环式真空泵作为水泵启动引水用。水泵采用手动控制。

排水系统如图 5－12 所示。

三、厂房渗漏排水系统计算

（一）集水井有效容积确定

根据本水电站厂房具体情况，参照已运行的同型水电站渗漏排水数据，确定集水井有效容积为 15.5m³。集水井各控制水位及底部高程如图 5－12 所示。

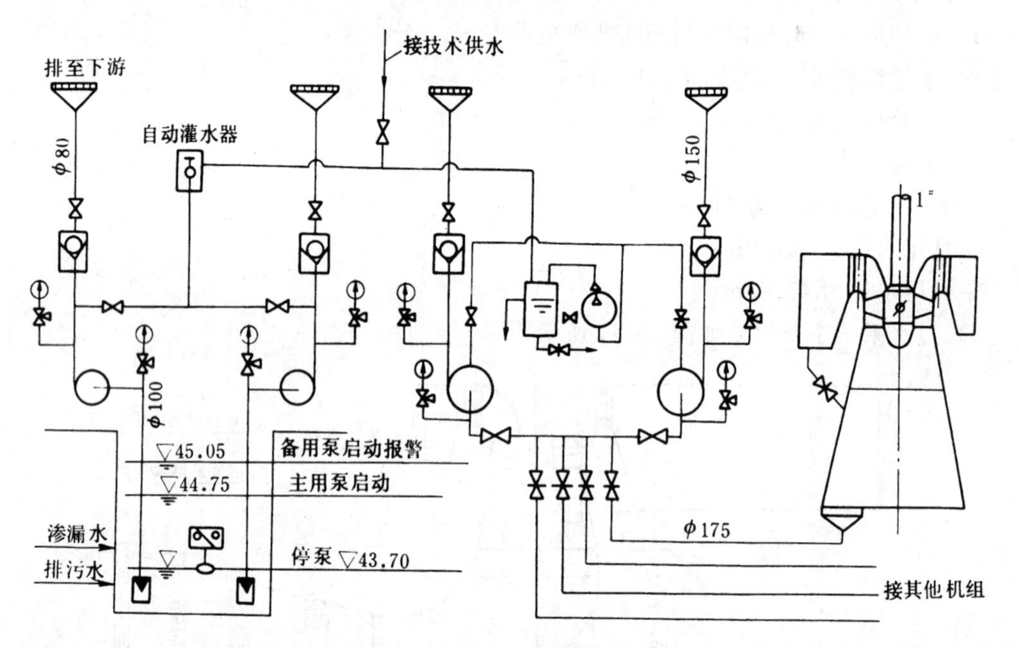

图 5－12　排水系统图

（二）渗漏排水泵选择

取下游二百年一遇洪水位 51.70m 为渗漏排水系统的校核下游水位，正常尾水位 46.00m 为设计下游水位。

渗漏排水泵的静扬程：

$$\text{校核静扬程}\quad H_{JXH}=51.70-43.70=8.0\ (\text{m})$$

$$\text{设计静扬程}\quad H_{JSJ}=46.00-43.70=2.3\ (\text{m})$$

$$\text{最小静扬程}\quad H_{J\min}=45.05-43.70=1.35\ (\text{m})$$

式中 43.70 为停泵水位。

渗漏排水泵的生产率 Q_B 按水泵 20min 排完集水井有效容积 V_J 的渗漏水来选择

$$Q_B=\frac{60V_J}{20}=3\times15.5=46.5\quad(\text{m}^3/\text{h})$$

根据 Q_B，H_B 初选两台 3BA－13A 型卧式离心泵，其技术参数见表 5－4。

表 5－4　3BA－13A 技术参数

流量 Q (m^3/h)	扬程 H (mH_2O)	效率 η (%)	允许吸上真空度 $[H_S]$ (mH_2O)	转速 n (r/min)	电机功率 N (kW)
29.5	17.4	75	6.0	2900	
39.6	15.0	80	5.0	2900	3.0
48.6	12.0	74	4.0	2900	

根据厂房布置，水泵房设在厂房下游侧水轮机层下面。水泵房地面高程为 45.50m，渗漏排水泵安装高程为 45.75m，其吸水管设置底阀。并从技术供水管引一水源，作为底阀故障时水泵启动引水用。

渗漏排水泵吸、压水管根据 3BA－13A 型水泵进、出口直径分别选用 ϕ100mm 和 ϕ80mm 钢管。

（三）渗漏排水泵扬程及吸出高度校核

1. 水泵吸、压水管水力损失计算

(1) 吸水管水力损失计算：

流量 $Q=46.5m^3/h$，管长 $L_1=2.6m$，管径 $d_1=100mm$，计算出流速 $v_1=1.65m/s$，流速水头 $v_1^2/2g=0.14m$。

沿程水力损失为

$$h_{y_1}=0.025\frac{L_1}{d_1}\frac{v_1^2}{2g}=0.091 \quad (mH_2O)$$

吸水管设有：底阀一个，$\xi_1=7.0$　90°焊接弯头一个，$\xi_2=0.55$，异径接头一个，$\xi_3=0.1$，$\Sigma\xi=7.65$。

局部水力损失为

$$h_{J1}=\Sigma\xi\frac{v_1^2}{2g}=7.65\times0.14=1.071 \quad (mH_2O)$$

吸水管水力损失为

$$h_{W1}=h_{y1}+h_{J1}=0.09+1.071=1.162 \quad (mH_2O)$$

(2) 压水管水力损失计算：

流量 $Q=46.5m^3/h$，管长 $L_2=9m$，管径 $d_2=80mm$，计出流速 $v_2=2.57m/s$，流速水头 $v_2^2/2g=0.34m$。

沿程水力损失为

$$h_{y2}=0.025\frac{l_2}{d_2}\frac{v_2^2}{2g}=0.96 \quad (mH_2O)$$

压水管设有：异径接头一个，$\xi_1=0.1$，升降式止回阀一个，$\xi_2=7.5$，闸阀一个，$\xi_3=0.4$，90°焊接弯头两个，$\xi_4=0.55\times2=1.1$，出口滤网一个，$\xi_5=2.0$，$\Sigma\xi=11.1$。

局部水力损失为

$$h_{J2}=\Sigma\xi\frac{v_2^2}{2g}=11.1\times0.34=3.77 \quad (mH_2O)$$

压力管水力损失为

$$h_{W2}=h_{y2}+h_{J2}=0.96+3.77=4.73\quad(mH_2O)$$

（3）吸、压水管总水力损失为：

$$h_W=h_{W1}+h_{W2}=1.162+4.73=5.89\quad(mH_2O)$$

2. 水泵扬程及吸出高度校核

实际需要扬程为

$$\begin{aligned}H&=(\nabla_{xxH}-\nabla_J)+h_W+\frac{v_2^2}{2g}\\&=(51.70-43.70)+5.89+0.34\\&=14.23\quad(mH_2O)\end{aligned}$$

式中 ∇_{xxH}——下游校核水位，m；

∇_J——集水井最低工作水位，m。

实际需要吸出高度为

$$\begin{aligned}H_S&=(\nabla_A-\nabla_J)+h_{W1}+\frac{v_1^2}{2g}\\&=(45.75-43.70)+h_{W1}+0.14\\&=3.35\quad(mH_2O)\end{aligned}$$

式中 ∇_A——水泵安装高程，m。

（四）水泵的运行参数校核

为了校核水泵在实际运行中是否符合要求，需确定水泵的实际运行工作点。

1. 绘制管道系统特性曲线

管道系统特性方程式为

$$\begin{aligned}H&=H_J+h_W\\&=H_J+\frac{0.083\left(\lambda\dfrac{L}{d}+\Sigma\xi\right)}{d^4}Q^2\\&=H_J+35900Q^2(Q\text{ 单位 }m^3/s)\quad(mH_2O)\\&=H_J+0.0359Q^2(Q\text{ 单位 }L/s)\quad(mH_2O)\end{aligned}$$

式中 H_J——渗漏水泵静扬程（mH_2O）。

计算结果列于表5-5。

表5-5　$H-Q$ 值计算表　（mH_2O）

Q (L/s)	0	2.5	5.0	7.5	10.0	12.5	15.0
$h_W=0.0359Q^2$	0	0.224	0.898	2.019	3.591	5.611	8.079
$H_{XH}=H_{JXH}+h_W$	8	8.224	8.898	10.019	11.591	13.611	16.079
$H_{SJ}=H_{JSJ}+h_W$	2.3	2.524	3.198	4.319	5.891	7.911	10.379
$H_{min}=H_{J\min}+h_W$	1.35	1.574	2.248	3.369	4.940	6.961	9.429

依表中数据可绘出管道系统特性曲线。

2. 确定水泵实际运行工作点

水泵性能曲线与管道系统特性曲线的交点即为水泵实际运行工作点，如图 5－13 所示。

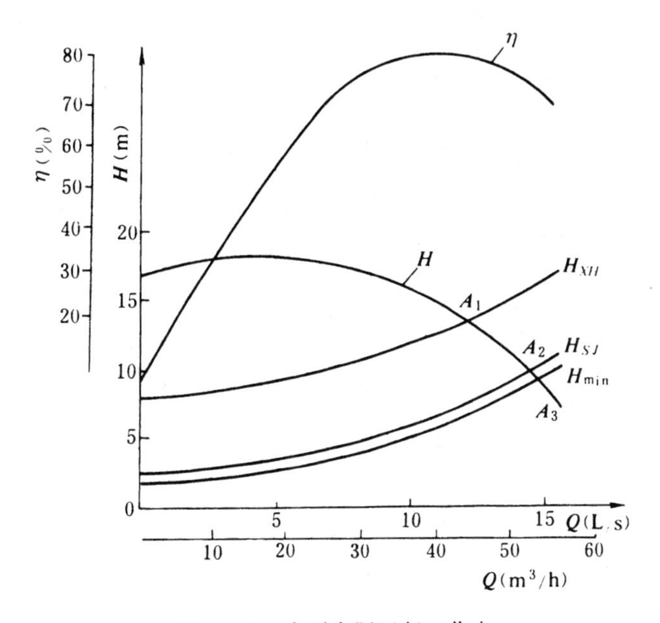

图 5－13　水泵实际运行工作点

根据图 5－13 确定的工作点，查出水泵实际运行时的技术参数列于表 5－6 中。

表 5－6　　水泵运行参数表

H（mH_2O）	13.5	9.5	9.0
Q（m^3/h）	45	52	53.5
η（%）	78	73	72

可见，所选 3BA－13A 型水泵能满足渗漏排水要求。

四、机组检修排水系统计算

取正常尾水位 46.00m 为检修排水系统的设计下游水位．

（一）检修排水量计算

检修排水量计算按图 5－11 所示计算简图进行。

1. 积水容积计算

（1）压力管和蜗壳段：蜗壳底板高程为 44.43m，下游正常尾水位为 46.00m，故有部分积水不能由蜗壳排水管排除。蜗壳段积水较少，略去不计，仅计算压力管段的积水容积 V_y。

$$V_y = 4.6 \times 6.7 \times (46.00 - 44.43)$$
$$= 48(m^3)$$

（2）尾水管段：尾水管积水容积分圆锥段 V_2、肘管段 V_G 和扩散段 V_K 三段计算。

$$V_Z = \frac{1}{3}\pi h_3(R_3^2 + R_4^2 + R_3 R_4)$$

$$= \frac{1}{3} \times 3.14 \times 1.6 \times (0.9^2 + 1.22^2 + 0.9 \times 1.22)$$

$$= 5.7(m^3)$$

$$V_G = \frac{1}{2}(F_4 + F_6)L_4$$

$$= \frac{1}{2} \times (3.14 \times 1.22^2 + 4.93 \times 1.2) \times 4.5$$

$$= 23.8(m^3)$$

式中 L_4 的数值 4.5m 为估算的肘管段中心线长度。

$$V_K = \frac{1}{2}(B_5 h_6 + B_6 h_5)(L - L_1)$$

$$= \frac{1}{2} \times (4.93 \times 1.2 + 4.93 \times 2.36) \times (8.1 - 3.15)$$

$$= 43.4(m^3)$$

尾水管段的积水容积 V_W 为

$$V_W = V_Z + V_G + V_K = 5.7 + 23.8 + 43.4 = 73(m^3)$$

(3) 检修排水积水总容积 V_x 为

$$V_x = V_y + V_W = 48 + 73 = 121(m^3)$$

2. 上、下游闸门漏水量计算

上、下游闸门止水密封长度按压力管进口尺寸和尾水管出口尺寸初步确定（准确值由金属结构设计提出）。

上游闸门止水密封长度　$L_s = 2 \times (4.8 + 2.6) = 14.8(m)$

下游闸门止水密封长度　$L_x = 2 \times (5.15 + 2.45) = 15.2(m)$

取上游闸门止水密封漏水量 $q_s = 1.25L/(m \cdot s)$

取下游闸门止水密封漏水量 $q_x = 2.0L/(m \cdot s)$

闸门漏水总量 Q_L 为

$$Q_L = Q_s + Q_x = 14.8 \times 1.25 + 15.2 \times 2.0 = 49(L/s) = 176(m^3/h)$$

式中　Q_s——上游闸门漏水量，L/s；

Q_x——下游闸门漏水量，L/s。

（二）检修排水泵选择

按 6h 排完全部积水计算，检修排水泵生产率为

$$
\begin{aligned}
Q &= \frac{V_x}{T} + QL \\
&= \frac{121}{6} + 176 \\
&= 196(m^3/h)
\end{aligned}
$$

取 $Q=Q_L=176$ （m^3/h）

检修水泵静扬程为

$$
\begin{aligned}
H &= 46.00-41.3 \\
&= 4.7(mH_2O)
\end{aligned}
$$

初选两台 6BA－12A 型卧式离心泵，其技术参数见表 5－7。

表 5－7　　6BA－12A 技术参数

流量 Q (m^3/h)	扬程 H (mH_2O)	效率 η (%)	允许吸上真空度 $[H_S]$(mH_2O)	转速 n (r/min)	电机功率 N (kW)
95	17.8	74.5	8.6		
150	15.0	80.0	8.0	1450	10
180	12.6	76.6	7.6		

水泵运行方式采用：开始时两台水泵同时排积水，待积水排完后，由一台水泵继续排除上、下游闸门漏水。

水泵吸水管口不设底阀，选用一台 SZB－8 型水环式真空泵作启动引水用。

检修排水泵与渗漏排水泵布置在同一泵房内，安装高程∇_A 为 45.8m。其吸、压水管根据 6BA－12A 型水泵进、出口直径分别选用 ϕ175mm 和 ϕ150mm 钢管。

（三）检修排水泵扬程和吸出高度校核

1. 水泵吸、压水管水力损失计算

计算方法和过程同渗漏排水系统。

其结果为

$$
\begin{aligned}
h_W &= h_{W1} + h_{W2} \\
&= 1.94+4.84 \\
&= 6.78(mH_2O) \\
v_1^2/2g &= 0.21 \\
v_2^2/2g &= 0.38
\end{aligned}
$$

2. 水泵扬程及吸出高度校核

实际需要扬程为

$$
\begin{aligned}
H &= (\nabla_{xsJ} - \nabla_D) + h_W + v_2^2/2g \\
&= (46.00-41.30)+6.78+0.38
\end{aligned}
$$

$$=11.86(mH_2O)$$

式中　∇_{xsJ}——下游设计水位，m；

∇_D——尾水管底板高程，m。

实际需要吸出高度为

$$H_S=(\nabla_A-\nabla_D)+h_{W1}+v_1^2/2g$$
$$=(45.8-41.3)+1.94+0.21$$
$$=6.65(mH_2O)$$

式中　∇_A——水泵安装高程，m。

（四）水泵运行参数校核

方法和过程同渗漏排水系统。

可见，所选 6BA－12A 型水泵能满足检修排水要求。

第六章 水力监测系统

第一节 水力监测的目的和内容

水电站水力监测的目的是为了保证水电站的安全、经济运行；为了促进水力机械基础理论的发展，积累和提供必要的资料；以及鉴定、考查已投入运行机组的性能等。

小型水电站水力监测项目，一般只有：上、下游水位测量；蜗壳进口压力及水轮机顶盖下和尾水管进口压力、真空度的测量。对于机组容量大于3000kW，电站装机总容量大于12000kW的水电站，可参考大中型水电站的要求设置测量项目，即增加水轮机工作水头、流量、拦污栅前后压力差及堵塞信号装置等测量项目。各辅助设备系统的监测，已在相应的系统中叙述。水泵站的水力监测项包括：上、下游水位（即进、出水水位），水泵进口真空压力，采用虹吸式出水流道的泵站还应测驼峰顶部的真空压力，作原型机组试验时，需测量流量及流道各有关断面的压力或压差。在确定监测项目时，有些是必须装设的，有些是目前可能不进行测量，但将来可能需要测量的，应在设计施工时预埋好测管并引出接头封口备用，例如尾水管的水力特性试验等。

水力监测系统由测量元件、信号发送装置、转换元件、管路、显示仪表等几部分构成。为了能实现自动测量及控制，要求能在中控室或机旁盘进行监测或显示。

水力监测系统所提供的数据是水电站安全经济运行的依据，也是有关科学研究工作的基本数据。因此，要求对被测参数的状态能够及时和准确地反映，即反应时间和测量误差值均应在允许的范围内，以满足水电站的自动化要求。随着技术水平的提高，中小型水电站也在逐步完善测量手段，提高自动化水平。能够快速采样和测量瞬时参数值，并进行自动显示和打印的巡回检测技术，已被许多中、小型水电站采用，这对于提高电能生产质量和提高电站的管理水平具有重大的现实意义。在这些测量中，必然涉及大量测量仪表的选用和组合搭配，因此，仪表的型号和精度等级的正确选择以及仪表的合理组合、配置是水力监测系统设计的至关重要的问题。水力监测除了要了解量测方法之外，还应对所使用仪表的工作原理及主要性能有所了解。

第二节 水电站常用监测仪表

水电站的计量仪表涉及面很广，包括温度、长度、力学、声学、光学、电磁、化学等方面的计量。本节仅就有关水电站及泵站水力参数和辅助设备监测所需的一些通用性仪表作一些简介。其中有些自动化仪表，根据其性能，原则上放在有关自动化课程中讲述。电动单元组合仪表也是属于自动化仪表，但它在水力机组辅助设备的测量中的应用越来越普遍。根据生产工艺的要求，它不仅可以组成多参数综合控制系统，也可以构成单参数控制系统，尤其是各个电动单元在单个参数测量中的应用日渐普及。所以，在本节中也对其基本原理作一些简介。

一、温度仪表

1. 内标式玻璃液体温度计（简称玻璃温度计）

玻璃温度计的工作原理是利用贮存在感温泡内的感温液体（水银或有机液体），当感温泡插入被测介质中，随着温度的变化而使感温液体膨胀（或收缩），其液柱沿着毛细管上升（或下降），在刻度标尺上直接显示温度的变化值，通常用作现场直读式温度仪表。

按照感温液体不同，可分为：WNG型水银玻璃温度计和WNY型有机液体玻璃温度计两种。WNG型适用于测量500℃以下的温度，WNY型适用于－100～＋100℃的温度。为了防止机械损伤，温度计一般装在金属保护管内。

2. 铜热电阻测温元件

热电阻是利用电阻与温度呈一线性关系的金属导体（例如铜、铂、镍等）或半导体材料制成的感温元件，当温度变化时，电阻随之变化，将变化的电阻值作为信号输入显示仪表及调节器，就能对介质的温度进行测量或调节。

WZG型铜热电阻测温元件适用于长期测量具有常压力的静态或流速很小的流体介质的温度。WZG－410X型及WZG－001型是专门用于测量轴瓦温度的小型铜热电阻，其测温范围均为－50～＋150℃。

轴承测温热电阻是其感温元件采用漆包铜丝或漆包铂丝双线密绕在云母绝缘的金属骨架上。使用时将热电阻的端面与轴瓦紧密地接触，以减少导热误差，准确地反映轴瓦的温度。

热电阻的检测信号除直接输入显示仪表或调节器以便对被测温度直接显示或进行调节外，也可经温度转换器转换成0～10mA或4～20mA直流信号与电动单元组合仪表连接。因此，它可以做成现场直读式仪表，也可以做成自动调节控制仪表或组成大型综合自动测量控制仪表。

3. 压力式温度计

压力式温度计的工作原理是利用充灌了密闭系统中（温包、压力弹簧和连接的毛细管所组成的密闭系统）的工作介质（液体、蒸汽或气体）的压力（或体积）随温度而变化，使弹簧管曲率改变，引起自由端产生位移，通过传动机构带动指针沿刻度表盘上的偏转来显示温度的变化值。其测量范围在－60～＋550℃之间。常用的有WTZ型（低沸点的液体饱和蒸汽）和WTQ型（工作介质为气体）两类。仪表尾部长度不超过20m，精度为1.5级及2.5级。

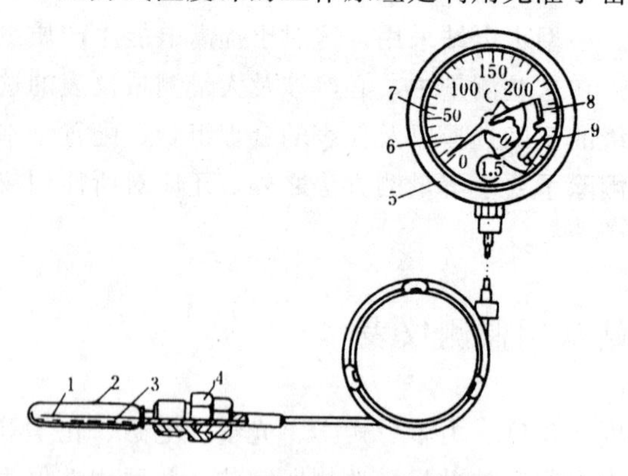

图6－1　压力式温度计的结构
1—毛细管；2—温包；3—工作介质；4—活动螺母；5—表壳；6—指针；7—刻度盘；8—弹簧管；9—传动结构

按照显示部分的结构，仪表可分为：指示式和指示带电接点式两种。温包由黄铜或紫铜制成。图6－1所示是压力式温度计的结构图。

压力式温度计用于测量对温包无腐蚀作用的液体或气体的温度。电接点压力式温度计除测温之外，并能用作对给定的温度值上、下限作两位式调节，例如用于对润滑油温、冷却水温或空压机排气温度的监控。

安装仪表时毛细管应当引直，每隔 300mm 距离应用轧头固定。温包应全部插入被测量的介质中。

二、压力和差压仪表

1. 弹性式压力表

弹性式压力表是一种应用极广泛的测压仪表。其工作原理是利用弹性敏感元件（例如单圈弹簧管、多圈螺旋弹簧管、膜片、膜盒、波纹管或板簧等）在被测介质的压力作用下，产生相应的位移，此位移经传动放大机构将被测压力值在刻度盘上指示出来。若增设附加装置则可以进行记录、远传或控制报警。

如图 6－2 所示为膜盒压力表传动机构简图。被测介质的压力 p 作用于膜盒内壁并使其变形，膜盒带动顶杆 1 向上产生一个位移，靠在顶杆 1 上面的拨杆 2 绕转动轴转过一角度 α，与拨杆 2 成为一整体的齿扇也转过同一角度并带动压力表指针齿轮转过一定角度，指针就直接在压力表刻度盘上指示出相应的压力值。

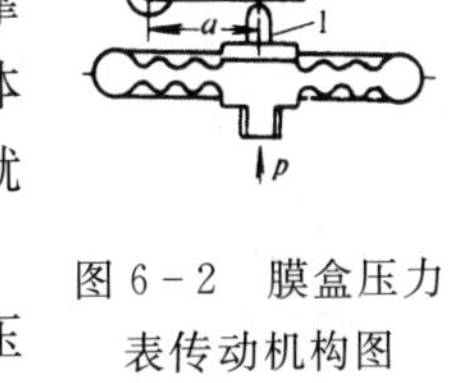

图 6－2　膜盒压力表传动机构图
1—顶杆；2—拨杆

常用的弹簧管式压力表有：Y 型压力表、Z 型真空表和 YZ 型压力真空表，此类表亦称普通压力（或真空）表，是工业测量常用表；YB 型标准压力表和 ZB 型标准真空表是用于校验普通压力表和真空表，亦可用于精度要求较高的测量。弹簧管式压力表用来测量对铜和铜合金不起腐蚀作用的液体和气体的压力及真空度。常用的压力表、真空表的规格见表 6－1，表 6－2。

表 6－1　　单圈弹簧管压力表、真空表、压力真空表规格

<table>
<tr><th>型　号</th><th>测量上限
(MPa)</th><th>精度等级</th><th>型　号</th><th>测量上限
(MPa)</th><th>精度等级</th></tr>
<tr><td>Y－100</td><td rowspan="8">0.06；0.1；
0.16；0.25；
0.4；0.6；
1.0；1.6；
2.5；4.0；
6.0</td><td rowspan="8">1.0
1.5
或
2.5</td><td>Z－150</td><td rowspan="4">－0.1</td><td rowspan="4">1.5
2.5</td></tr>
<tr><td>Y－100T</td><td>Z－150T</td></tr>
<tr><td>Y－100Z</td><td>Z－150Z</td></tr>
<tr><td>Y－100ZT</td><td>Z－150ZT</td></tr>
<tr><td>Y－150</td><td>YZ－100</td><td rowspan="8">－0.1～0.1
－0.1～0.16
－0.1～0.25
－0.1～0.4
－0.1～0.6
－0.1～1.0
－0.1～1.6
－0.1～2.5</td><td rowspan="8">1.5
2.5</td></tr>
<tr><td>Y－150T</td><td>YZ－100T</td></tr>
<tr><td>Y－150Z</td><td>YZ－100Z</td></tr>
<tr><td>Y－150ZT</td><td>YZ－100ZT</td></tr>
<tr><td>Z－100</td><td rowspan="4">－0.1</td><td rowspan="4">1.5
2.5</td><td>YZ－150</td></tr>
<tr><td>Z－100T</td><td>YZ－150T</td></tr>
<tr><td>Z－100Z</td><td>YZ－150Z</td></tr>
<tr><td>Z－100ZT</td><td>YZ－150ZT</td></tr>
</table>

表 6-2　标准压力表、标准真空表的规格

型号	（标准压力表）YB-150	（标准真空表） 标准型号 YB-150（企业型号 ZB-150）
测量范围 （MPa）	0～0.1；0～0.16；0～0.25 0～0.4；0～0.6；0～1.0 0～1.6；0～2.5；0～4.0 0～6.0	−0.1～0
精度等级	0.2；0.25；0.35；0.4	0.35；0.45

注　表 6-1 及表 6-2 型号说明：

首部：Y—压力表，Z—真空表，YZ—压力真空表，YB—标准压力表；

数字部：表示表的公称直径（mm）；

尾部：无符号表示径向结构，T—径向后边，Z—轴向无边，ZT—轴向带边；仪表的接头螺纹均为 M20×1.5。

2. 电接点压力表

电接点压力表是在弹性压力表上附加控制报警装置而成的，除测量对铜合金和合金结构钢无腐蚀作用的液体、气体介质的压力或真空度外，并能当达到压力或真空度给定值时发出电信号进行报警或位式控制。常用电接点压力表有：YX 型电接点压力表、ZX 型电接点真空表、YZX 型电接点压力真空表。可用交流或直流电源。

3. 压力信号器

YX 型压力信号器是一种无刻度仪表，当压力达到给定值时发出电信号进行报警或位式控制的仪表。水电站及泵站用于监控油、压缩空气和水的压力。

除上述之外，在自动量测和巡检系统中还广泛使用压力变送器（例如 DBY 型电动单元组合仪表的压力变送器），它利用统一输出电信号与显示仪表配套使用，实现压力值的检测和控制。

4. 差压计

差压计的工作原理与弹性式压力表的工作原理相似，它是利用弹性敏感元件（弹性膜片、膜盒、波纹管等）在被测介质的压力差（弹性元件两侧分别承受介质的不同压力而形成的压差）作用下，产生相应的位移，此位移经传动机构放大，并将被测差压值在刻度盘上指示出来。它还可以附加记录、远传或控制等装置，以实现记录、远传或控制报警的功能。常用的有双波纹管差压计（CWC 型或 CWD 型）和 CPC 型膜片式差压计。

CW 型双波纹管差压计是根据位移式原理工作的。它是一种固定安装的无水银式差压仪表，是一种基地式仪表，可直接实现指示、记录、积算、远传、报警和调节控制等显示方式，如与节流装置配套，可以测量液体或气体的流量，也可测量压差、压力、开口或受压容器的液位。仪表适用于测量工作温度为−30～+90℃的无腐蚀液体或气体，相对湿度不超过 85%，仪表至测点间的导压管长应在 3～50m 范围内。

图 6-3 为双波纹管差压计工作原理示意图，在中心基座上装有波纹管 B_1 和 B_2，两端用连接轴连接起来，波纹管 B_3 连接在波纹管 B_1 的外侧，用以进行温度补偿。中心基座内腔和波纹管 B_1、B_2、B_3 之间都填满工作液体，并密封起来。测量流量时，流体流经节流装置产生的压差，通过导管引入高、低压室（若是测量某流体的压差，则将其流体的高、低压部分直接分别引入高、低压室），压差 ΔP 作用在波纹管上，波纹管 B_1 被压缩，

内部工作液体通过阻尼环的周围环隙和阻尼旁路流向波纹管 B_2。

由于部分液体从左流向右方，破坏了系统的平衡，使连接轴从左向右移动，量程弹簧被拉伸，同时，通过固定在连接轴上的挡板和摆杆使扭力管动作，经扭力管心轴以扭力管同样的扭角传出，直至各弹簧元件的变形与压差值所形成的测量力平衡时为止，于是系统在新的位置上达到平衡。可以推算出弹性元件变形（波纹管的位移量 δ 或扭力管的扭角 θ）与压差值成正比，若令 C 为比例常数，则可得

$$\Delta P = C\delta \tag{6-1}$$

式中　ΔP——作用在波纹管上的压差值，Pa；

δ——两波纹管的位移量，mm；

C——比例常数。

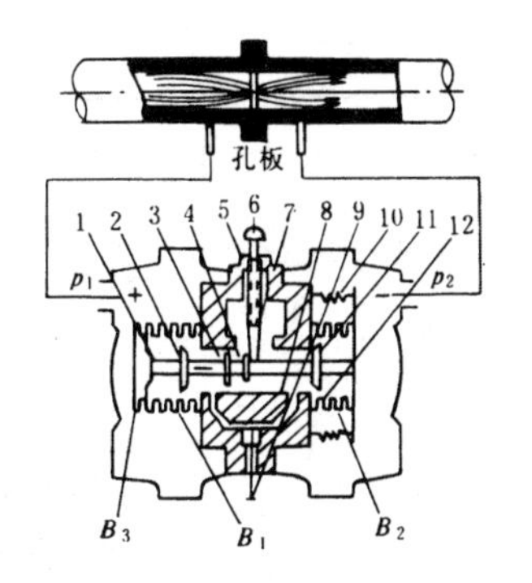

图 6-3　双波纹管差压计原理示意图

1—连接轴；2、11—单向保护阀；3—阻尼环；4—挡板；5—扭力管；6—扭力管心轴；7—摆杆；8—阻尼旁路；9—阻尼阀；10—量程弹簧；12—中心基座；B_1、B_2—测量波纹管；B_3—填充液温度补偿波纹管

波纹管 B_3 的作用是实现填充液温度补偿。当温度升高，波纹管内填充液将膨胀，由于波纹管 B_1 和 B_2 固定在连接轴上不能相对移动，填充液膨胀只能流入波纹管 B_3。B_3 的伸缩对仪表示值的影响可忽略不计。当压差超过规定范围时，填充液体将由一个波纹管流向另一个波纹管，直到连接轴上的单向保护阀与中心基座上的阀座紧靠为止。当阀关闭时，两波纹管内填充液不流动，使两波纹管不再产生位移。由于液体不可压缩，即使超过工作压力，也不会损坏波纹管，因而仪表可承受任何一方向的单向过载。

CPC 型膜片式差压计是利用膜片作为弹性元件的仪表，可用于测量流体的流量（需与节流装置配合）、压力、压差及开口容器或受压容器的液位等参数。仪表本身无刻度，需与二次仪表配套，可进行远距离测量作为指示、记录或调节式仪表。仪表有 A、B 两种系列，B 系列可同时与两个二次仪表配套使用。仪表测量上限在 5～130kPa 范围内；A 型的精度为±1.5％，B 型带两个二次仪表的精度为±2.5％；仪表工作条件为环境温度＋5～＋50℃、相对湿度不大于 85％；仪表输出信号为 0～30mVDC，负载电阻 300Ω。表 6-3 为 CWC、CWD 型双波纹管差压计主要技术参数。

三、液位仪表

液位仪表的种类很多，按工作原理可分为直读式、浮力式、电学式及声波式等。

1. 直读式液位仪表

直读式液位仪表包括直接插入液体中量测用的量尺（例如直读式水尺）和利用连通器原理的 UJG 型玻璃管液位计等。用于直接观察被测容器液位。

直读式液位仪表结构简单，安装使用方便，不需能源，价格低廉。但是不能远传。

2. 浮力式液位仪表

浮力式液位仪表是利用漂浮于液面上的浮子（或浮筒）所受的浮力随着液位而变化，经过传动机构转换成位移或力的变化，再转换成机械的、电动的信号送给有关仪表进行液位指示、记录、报警、控制和调节。浮力式液位计的浮子直接受浮力推动，比较直观、可靠。但由于有运动部件，其摩擦阻力影响它的灵敏度和变差，同时运动部件容易被锈卡而

影响可靠性。

表 6-3　　CW_D^C 型双波纹管差压计主要技术参数

型　号	指　示　方　式	差压上限值（kPa）	精度等级	工作压力（MPa）	重量（N）
CWC-280 CWD-280	现场指示	CWC 型 63，100， 160，250， 400 CWD 型 6.3，10， 16，25， 40，63 额定工作压力 （静压力） （MPa） 1.6 6.0 16 40	1	1.6 6.0	190
CWC-282 CWD-282	现场指示带积算		1.5		210
CWC-276 CWD-276	现场指示带 0～10，0～50mVDC 输出		1		210
CWC-410 CWD-410	现场记录		1		300
CWC-612 CWD-612	现场记录带积算		1.5		300
CWD-430 （或 630） CWC-430	现场记录压力、流量双参数		1		300
CWC-288 CWD-288	现场指示带上、下限报警		1.5		200

注　仪表型号的意义：

字母部分：CW——双波纹管差压计，C——波纹管直径 50mm，D——波纹管直径 95mm；

数字部分：第一数字代表读数方式，第二数字代表参数及指示型式，第三数字代表附加装置。

（1）钢丝绳（或钢带）式浮子液位计：钢丝绳式浮子液位计由 UTY 型浮筒式遥测液位计与 UTZ 型液位指示器组成，可用于测量水电站及水泵站的水位和开口容器内的液位，其读数可以远传至 10km 远，并可在测量的上、下限发信。

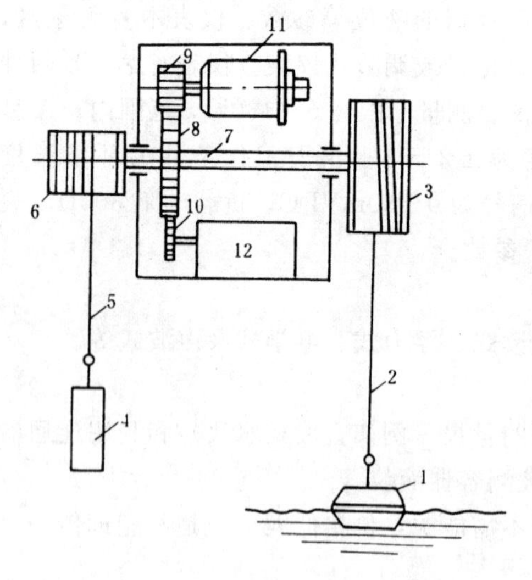

图 6-4　UTY 型浮筒式遥测液位计工作原理图

1—浮筒；2、5—钢丝绳；3、6—鼓轮；4—重锤；7—传动轴；8、9、10—齿轮；11—自整角发送机；12—计数器

UTY 型浮筒式遥测液位计是一种自力式液位计，图 6-4 为 UTY 型浮筒式遥测液位计工作原理图。浮筒依靠自重和所受的浮力而移动，并推动传动部分及显示部分指示出液位。

测量时，浮筒 1 本身的重力及所受浮力的合力通过鼓轮 3 产生驱动力矩，与平衡重锤 4 在鼓轮 6 所产生的阻力矩平衡。液位可通过齿轮副 8-9、8-10 的传动在计数器 12 示数或经自整角发送机 11 远传给液位指示器（接收器）。UTZ 型液位指示器由自整角发送机、传动齿轮和计数器所组成，其工作过程与遥测液位计（发送器）相似。指示器的自整角发送机接受液位计传来的信号后作相应的转动，并驱动传动齿轮，使指示器的刻度盘作相应的转动而显示出被测水位值。其联动过程可用图 6-5 所示方框图表示。

XBC-2 型液位差接收器是利用差动式自整角发送机对两个接收信号进行代数差运算后显示出水位差，可与两台 UTY 型液位计配合，用于测量水电站上、下游水位差。

浮筒式遥测液位计使用 220V，50Hz 电源（原型号 UYF-2 型液位发送器使用 110V，50Hz 电源），远传信号的连接电线单根的总电阻不大于 30Ω，其工作环境温度在 −5～+40℃之内，相对湿度不超过 95%，测量范围有 10m，20m，30m，40m 几种规格，精度：0～20m 的为±3cm，0～40m 的为±5cm。

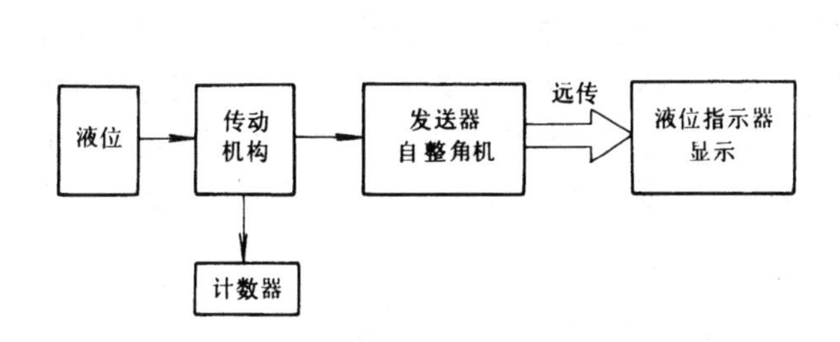

图 6-5　遥测液位计联动过程方框图

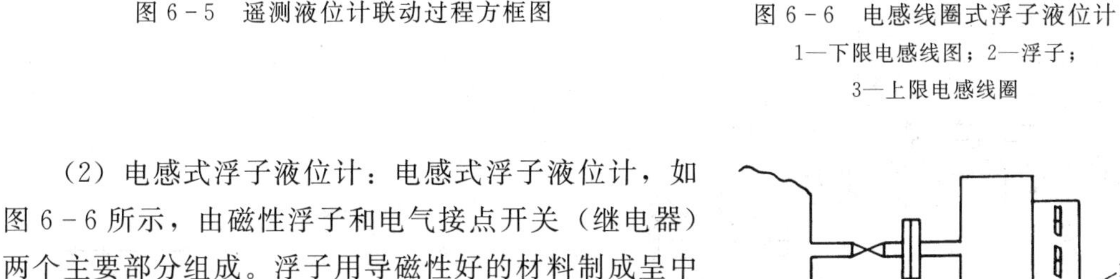

图 6-6　电感线圈式浮子液位计
1—下限电感线图；2—浮子；
3—上限电感线圈

（2）电感式浮子液位计：电感式浮子液位计，如图 6-6 所示，由磁性浮子和电气接点开关（继电器）两个主要部分组成。浮子用导磁性好的材料制成呈中空倒杯形，浮子进入上、下限电感线圈 1，3 时，电感线圈发出信号，进行液位的上、下限报警。

电感式浮子液位计可用于反映水力机组轴承油槽的油位、集水井的水位、水轮机顶盖漏水的水位以控制电动泵的启动等。常用的 WX 型和 FX 型液位信号器，使用 220V 直流电源；ULZ 型磁性液位计使用 220V，50Hz 电源，精度达±0.5cm。

（3）ULF 型电磁式浮子翻板液位计：翻板式液位计的工作原理图，如图 6-7 所示。翻板由极薄的导磁金属片做成，两面涂以明显不同的颜色，当磁性浮子随液位升降时，带动翻板绕小轴翻转。于是浮子以下（也即液面以下）的翻板为一种颜色向外，浮子以上的翻板为另一种颜色向外。翻板式液位计可用来测量液位也可用于液位报警。这种液位计结构牢固、

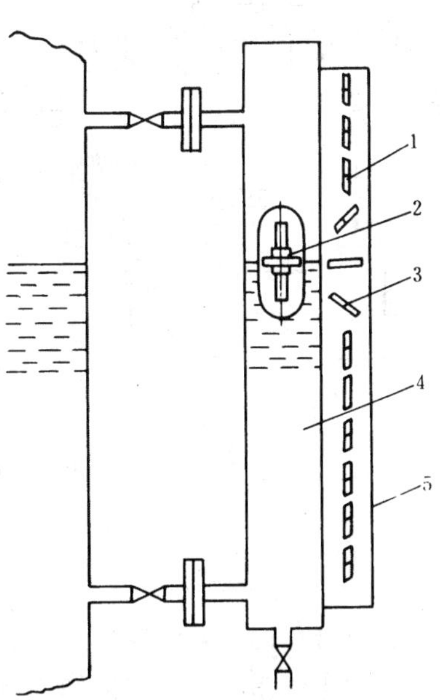

图 6-7　翻板式液位计
1—翻板；2—磁性浮子；3—小轴；
4—连通器；5—翻板支架

安全可靠、指示醒目。常用连通器与油桶连接来监测液位，例如燃油桶及油压装置油槽的油位监控。使用200VAC电源，精度达±1cm。

(4) 记录式浮子式水位计：水电站的水库水位观测和记录仪表中，常用SY-2A型电传水位计，用于远距离（5km以内）观测和自动记录。它由传感器、接收器和记录器组成，测量范围为10m；SW40型日记式水位计用于现场自动记录水位变化，也可与SY-2A型配套作远传记录，它可24h连续记录；HCJ_1型是现场连续记录水位变化的仪器。

3. 电极式水位信号器

电极式（亦称电阻式）水位信号器主要由测量电极和显示仪表两部分组成。测量电极的作用是把水位变化变成电阻的突变而输给显示仪表，显示仪表显示出接点的通断以进行指示控制或报警。

DJ-02型水位信号器是一种电极式水位信号器，由电极、底座和盖等组成，如图6-8所示。主要用于当水轮发电机组作调相运行时监控水轮机转轮室下面的水位，它必须同时采用两个DJ-02型水位信号器和一个ZSX-2型水位信号装置。也可用这种水位信号器控制集水井水位。其中ZSX-2型水位信号器主要由电源变压器、干簧继电器及电阻、电容等组成，当水位上升到形成通路时，干簧继电器通电动作，使常开接点闭合，从而控制另外的中间继电器发出信号。

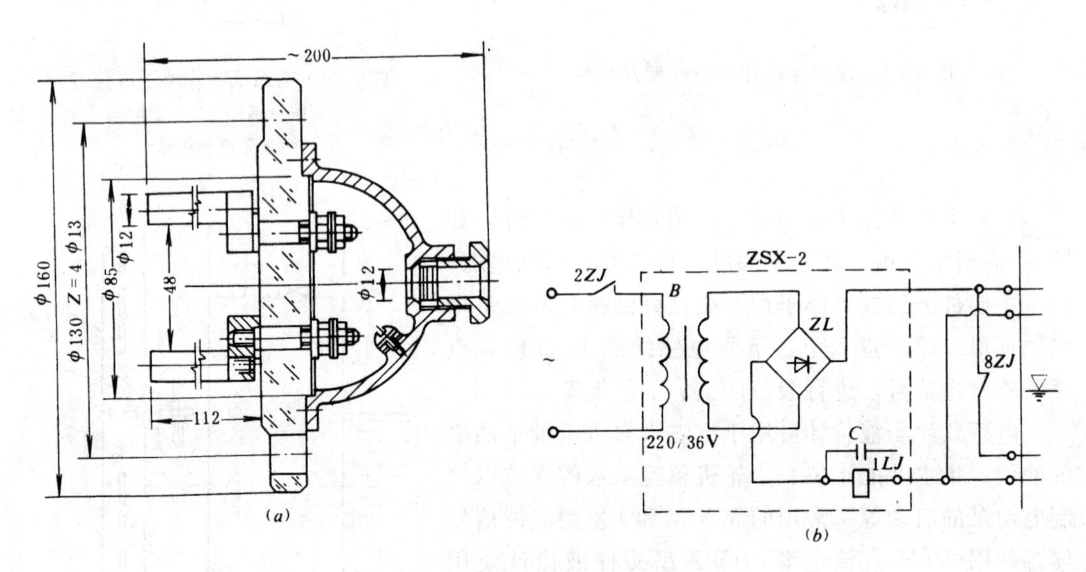

图6-8 DJ-02型水位信号器（单位：mm）

(a) 外形尺寸图；(b) 原理图

4. 差压式液位仪表

盛有液体的容器，液体对器底或侧壁会产生一定的静压力，这个静压力与液位高度成正比，测出静压的变化就能知道液位的变化。测量开口容器（或常压容器）的液位时，差压仪表的高压端接容器下端液相部分，低压端通大气（或容器的气相部分）。可显示或变送压力和压差的仪表，只要量程合适，一般都可以用来显示或变送液位信号。例如玻璃管差压计、膜盒差压计、双波纹管差压计、弹簧式压力表、电动单元组合仪表中的压力、差压变送单元等均可使用。

四、流量计和示流器

在水力机械的流量测量中，常用的测量仪表有节流流量计（节流装置与整压计配合使用）、速度流量计、电磁流量计等。

1. 用节流装置和差压计测量流量

节流装置的测量原理是在压力管路中加装 LGB 型标准孔板、LGP 型标准喷嘴、LGW 型标准文丘利管、均速管、弯头等节流装置，当流体流经节流装置时，流束将在节流件处形成局部收缩，使流速增加，静压力降低，于是在节流件前后产生压差 ΔP，此压差值与流量 Q 存在如下关系

$$Q = A\sqrt{\Delta P} \tag{6-2}$$

式中 Q——流体流量；

A——仪表常数；

ΔP——压差。

用差压变送器测取节流装置前后水流速度变化而形成的压力差，经开方器作开方运算后换算成流量，并以 0～10mADC（或 4～20mADC，下同）信号输送给指示器以进行显示和调节控制。

1967 年国际标准化组织（ISO）推荐“采用孔板和喷嘴测量流体的流量”的国际标准。因此，对这些标准节流件可以根据计算结果制造和使用，不必用实验方法进行单独标定。

节流装置测流的优点是：结构简单、使用寿命长，适用性广，造价低廉，精度可达±0.5%，标准孔板的公称通径为 50～1200mm，标准喷嘴公称通径为 50～500mm，标准文丘利管通径为 100～1200mm。缺点是安装要求严格，上、下游侧需要足够长度的直管段；测量范围窄，一般为 3∶1；压力损失较大；刻度为非线性等。图 6-9 为节流装置测量示意图。

2. 电磁流量计

电磁流量计的工作原理示意图，如图 6-10 所示。在非磁性材料制成的管道内，流过的导电液体类似无数连续的导电薄圆盘，它等效于长度为管道内径 D 的导电体，作垂直于磁场方向的运动，液体圆盘切割磁力线，按电磁感应定律，在与液流方向和磁力线方向都垂直的方向上产生感应电动势 E。该感应电动势由两个位于导管直径两侧的电极引出，通过配套的转换器转换并放大成 0～10mADC 的电信号，供显示、记录、调节和控制（与 DDZ-Ⅱ型仪表或与 DDZ-Ⅲ型仪表配合使用）。

感应电动势 E 按下式计算

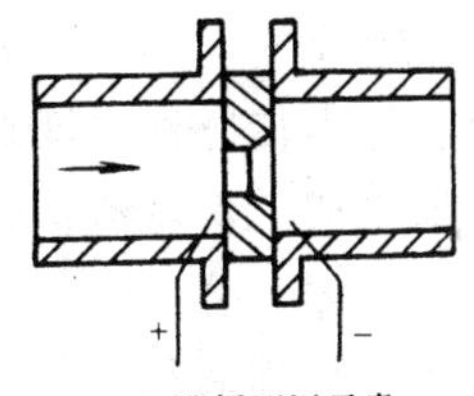

(a) 孔板测压示意

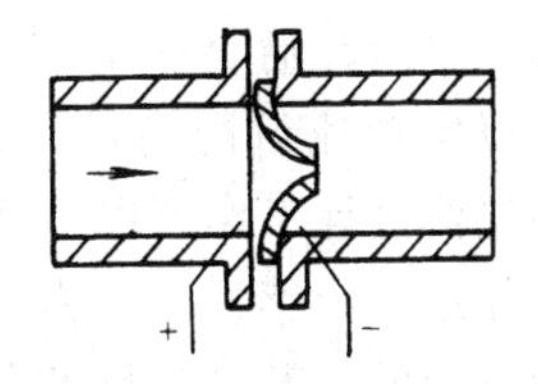

(b) 喷嘴测压示意

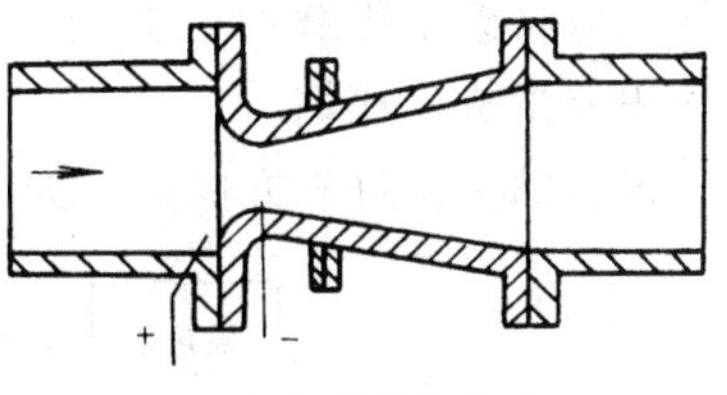

(c) 文丘利管测压示意

图 6-9　节流装置测量流量示意图

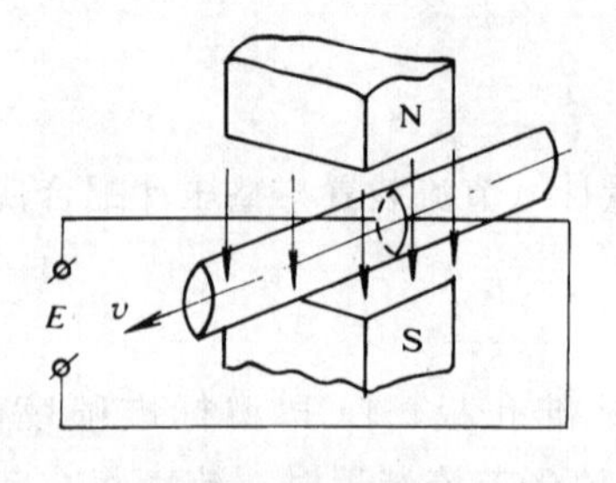

图 6-10　电磁流量计工作原理示意图

$$E=BDv \quad (6-3)$$

式中　E——感应电动势，V；

B——磁通密度，T；

D——导管内径，m；

v——液体的平均流速，m/s。

由平均流速与导管通流截面积的乘积，可得体积流量 Q

$$Q=\frac{\pi E}{4B}D \quad (m^3/s) \quad (6-4)$$

式中　Q——被测流量，m^3/s；

其他符号意义同式（6-3）。

变送器主要由磁路系统（工业上采用的一般是交流励磁的交变磁场）、测量导管、电极、外壳及正交干扰调整装置和引线等组成。导管应采用不导磁、高电阻率的材料（如不锈钢、铝、聚四氟乙烯等）制成，以免磁通被旁路及产生涡流。导管内采用聚四氟乙烯、橡胶等绝缘材料为内衬。

适用性较广的 B 系列电磁流量计由变送器（传感器，包括 VTB 型、VUB 型和 VWB 型三种型号），VKB 型转换器和用于对 VKB 型转换器进行检查校验和设定量程的 VMB 型校验器组成。公称通径在 15～1600mm 范围内有多种规格，其相应的量程为 0.5～12m/s 连续可调，精度为±0.5%～±1%。

3. 涡轮流量计

涡轮流量计由传感器（变送器）和输入信号为电脉冲的显示仪表组成。传感器由本体和前置放大器组成。涡轮流量传感器的型号包括 LWGY 型液体涡轮流量传感器，公称通径 10～500mm；LWGQ 型气体涡轮流量传感器，公称通径 15～50mm。LWF 型涡轮前置放大器是传感器的一个组件，它接收涡轮检测器产生的频率信号，经它放大、整形、输出频率信号给显示仪表，进行流量指示和积算，以实现流量的指示、积算、调节和控制。图 6-11 所示为涡轮流量计工作原理示意图。

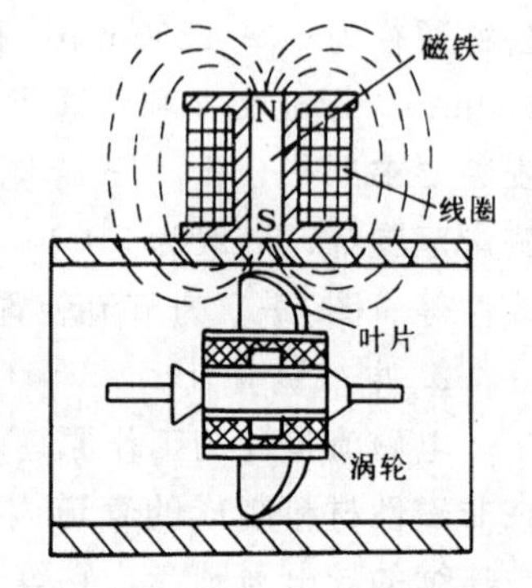

图 6-11　涡轮流量计示意图

当流体通过传感器时，由导磁不锈钢制成的涡轮叶片在流体推动下旋转，其转速随流量变化，叶片周期性地切割电磁铁的磁力线，改变通过线圈的磁通量。根据电磁感应原理，在线圈内将感生出脉冲电势信号，该信号的频率与被测流体的体积流量成正比例。

仪表的工作过程方框图，如图 6-12 所示。

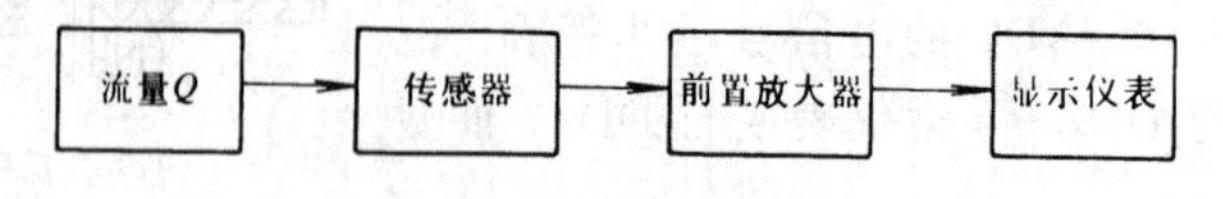

图 6-12　涡轮流量计工作过程方框图

流经传感器的流体流量与输出电信号的频率之关系可以由下式表示

$$Q=\frac{f}{K} \tag{6-5}$$

式中 Q——体积流量，L/s；

f——输出信号频率，s^{-1}；

K——仪表常数，L^{-1}。

选用涡轮流量计时，应了解工况条件（工作压力和温度）及黏度变化范围，以进行必要的修正和补偿。涡轮流量计不适于测量脏污介质。传感器最好在流量上限的50%以上工作，这样压力损失较小，且特性曲线在线性区域内。传感器必须水平安装，其前、后有长度为15倍以上公称内径的直管段，并在传感器前安装流束导直器或整流器，以提高传感器的精度和复现性。测量液体时，要防止混入气体，有时还在传感器前安装消气器。涡轮流量计的精度约为±0.5%～±1%；复现性约为±0.2%。

4. 水表

图6-13所示是水表的工作示意图。在仪表壳体内装有叶轮，当流体流经仪表时，推动叶轮旋转，叶轮的旋转经机械传动机构带动计数器，显示总流量。叶轮转速与被测流体的流速成正比例。根据叶轮的型式不同。有LXS型切向流旋叶式水表，它用于测量小流量；另一种是LXL型轴向流螺叶式水表，用于测量大流量。它们的公称通径在80～400mm之间。

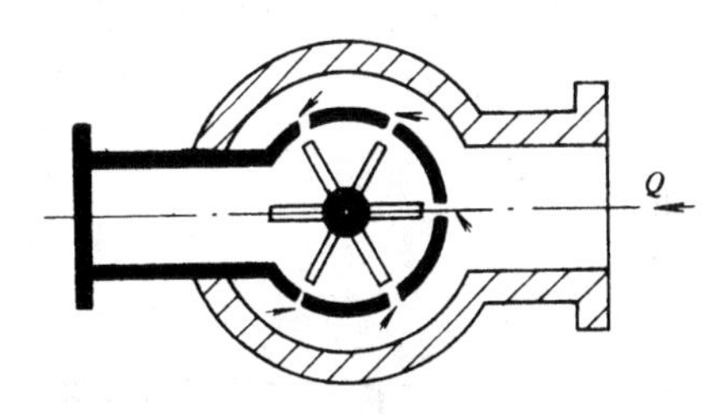

(a) 切向流旋叶式水表

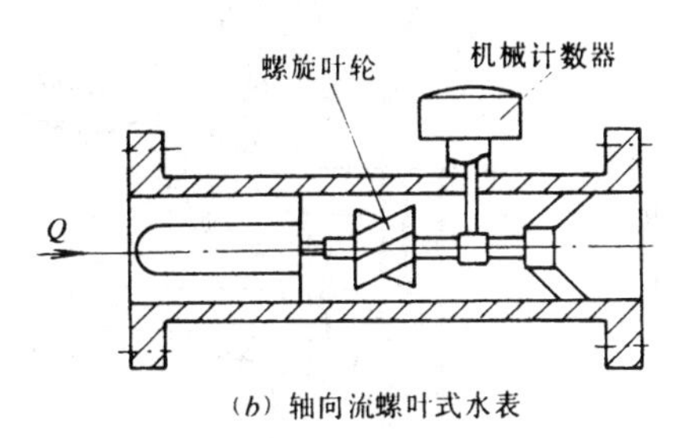

(b) 轴向流螺叶式水表

图6-13 水表工作示意图

水表的结构简单、价格低廉，已实现标准化，且大部分零件采用塑料制成。水表的精度约±2%，主要用于供水工程，如安装于集水井的进水管或排水管上用于测量厂房的渗漏水量。若需要较高的测量精度和进行调节控制时，则采用涡轮流量计。

5. 示流器

如图6-14所示的SL型示流器是单向挡板式。当液流按指定方向流动时，液流冲动壳体内的挡板，使其转动一个相当的角度，从示流器盖上的玻璃窗口，可以观察到挡板所转过的角度和通过的液流。示流器的型号示例：SL-25，其中“25”表示通流直径为25mm。目前的产品规格有：25、50、80、150mm几种。

6. 示流信号器

如图6-15所示为SLX型示流信号器结构图。示流器可以正反两个方向通过液流。当液流按指定方向流经示流信号器时，液流冲动挡板，使挡板转动一个相应的角度。当流量达到一定值时，挡板也转过一定角度，装在转动部分上的永磁钢贴紧湿簧接点，接点闭合，从而发出相应的电信号。当流量小于某值时，挡板按相反方向转动一个角度，永磁钢离开湿簧接点，接点断开。装在刻度盘上的指针随挡板转动，因此指针的位置直接指示挡板转角的大小，间接指出流量大小。

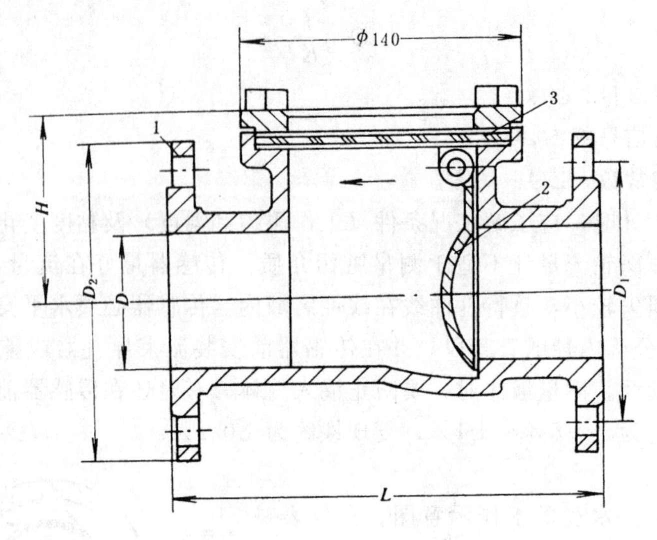

图 6-14　SL 型示流器

1—壳体；2—挡板；3—透明板

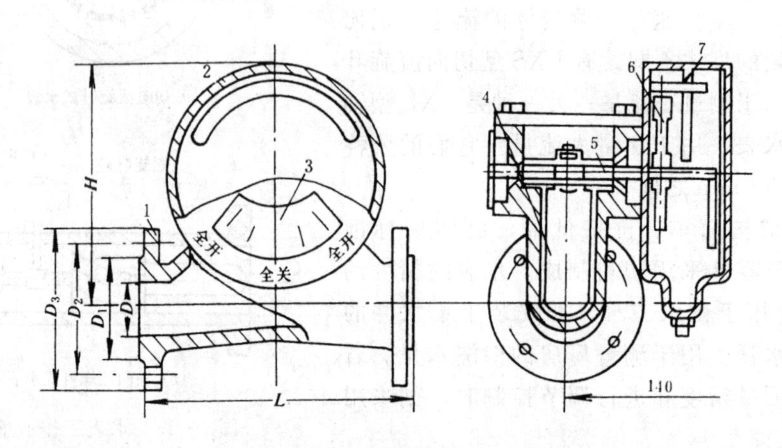

图 6-15　SLX 型示流信号器（单位：mm）

1—壳体；2—表壳；3—指针与刻度盘；4—挡板；

5—传动轴；6—永磁钢与支架；7—湿簧接点

示流信号器有四个常开接点，容量为 20W，220VDC；管路内最大水压不超过 0.6MPa。示流信号器型号示例：SLX-50，其中 50 表示通流直径为 50mm。目前的产品规格有 25、50、80、100、125、150mm 几种。

五、电动单元组合仪表

（一）电动单元组合仪表简述

电动单元组合仪表是根据自动测量和调节系统中各组成部分的各种功能和使用要求，将整套仪表划分成能够独立实现一定作用的各种单元，各单元之间用统一的标准信号互相联系。根据要求，利用这些有限的单元，按照生产的需要作多种多样的组合，构成各种单参数的或多参数的自动控制系统。

电动单元组合仪表已经历了三代产品型号，其 DDZ－1 型是其初型，由真空管、电阻及其他元件组成的，由于其体积大，耗电量大，易出事故，已被新产品所取代；DDZ－Ⅱ型系采用半导体元件、磁芯元件、印刷电路等新工艺，目前正在各工业部门广泛使用；DDZ－Ⅲ型采用集成电路，其使用性能比 DDZ－Ⅱ型有了较大的提高。电动单元组合仪表是以汉语拼音字母：电（Dian）、单（Dan）、组（Zu）之首个字母合拼而成的 DDZ，DDZ－Ⅲ型表示Ⅲ型的电动单元组合仪表，余者类推。

（二）电动单元组合仪表的特点

（1）DDZ－Ⅱ型：统一标准信号为 0～10mADC，辅助联络信号为 0～10mVDC 和 0～2VDC 两种；电源 220V，50Hz；主要运算元件为晶体管，主要测量膜盒为四氟环型保护膜盒，现场变送器为一般力平衡式；反应时间不大于 1s；负载电阻：变送单元、计算单元为 0～1.5kΩ，调节单元为 0～3kΩ；环境条件：室内仪表 0～45℃，相对湿度不大于 85％，室外仪表相应为－10～＋60℃，相对湿度不大于 95％；基本误差±0.5％及±1.0％两种；能和 QDZ－Ⅱ型气动单元组合仪表组合使用，也可与数据处理装置、工业计算机联用。

（2）DDZ－Ⅲ型：采用了国际标准信号制。现场传输信号为 4～20mADC（串联），控制室联络信号为 1～5VDC（并联）；采用 24VDC 集中供电，与备用蓄电池构成无停电装置；有安全火花型和隔爆型两种安全保持器，实现了控制室与危险场所之间的能量限制与隔离；主要运算元件为集成电路，主要测量膜盒为基座波纹保护膜盒，现场变送器为矢量机构力平衡式；反应时间不超过 1s；负载电阻：调节操作安全栅为 250～750Ω，对于有 1～5V 电压输出的仪表，其电流输出端为 0～100Ω；可与 QDZ－Ⅲ型仪表组合使用，也可与计算机联用构成计算机控制系统。仪表的工作环境条件：现场仪表－40～＋80℃，相对湿度不大于 95％，控制室仪表 0～＋50℃，相对湿度不大于 85％。

（三）DDZ－Ⅱ、DDZ－Ⅲ型仪表分类

DDZ－Ⅲ型仪表是在 DDZ－Ⅱ型仪表基础上发展起来的，其系统组成和单元划分方法基本相同。根据各单元在自动测量和调节系统中的作用和特点都可将整套仪表分为：变送单元、转换单元、计算单元、显示单元、给定单元、调节单元、辅助单元和执行单元等八大类。

（1）变送单元：将各种被测参数变换成相应的 0～10mADC（或 4～20mADC，下同）统一信号，传送到显示、调节等单元，供指示、记录或调节之用。主要品种有：压力变送器（DBY）、差压变送器（DBC）、流量变送器（DBL）、温度变送器（DBW）、液位变送器等。

（2）转换单元：可把不同系列的仪表（例如电工仪表的频率、电压等电讯号和 QDZ 的信号）信号转换成 DDZ 仪表信号。主要品种有：DZH 直流毫伏转换器、DZP 频率转换器和 DZQ 气——电转换器等。

（3）计算单元：对各种仪表所输出的统一信号 0～10mADC 进行加、减、乘、除、平方、开方等数学运算，以满足多参数的综合测量、校正和调节的要求。其主要品种有 DJJ 加减器、DIS 乘除器、DJK 开方器等。

(4) 显示单元：对各种被测参数进行指示、记录，报警和积算，供运行管理人员操作、监视调节系统工况之用。主要品种有比例积算器（DXS）、DXZ 指示仪、开方积算器等。

(5) 给定单元：将被测参数的给定值以相应的 0～10mADC 统一信号注入调节单元，实现定值调节或时间程序调节。主要品种有 DGA 恒流给定器和 DGF 分流器。

(6) 调节单元：将被测信号与给定值进行比较，根据所得的偏差，输出调节信号，控制执行器的动作实现自动调节。主要品种有 DTL 微分调节器、比例积分调节器、比例积分微分调节器等。

(7) 辅助单元：用来增加调节系统的灵活性，例如操作器采用手动操作、阻尼器用于压力或流量信号的平滑阻尼；限制器用于限制统一输出信号的上、下限等。主要品种有：限幅器 DFC－13、DFZ－01 阻尼器、DFD 电动操作器。

(8) 执行单元：接受调节器所输出的调节信号或手动控制信号，操作阀门之类的执行元件（开大或关小），控制被调对象的工作情况。主要品种有 DKJ 角行程电动执行器、DKZ 直行程电动执行器等。

(9) 安全单元：是 DDZ－Ⅲ型仪表新增加的安全保持器，它是设置在有危险场所的现场与控制室之间，用以保持系统安全的特殊环节。它像栅栏一样，将危险场所与非危险场所隔开，故又被称为安全栅。有安全火花型和隔爆型等。

如图 6－16 所示为 DDZ－Ⅲ型仪表系统示意图。

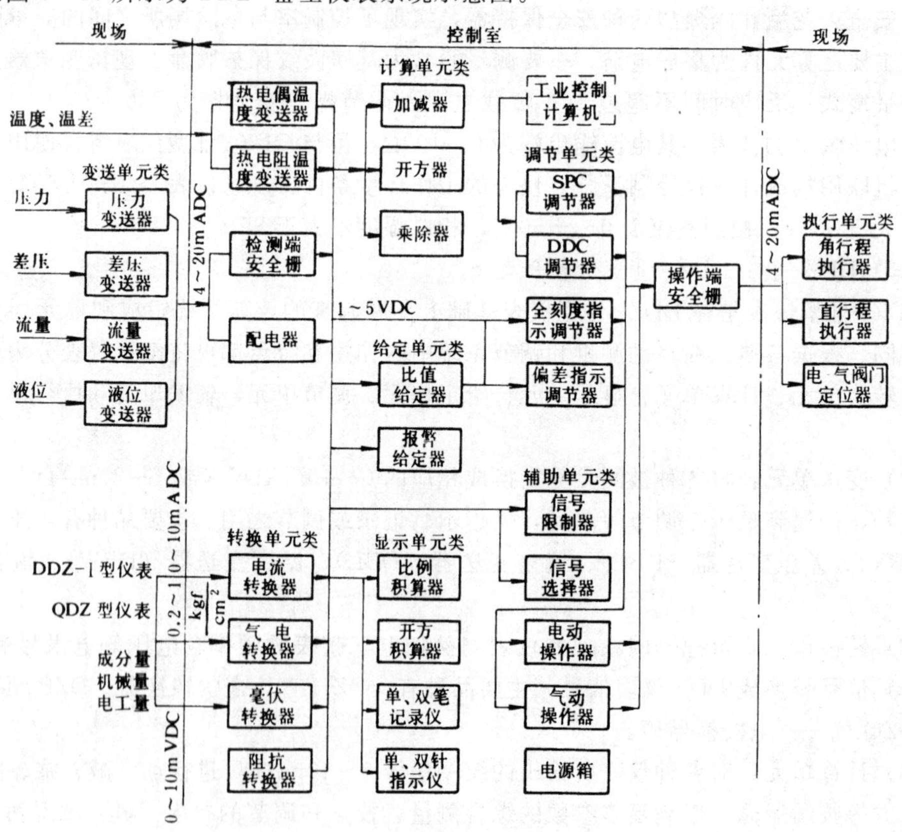

图 6－16　DDZ－Ⅲ型仪表系统示意图

（四）DBC 型电动差压变送器

在变送单元中，压力、差压、流量和液位变送器的工作原理基本相同，只是检测元件不同，所以这里把差压变送器作为代表进行介绍。

如图 6－17 所示为 DBC 型差压变送器的结构示意图。DBC 型差压变送器由测量元件、杠杆系统、电磁反馈机构、位移检测放大器等几个主要部分组成。其 DDZ－Ⅱ型的 DBC 差压变送器是通过改变传动簧片的位置调节量程的，而 DDZ－Ⅲ型的 DBC 差压变送器则是利用调节矢量机构的角度 θ 来实现量程调节，因此调节方便，量程调整比也大。其他部分工作原理相似，都是根据力平衡原理工作的。下面将就 DDZ－Ⅲ型的 DBC 差压变送器的工作原理作介绍。

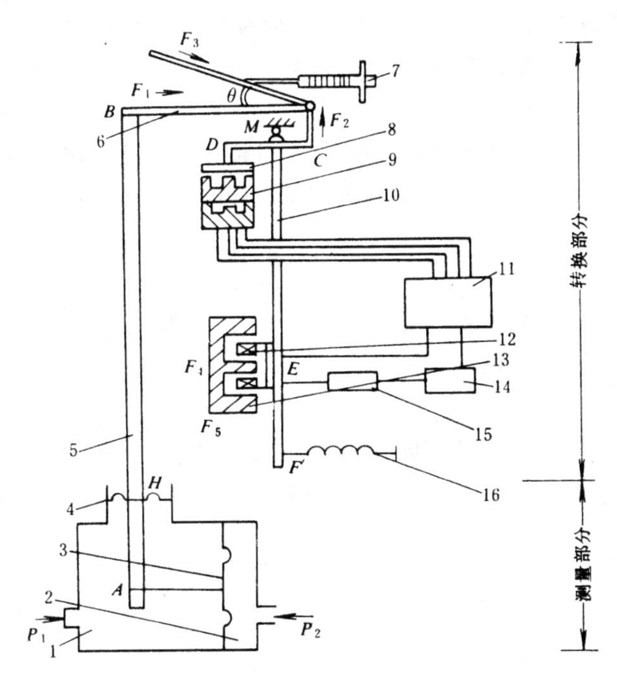

图 6－17　DBC 型差压变送器的结构示意图

1—低压室；2—高压室；3—测量元件（膜盒、膜片）；4—轴封膜片；5—主杠杆；6—矢量机构；7—量程调节螺钉；8—检验片；9—差动变压器；10—副杠杆；11—放大器；12—反馈动圈；13—永久磁钢；14—电源；15—负载；16—调零弹簧

1. 变送器主要组成部分的作用

（1）测量元件：测量元件 3 由膜盒和膜片组成。当被测的压力或差压信号作用在膜片两侧时，通过膜片转换成相应的测量力 F_A 作用在主杠杆的 A 点上，由于支点 H 的作用，使 F_A 传到 B 点上（相应的力为 F_1），通过矢量机构 6 把力 F_1 分解为 F_2 和 F_3，F_2 又通过具有十字支点 M 的副杠杆传送到反馈动圈的 E 点，变为力 F_4。

（2）杠杆机构：主杠杆 5 在测量力 F_A 的作用下牵动矢量机构，使副杠杆作相应的转动产生作用力 F_4 的同时，也使衔铁 D 产生位移 ΔS_1；F_4 力与反馈动圈内原有的反馈力相比较，其差值 ΔF 作用于 E 点使产生位移 ΔS_2，此位移又经副杠杆传到衔铁片 D 点，

使 D 点另外产生位移。D 点的这两个位移之差值，即为检测片的衔铁的实际位移 ΔS，ΔS 致使差动变压器 9 的输出发生变化。

（3）放大器：由于差动变压器的检测片的差动位移量 ΔS，使差动变压器输出发生变化，这个输出信号经放大器 11 放大为 4～20mADC 输出信号。

（4）反馈机构：由反馈动圈 12 和永久磁钢 13 组成反馈机构。当输出电流通过反馈动圈时，反馈动圈在永久磁钢的作用下产生一个与测量力相平衡的反馈力 F_5，当力 F_5 与力 F_4 平衡时，变送器便达到一个新的稳定状态，此时的输出电流即为变送器的输出电流，使仪表显示部分（负载）获得一个稳定电流通过。此电流与被测差压或压力信号成正比例。

调零装置是对调零弹簧 16，调节其弹簧力实现的。矢量机构的矢量角 θ 的变化对零点的影响很小，因此，调整量程很方便。

2. 仪表工作中的力平衡原理

假设测量元件（膜片）的有效面积为 K_1，当膜盒两侧孔分别接通被测的高、低压流体时，盒内产生压差 ΔP，此压差作用在膜片上，转换成作用力 F_A，F_A 直接作用在主杠杆的 A 点上，可得

$$F_A = K_1 \Delta P \tag{6-6}$$

式中 F_A——膜片上所受的压差作用力，N；

K_1——膜片的有效面积，m^2；

ΔP——被测差压值，Pa。

以 H 为支点的主杠杆上，B 点的作用力为 F_1，根据力矩平衡条件

$$F_A L_{AH} = F_1 L_{BH} \tag{6-7}$$

可得

$$F_1 = K_1 \frac{L_{AH}}{L_{BH}} \Delta P \tag{6-8}$$

式（6-7）、式（6-8）中

F_1——主杠杆上 B 点由于测量力 F_A 产生的作用力，N；

L_{AH}——主杠杆上 A 点到支点 H 的距离，m；

L_{BH}——主杠杆上 B 点到支点 H 的距离，m；

其他符号的意义同式（6-6）。

在矢量机构中有

$$F_2 = F_1 \operatorname{tg}\theta \tag{6-9}$$

式中 θ——矢量角。

由于矢量机构与副杠杆之间的力臂比为定值，假设其比值为 K_2，则有

$$F_4 = K_2 F_2 \tag{6-10}$$

当反馈力 F_5 与副杠杆在 E 点的作用力 F_4 平衡时，差动变压器输出稳定的电流，此时有

$$F_5 = F_4 = K_1 K_2 \frac{L_{AH}}{L_{BH}} \Delta P \operatorname{tg}\theta \tag{6-11}$$

反馈动圈由于通过电流 i_0 而产生的电磁反馈力 F_5 与通过的电流大小成正比例，即

$$F_5 = K_f i_0 \tag{6-12}$$

式中 K_f——比例常数；

i_0——通过反馈动圈的电流，mA。

由上述式（6-11）和式（6-12）合并后可得

$$i_0 = \frac{K_1 K_2}{K_f} \cdot \frac{L_{AH}}{L_{BH}} \Delta P \, \mathrm{tg}\theta \tag{6-13}$$

在测量中 θ 已调好，因此 $\mathrm{tg}\theta$ 是定值，令

$$K = \frac{K_1 K_2}{K_f} \frac{L_{AH}}{L_{BH}} \mathrm{tg}\theta \tag{6-13a}$$

则有

$$i_0 = K \Delta P \tag{6-14}$$

式中 K——比例常数；

其他符号意义同式（6-6）～式（6-13）。

式（6-14）表明：被测参数的差压值 ΔP，通过杠杆系统的传递以及电磁反馈动圈的反馈作用，与在负载（即测量显示仪表）中通过的电流 i_0 成正比例。因此，只要在显示仪表的刻度盘上，考虑比例常数 K 值，就可以直接刻度为差压值，仪表就可直接显示出被测参数值。

在矢量机构中，θ 角的调整范围为 4°～15°，因此，利用矢量机构调整量程时，所能达到的量程调整比为

$$K_\theta = \frac{\mathrm{tg}15°}{\mathrm{tg}4°} \approx 3.83$$

DBC 型差压变送器具有工作可靠，调整方便，仪表具有单向保护作用，精度高，中等压差的仪表精度可达±0.5%。可用于测量介质的压力、压差、液位，加用计算器并与节流装置配合可用于测量流量。

表 6-4 列出几种规格的差压变送器的主要技术数据，其输出统一信号为 4～20mADC。

表 6-4　　DBC 型差压变送器的主要技术数据

型　号	测　量　范　围 (Pa)	静压 (MPa)	精度 (%)	外　形　尺　寸 (mm)
DBC-1200A	0～100—0～600	10kPa	2.5	323×590×415
DBC-3300A	0～400—0～2500	2.5	1	323×530×430
	0～2500—0～10000		0.5	323×494×312
DBC-5500A	0～10000—0～60000	6.4	0.5	323×420×288
DBC-6500A	0～10000—0～60000	16.0	1	323×420×300
DBC-5600A	0～60000—0～250000	6.4	0.5	323×399×279
DBC-5800A	$0 \sim 4\times10^5 — 0 \sim 25\times10^5$	6.4	1	323×399×279
DBC-8600	$0 \sim 2.5\times10^5 — 0 \sim 10^6$	16.0	1	

第三节　上、下游水位的测量

一、上、下游水位及毛水头测量内容及目的

上、下游水位测量是指上游水库（或压力前池，水泵站的出水池）水位和尾水位（水泵站的进水池水位）的测量。上、下游水位之差，即为水电站的静水头（或称毛水头，对于水泵站称为净扬程），若忽略过水系统进出口处的流速水头及压力管内的水头损失，则净水头等于毛水头。

上、下游水位是水电站和水泵站的基本参数之一。因此，上、下游水位的测量不仅是水电站的安全、经济运行所必须的，也是整个枢纽运行和管理的重要依据，其主要涉及的方面有：按水库水位，从库容与水位的关系曲线确定水库蓄水量，以制定水库的最佳运行方案；按水位确定水工建筑物、机组及辅助设备的运行条件；对梯级电站实行集中调度；指导通航和制定防洪措施（例如排洪、溢流等）；根据毛水头，在能够同时测出水轮机工作水头的情况下，推算出引水系统的水力损失；依据水头整定转桨式水轮机的协联机构，实现高效率运行；依下游水位，推算出水轮机的吸出高度，为分析水轮机气蚀原因提供资料等。

二、上、下游水位测量方法

1. 直读水尺（水位标尺）

中、小型水电站一般在水库进水口附近（引水式水电站则设在压力前池或调压井）和尾水渠附近明显而易于观测的地方利用已有的水工建筑物设置水位标尺，上面以实际高程标准，最小刻度为cm。水位标尺测量水位的优点是直观、准确，缺点是观测不方便。大、中型水电站作为辅助测量装置而设立。对一般自动化程度较低或装机容量较小的泵站，多采用直读水尺观测水位。

2. 液位计

对于引水式电站或装机容量较大的水电站和自动化程度较高的泵站，可设自动水位及毛水头测量装置，在压力前池内，还可设置水位发讯装置，以监视水位的波动情况。

对水位进行自动化测量，可选用UTY型浮筒式遥测液位计（发送器）和UTZ型液位指示器（接收器）组成的遥测液位计，其传输信号距离可达10km。发送器装设在现场，通过连接线（电缆）把信号输送到中控室仪表盘上的接收器，进行显示或报警。

当上、下游水位各用一台UTY型发送器进行测量，而接收器改用XBC－2型遥测液位差计。由于XBC－2型液位差计是用差动式自整角机代替UTZ型的自整角机，它可以对接收到的两个信号进行代数差运算，经传动机构显示出上、下游的水位差，即是毛水头。

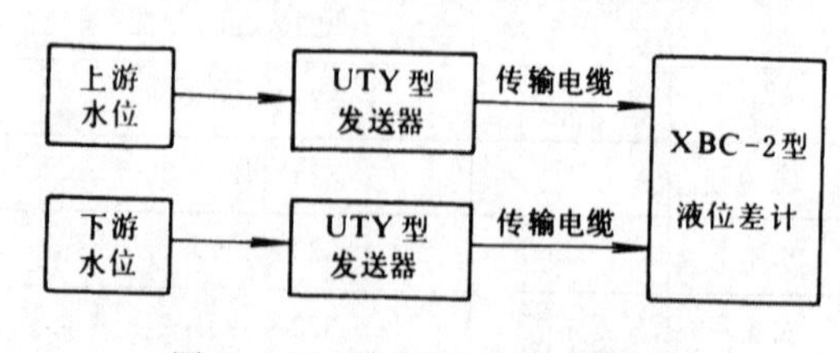

图6－18　用UTY型及XBC－2型测量毛水头过程方框图

用浮筒式遥测液位计测量上、下游水位的过程，可参见图6－5所示方框图。

用UTY型及XBC－2型测量毛水头过程方框图，如图6－18所示。

三、液位计的选择

根据上、下游水位的最大变化幅度（最高水位与最低水位之差），选择仪表的测量范围和型号规格。

四、液位计的布置及安装

UTY 型发送器安装在坝顶或水库旁、前池，泵站的进、出水池与测量断面连通的测井上方。也可装在进水口的闸门启闭台上，此时发送器的浮筒要装在与外水连通的套筒内，套管固定在混凝土柱子上。发送器装在测井上方时，测井上应有专用的小房子。浮筒和重锤都安放在同一测井内，测井的尺寸示意图如图 6－19 所示，有关尺寸见表 6－5。

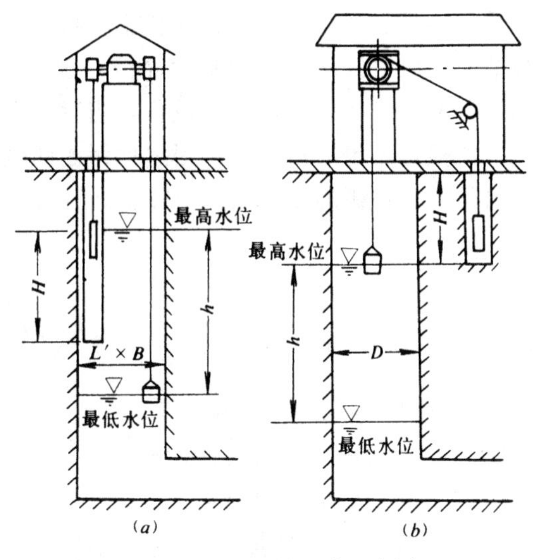

图 6－19　测井尺寸示意图

表 6－5　　测井尺寸参数及发送器尺寸表

测量范围 (m)	鼓轮长度 (mm)	发送器长 (mm)	测井长 L' (mm)	测井宽 B (mm)	测井直径 D (mm)
0～10	72	359	529	350	380
0～20	120	455	625		430
0～30	170	555	725		480
0～40	220	655	825		530

接收器安装在控制室或机旁屏上。下游水位计最好布置在距尾水管出口 20～50m 处，也可布置在尾水平台上，这时应在测管中加设阻尼装置。

若电站所测水位只需作现场记录不需远传时，可采用 HCJ_1 型或 SW_{40} 型自记式水位计，它们可在现场连续记录水位的变化量。

第四节　水轮机过水系统的压力、压差和真空测量

一、测量内容

水轮机过水系统的监测包括：拦污栅前、后的压差；蜗壳进口断面的压力；尾水管进口断面的压力和真空度；尾水管出口断面的压力；水轮机工作水头；水轮机顶盖压力以及尾水管的水力特性等项目。

水轮机过水系统水力监测的目的是使运行人员随时了解在不同工况下，过水系统各部分的实际情况（例如压力、压差、真空度、水头损失等），以便对机组进行必要的操作；同时，也将为进行科学研究和改进设计提供资料。

二、进水口拦污栅前、后压差的监测

拦污栅在清洁状态工作时，其前、后的水压差只有 0.2～0.4kPa。当有污物堵塞时，

其前后压力差会显著增加，因而会影响机组的出力，严重时甚至会压垮拦污栅，造成严重的事故。因此，一般水电站要设置拦污栅前、后压差监测装置，以便随时掌握拦污栅的堵塞情况。通常是装设堵塞信号设备，当拦污栅被堵塞三分之一的有效过水面积时，从相应的压差值整定发出清污信号；根据拦污栅的强度，确定发出停机信号的相应压差值。

通常，拦污栅的水力损失可按下式计算

$$h_W=\xi\frac{v^2}{2g} \tag{6-15}$$

其中

$$\xi=\beta\left(\frac{b}{s}\right)^{\frac{4}{3}}\sin\alpha \tag{6-16}$$

式（6－15）和式（6－16）中

h_W——拦污栅的水力损失，m；

ξ——拦污栅的阻力系数；

v——栅前平均流速（m/s），人工清污时 $v=0.6\sim0.8$m/s；机械清污时 $v=1\sim1.2$m/s；不考虑清污时 $v=0.5$m/s；

b——格栅栅条宽度，cm；

s——格栅栅条净距，cm；

α——栅条与水平面的夹角；

β——与栅条形状有关的系数，矩形栅条 $\beta=2.42$；圆形栅条 $\beta=1.79$；单头圆弧形栅条 $\beta=1.83$；双头圆弧形栅条 $\beta=1.67$；流线形栅条 $\beta=0.76$。

监测仪表的选择与配置：选择仪表时，首先应选定测压断面，并计算两断面间的水头损失，然后确定拦污栅清污及停机信号的整定值。对河床式或坝后式电站，一般采用差压式仪表，例如 CWD－288 型双波纹管差压计或 DBC 型差压变送器，这类仪表的发送器必须装在最低水位以下，通常可布置在坝体廊道或主厂房水轮机层，二次仪表布置在中控室；对引水式电站，一般采用两台 UTY 型浮筒式遥测液位计分别监测拦污栅前、后的水位，用一台 XBC－2 型接收器并配报警仪表对拦污栅前、后压差进行监测。当电站上游水位由 UTY 型发送器监测时，则可在拦污栅后再装一台同样的液位发送器，配以 XBC－2 型接收器进行监测。UTY 型发送器布置在水位以上。

目前，不少中、小型水电站推广采用自动巡检系统或计算机综合监控系统，其拦污栅前、后压差的监测选用 DBC 型差压变送器与 DDZ－Ⅱ型或 DDZ－Ⅲ型仪表配合使用。

三、蜗壳进口压力的测量

蜗壳进口压力的测量目的是为了检测压力钢管末端的实际水头值以及压力波动情况；在机组做甩负荷试验时，测量水锤压力的上升值及其变化规律；在机组做效率试验时，用来测量水轮机工作水头中的压力水头部分等。

蜗壳进口压力测量方法，是在蜗壳进口断面设置四个均布的测压点，并用均压环管连接起来，从环管引出测压管，在测压管上装测压表。当水轮机装有进水阀时，最好在进水阀的前、后各设一个测量断面。测压点及均压环管的配置方法如图 6－20 所示。

有时在蜗壳末端还设一个测压点，用来测量机组甩负荷时的蜗壳压力升高值。

测压点的布置，应注意把各点布置在与水平方向成 45°的地方，均压环管的末端应装

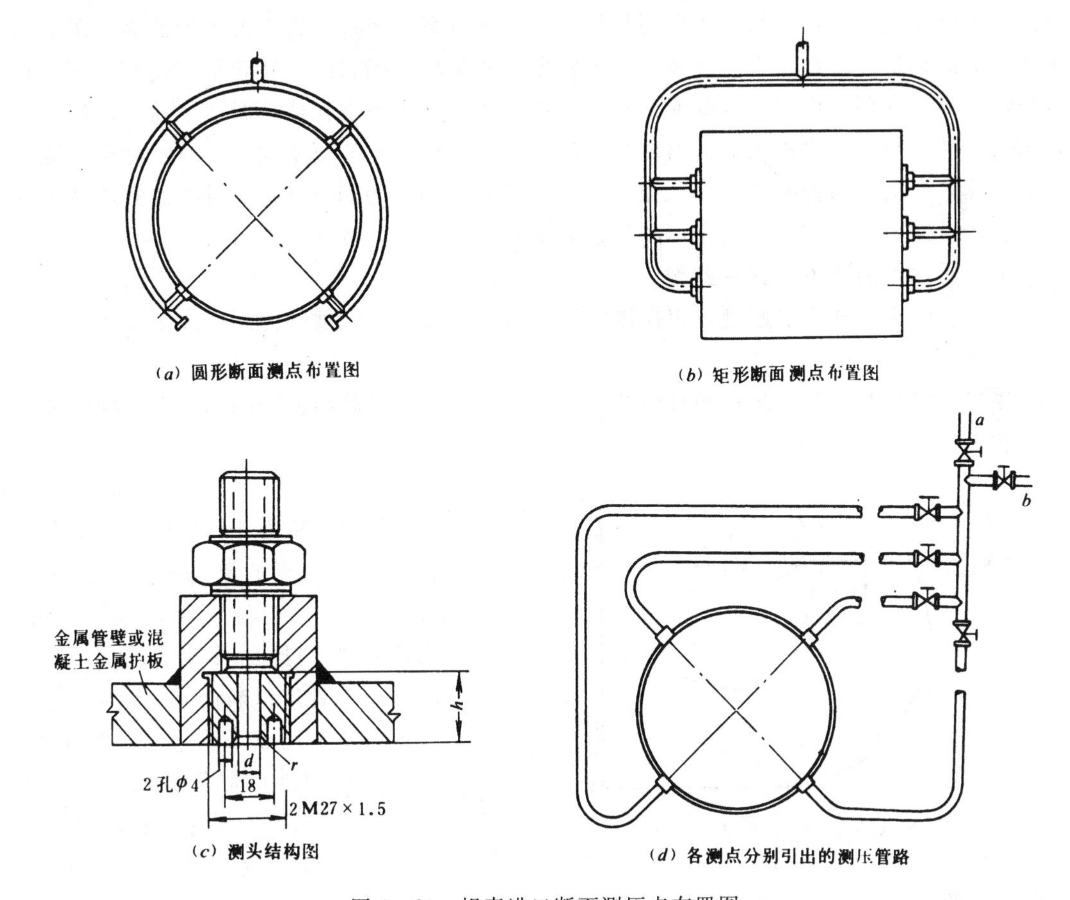

图 6-20 蜗壳进口断面测压点布置图

可卸的管塞，引出装压力表的支管应从上方引出，以免泥沙沉积堵塞管路，严重时甚至进入压力表而使仪表受损。

被测压力的最大值可按下式计算

$$H_{max}=\left(\nabla_1-\nabla_2-\frac{Q^2}{2gF^2}+\Delta H\right)\times10^4 \tag{6-17}$$

式中 H_{max}——蜗壳进口断面的压力最大值，Pa；

∇_1——上游最高水位（校核洪水位），m；

∇_2——仪表安装高程，m；

Q——最大水头满出力时的流量，m^3/s；

F——测压断面的面积，m^2；

ΔH——水锤压力上升值，$m\cdot H_2O$。

根据被测压力的最大值 H_{max} 选择仪表量程，并确定仪表的型号。一般选用标准压力表，或普通压力表；当电站有信号输出要求时，例如电站具有巡检系统或计算机综合监控系统时，应选用 DBY 型压力变送器。监测仪表一般装在水轮机层的仪表盘上。

四、水轮机顶盖压力的测量

水轮机顶盖压力测量的目的有：通过顶盖下部的压力监测了解止漏环的工作情况及该

处的压力脉动情况；对于从顶盖取用机组技术供水方案，通过顶盖下的压力监测，了解供水压力的波动情况。在正常运行条件下，转轮上止漏环的漏水经由转轮泄水孔和顶盖排水管排出。当止漏环工作不正常而使漏水量突增，或是排水泄水孔堵塞时，顶盖下部的压力会增大，从而导致推力轴承负荷增加甚至超载，因而机组不能正常运行。对水轮机顶盖压力的监测，一般选用普通压力表，当有集中检测要求时，可选用DBY型压力变送器，测点位置由设计单位与制造厂商定，测量仪表由制造厂随机供货。

五、尾水管的压力和真空监测

尾水管的压力和真空监测，包括尾水管进口的压力和真空度的监测以及尾水管出口的压力监测。

尾水管进口断面真空测量的目的在于分析水轮机产生气蚀和振动原因，以及检验补气装置的工作效果。

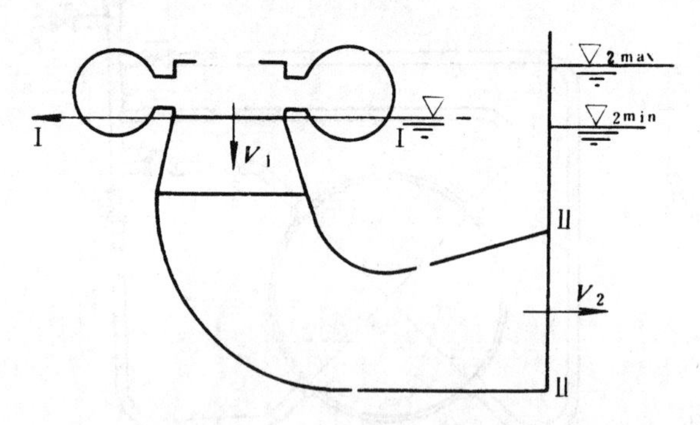

图6-21　尾水管进出口断面

运行中的尾水管进口断面，如图6-21所示的断面Ⅰ-Ⅰ上，沿断面的半径方向上各点的流态不同，其压力也各不相同，在实际监测时也不可能将测压点沿测压断面半径方向分布，只能在尾水管进口断面Ⅰ-Ⅰ的边界上布置若干个测压点来测量其平均压力，即尾水管进口处的静压绝对压力。用均压环管将各测点连结起来并引出导管，导管外端装测压仪表。测压点、环管与导管的配置，如图6-20所示。

为了选择监测仪表，必须计算尾水管进口断面可能出现的最大真空度和最高压力值。

(1) 进口断面边界上静压绝对压力，可表示为

$$P_1=\left(\nabla_2-\nabla_1+\frac{v_2^2-v_1^2}{2g}+h_w\right)\times 10^4+P_0 \qquad (6-18)$$

式中　P_1——进口断面边界上静压绝对压力，Pa；

∇_2——下游尾水位高程，m；

∇_1——尾水管进口断面高程，m；

v_2——尾水管出口平均流速，m/s；

v_1——尾水管进口平均流速，m/s；

P_0——当地大气压力，Pa；

h_w——尾水管进口至出口的水头损失，m。

(2) 进口断面边界上最小静压绝对压力，出现在下游尾水位最低、水轮机导叶开度在很短时间内自100%关到零所产生的最大负水锤，其值可由下式表示

$$P_{1\min}=\left(\nabla_{2\min}-\nabla_1+\frac{v_2^2-v_1^2}{2g}+h_w\right)\times 10^4+P_0-\Delta H \qquad (6-19)$$

式中　$P_{1\min}$——进口断面边界上最小静压绝对压力，Pa；

∇_{2min}——下游可能出现的最低尾水位高程，m；

ΔH——运行中可能出现的最大负水锤（Pa），计算时，应将 ΔH 的绝对值代入上式；

其他符号的意义同式（6-18）。

（3）进口断面边界上最大真空度为

$$P_{Bmax}=P_0-P_{1min}$$

$$=\left(\nabla_1-\nabla_{2min}+\frac{v_1^2-v_2^2}{2g}-h_w\right)\times 10^4+\Delta H \quad (6-20)$$

式中 P_{Bmax}——进口断面边界上最大真空度，Pa。

当 P_{Bmax} 值为正，表示有真空现象，当其值为负时，表示该断面有正压力而没有真空度。

（4）进口断面边界上最大压力值，出现在下游尾水位最高，同时当水轮机导水叶的开度自零突然开到100%时所产生的最大正水锤的情况下，其值可表示为

$$P_{1max}=(\nabla_{2max}-\nabla_1)\times 10^4+\Delta H \quad (6-21)$$

式中 P_{1max}——进口断面边界上最大压力，Pa；

∇_{2max}——下游最高尾水位高程，m；

ΔH——运行中可能出现的最大正水锤，Pa；

其他符号意义同前。

在实际运行中，使水轮机导叶的开度自零突然开到100%使其产生最大正水锤的情况，是不会有的，因此，此处的计算仅作为选择仪表量程时参考。

仪表选择：在实际运行中，尾水管进口断面可能出现正压，也可能出现负压（真空）。因此，应选用压力真空表，其正压量程按 P_{1max} 值选择，负压量程按 P_{Bmax} 值选择。

尾水管出口压力的量测目的，是为了计算水轮机工作水头及测定尾水管水流特性，为分析水轮机的效率、气蚀和运行的稳定性提供资料。

测量尾水管出口压力时，一般在尾水管出口的侧边布置四个测点，并用均压环管将其连接起来，在引出导管的末端安装压力表或DBY型压力变送器。测点与均压环管的布置，如图6-20矩形断面测点布置图所示。

对于装有立轴式机组的水电站，可以把所有测量仪表集中装设在水轮机层的仪表盘上。对于水轮机的吸出高度 H_s 为正值的水电站，由于下游水位较低，此时应把尾水管出口测压的压力表装于进水阀廊道或其他高程较低的合适地方，以免测值失真。

六、水轮机工作水头的测量

（一）水轮机工作水头的测量方法

水轮机的工作水头也称净水头，它是机组运行中一个重要参数，其值等于水轮机进、出口水流的总比能之差，一般可以由位置水头（亦称势头）、压力水头和速度水头三部分组成。各种型式水轮机净水头的测量方法和计算公式各不相同。现分述如下：

1. 反击式水轮机的工作水头

反击式水轮机的工作水头的表示方法，如图6-22所示。

根据图示关系，可得水轮机工作水头由下式表示

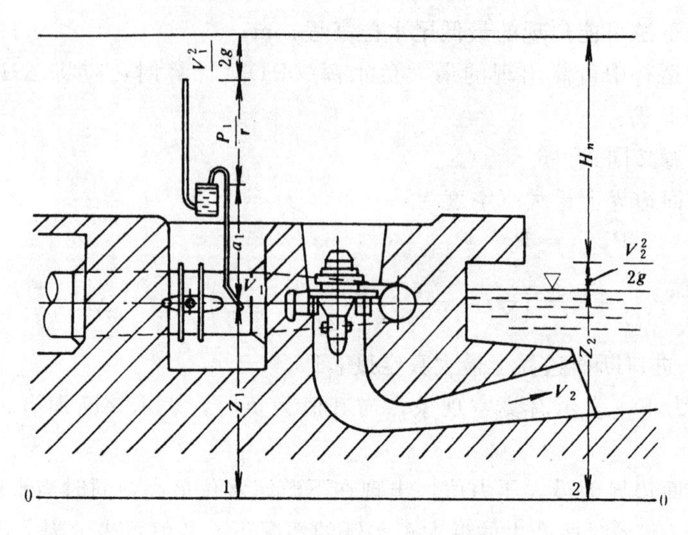

图 6-22　反击式水轮机的工作水头

$$H=(Z_1+a_1-Z_2)+\frac{v_1^2-v_2^2}{2g}+10^{-4}P_1 \tag{6-22}$$

式中　H——水轮机工作水头，m；

Z_1——蜗壳进口断面测点高程，m；

a_1——测压仪表到测点的高程差，m；

Z_2——尾水位高程，m；

P_1——压力表读数，Pa；

v_1——蜗壳进口流速，m/s；

v_2——尾水管出口流速，m/s；

g——重力加速度，m/s²。

2. 卧轴冲击式水轮机的工作水头

图 6-23 所示为卧轴冲击式水轮机工作水头示意图。

(1) 单喷嘴

$$H=(Z_1+a_1-Z_{2I})+\frac{V_1^2}{2g}+10^{-4}P_1 \tag{6-23}$$

式中　H——水轮机工作水头，m；

Z_{2I}——射流中心与转轮节圆切点的高程，m；

V_1——进水管测量断面的流速，m/s；

P_1——压力表读数，Pa；

其他符号的意义如图 6-23 所示。

(2) 双喷嘴

$$H=\frac{Q_{\mathrm{I}}}{Q_{\mathrm{I}}+Q_{\mathrm{II}}}(Z_1+a_1-Z_{2\mathrm{I}})+\frac{Q_{\mathrm{II}}}{Q_{\mathrm{I}}+Q_{\mathrm{II}}}(Z_1+a_1-Z_{2\mathrm{II}})+\frac{V_1^2}{2g}+10^{-4}P_1 \tag{6-24}$$

式中　Q_{I}、Q_{II}——分别为两喷嘴的流量，m³/s；

$Z_{2\text{II}}$——第二喷嘴射流中心与转轮节圆切点的高程，m；

H——水轮机工作水头，m；

其他符号的意义如图 6－23 所示。

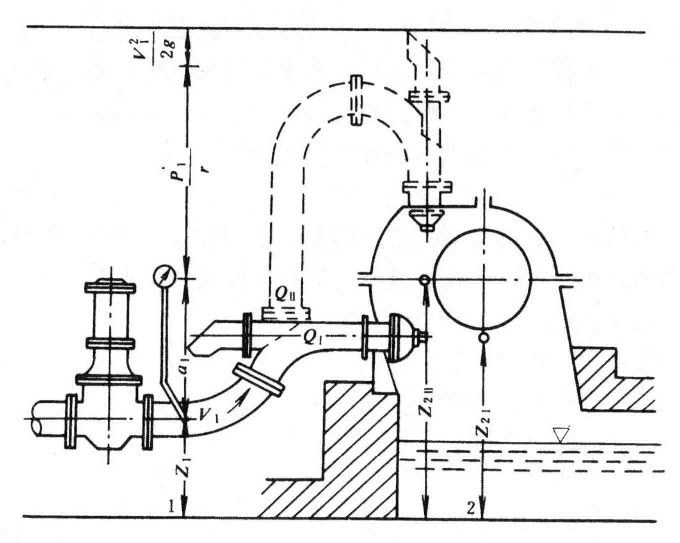

图 6－23　卧轴冲击式水轮机的工作水头

上述诸式中，Z_1、Z_2、$Z_{2\text{I}}$、$Z_{2\text{II}}$ 及 a_1 的关系组成位置水头，当仪表安装完毕之后，a_1 值为定值，对反击式水轮机而言，Z_2 值可根据水轮机的流量与尾水位的关系曲线中查得，Z_1 值是定值，因此，位置水头无需测量；速度水头 $V^2/2g$ 可根据实测水轮机流量和相应的过流断面积计算出，因此也无需测量；压力水头 P_1 值必须进行测量。因此，水轮机工作水头的测量，主要是测量压力水头值，然后加上位置水头和速度水头。

水轮机工作水头是计算水轮机出力的基本参数之一，也就是确定水轮机效率的基本参数之一。因此，在测定水轮机轴功率、确定水轮机效率时，必须准确地测定水轮机工作水头。

水泵站的总扬程是水泵的净扬程加上水泵抽水时，水流通过进出水流道所声生的扬程损失。它是设计泵站、选择水泵的基本参数之一，其测量方法与水轮机工作水头测量相似，故此处不作细述。

（二）测量仪表的选择

1. 仪表型式的选择

测量仪表的型式可根据水头变化范围、要求的测量精度及数据的传输方式来选择。用于测量压力水头的测量仪表有：用 YB 型标准压力表、Y 型普通压力表或 DBY 型压力变送器等直接测量蜗壳进口断面的压力和尾水管出口断面的压力。或用 CW 型双波纹管差压计、DBC 型差压变送器和 U 型管差压计测量蜗壳进口和尾水管出口的压力差。其中压力表及 U 型管差压计用于现场观测；双波纹管差压计除可作为现场观测、记录和积算外，还可实现远传、调节和报警等功能；压力、差压变送器用于自动监测系统。

2. 仪表量程的选择

被测压力的最大值应按最大作用水头与水锤附加值之和计算，并以此来确定压力表的量程上限。通常当所测压力每秒变化幅度不大于仪表满刻度的 1％的稳定负荷下，被测压力的最大值不大于仪表量程上限的四分之三；当所测压力每秒变化幅度大于仪表满刻度的1%的波动负荷下，被测压力的最大值应不大于仪表量程上限的2/3；同时，尽可能使被测压力的最低值不小于仪表量程的1/3，以使仪表的实际使用范围是在仪表弹性元件的精确线性段内工作，从而保证仪表的使用精度，并且留有过载保护余量，对仪表起到安全保护作用。图6-24为压力表使用量程示意图，其中α角代表仪表的满刻度范围。

差压计及压力、差压变送器，一般都有过载保护装置，在超压情况下不致造成仪表的损坏，故仪表上限一般只按被测最大压力计算值选择。

3. 设备布置

为了减少测压管路长度和对所测参数的影响，在可能条件下，仪表应尽量靠近测点。差压仪表通常可布置在水轮机层的仪表盘上，但必须在最低尾水位以下，以免影响测量的精度。二次仪表一般布置在中控室仪表盘上。

卧式机组的测量仪表一般都是随机安装。

图6-25为水轮机工作水头的测量装置示意图。

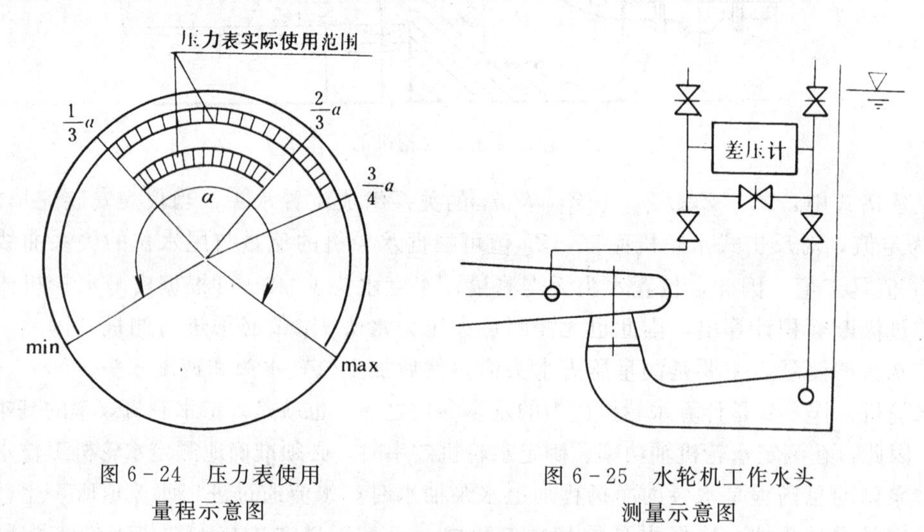

图6-24 压力表使用量程示意图

图6-25 水轮机工作水头测量示意图

七、水泵进口压力真空及出口压力的测量

水泵进口测压力真空的断面可选在水泵底座前进口附进，卧式离心泵一般选在吸水管道靠近叶轮入口处；水泵出口测压力的断面选在导叶出口以外，对于弯管形出水室的水泵，选在弯管入口断面附近，对于蜗壳形出水室，应选在蜗壳出口断面附近。在每个测压断面上布置四个以上的测点，并用均压环管连接，再从均压环管引出测压导管，在测压导管末端装设测量仪表。测压仪表可选用压力表及压力真空表，要求自动检测的，可选用DBY型压力变送器，二次仪表装在控制盘内，集中监测控制。

第五节 水轮机流量的测量

一、水轮机流量测量的目的

水轮机流量测量，对于实现水电站经济运行有着特殊重要的意义，即在保证一定出力的情况下，总耗水量为最小，这样，机组在进行能量转换时效率最高。因此，随着生产技术水平的提高，对水电站的运行管理的要求更加严格，对具有一定规模的中、小型水电站也要求进行水轮机流量测量，以便更好地利用水力资源，提高经济效益。水轮机流量测量的目的可归纳为如下几个主要具体方面：

（1）由于真机效率是在设计时，利用相似定律由模型机效率换算出来的，其数值与真实效率有一定的差异。为了获得较准确的真机效率，就必须较准确地测定水轮机的流量。

（2）根据真机流量与效率，绘制总效率曲线和总耗水率曲线，以便制定机组间或电站间的负荷分配方案。

（3）在正常运行中，根据某时间内机组的总耗水量，推算出水库的渗漏水量和蒸发水量，增进对水库的经营管理。

在进行水轮机流量的测量中存在不少困难，因为水轮机的流量大，不能利用准确的测量法，例如容积法、堰流法等方法进行测量；通过水轮机的水流状态复杂，呈不规律的流态，而不是理想的理论流态，并且在测量时，电站是在运行中，为了保证安全供电，而测试时间又较长，常常使测试工作受供电要求的制约而必须中途改变计划或加速进行测试，这必然影响测试效果，例如某电站曾做一次浓度测流量法测试，工作进行到下午五时多仍有两项未测完，而电站是担任电网的调峰任务，必须在下午六时投入满负荷运行，迫使测试工作中途暂停，到第二天再继续进行；测试所需仪表精度要求高，计算工作量也大。所有这些都直接影响测试结果。

蜗壳测流法是测量通过水轮机流量最简便的一种方法，因此，在有蜗壳的机组中，一般都可用蜗壳测流法。在真机效率试验中，常用水锤法、流速仪法和浓度法等方法进行精密测流和校正其他流量计。

二、蜗壳测流法

（一）测流原理和流量计算公式

水轮机蜗壳测流的原理，是根据反击式水轮机蜗壳中的水流，若不计及水力损失时，应严格地符合等速矩定律（即面积定律），即 $R \cdot V_u$＝常数，这个定律进行的。面积定律表示蜗壳任一端面上的不同中心距的两点，距机组中心愈近，其流速愈大，压力愈小；距机组中心愈远的点，其流速愈小，压力愈大。因此，这两点间存在着压力差 Δh，压力差 Δh 与水轮机流量 Q 之间存在一定的关系，只要求出它们的关系式，即可以计算水轮机的流量。

如图 6-26 所示的是蜗壳水流示意图。当通过水轮机的流量为 Q，对于同一断面的 1、2 两点的压力分别为 P_1，P_2，其流速分别为 V_1，V_2；当通过水轮机的流量为 Q' 时，其对应的压力为 P'_1，P'_2，流速为 V'_1，V'_2。根据伯努里方程，若不计及局部损失，当流量为 Q 时，则有

$$P_1+\frac{V_1^2}{2g}=P_2+\frac{V_2^2}{2g} \qquad (6-25)$$

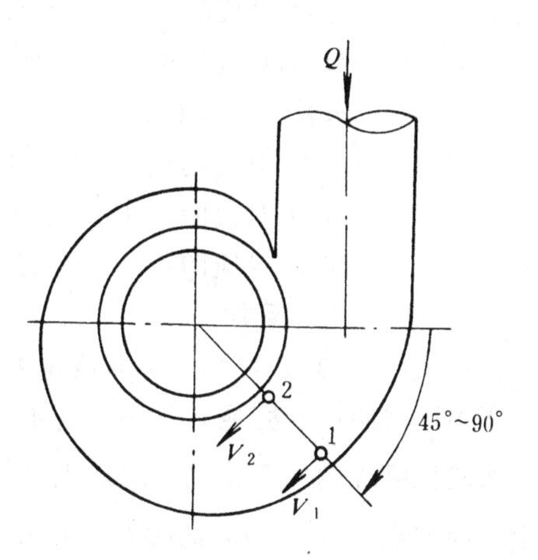

图 6-26　蜗壳水流示意图

在 1 和 2 两点之间存在的压力差为

$$\Delta h=P_1-P_2=\frac{V_2^2-V_1^2}{2g} \tag{6-26}$$

当流量为 Q'时，同理可得

$$\Delta h'=P_1'-P_2'=\frac{V_2'^2-V_1'^2}{2g} \tag{6-27}$$

根据水流相似条件，有

$$\frac{V_1'}{V_1}=\frac{V_2'}{V_2}=\frac{Q'}{Q}=r \tag{6-28}$$

由此得出：$V_1'=rV_1$，$V_2'=rV_2$，$Q'=rQ$。

将上述关系代入式（6－27），则 $\Delta h'$的表达式可改写为

$$\Delta h'=r^2\,\frac{V_2^2-V_1^2}{2g}=r^2\Delta h$$

由此可得

$$r=\sqrt{\frac{\Delta h'}{\Delta h}} \tag{6-29}$$

也即

$$\frac{Q'}{Q}=\sqrt{\frac{\Delta h'}{\Delta h}}=r$$

可得

$$Q=\frac{Q'}{\sqrt{\Delta h'}}\sqrt{\Delta h}=K\sqrt{\Delta h} \tag{6-30}$$

其中

$$K=\frac{Q'}{\sqrt{\Delta h'}}=\frac{Q}{\sqrt{\Delta h}} \tag{6-31}$$

式（6－25）～式（6－31）中

Q——水轮机的待测流量；

K——蜗壳压差计流量系数，亦称为蜗壳流量系数；

P_1，P_2——与 Q 对应的点 1、2 的压力；

V_1，V_2——与 Q 对应的点 1、2 的流速；

Δh——与 Q 对应的点 1、2 间的压差；

Q'——水轮机的流量；

P_1'，P_2'——与 Q'对应的点 1、2 的压力；

V_1'，V_2'——与 Q'对应的点 1、2 的流速；

$\Delta h'$——与 Q'对应的点 1、2 间的压差；

r——比例系数。

从式（6－31）可知，蜗壳流量系数 K 值对某一蜗壳上两个固定测压孔是一个常数；对于不同机组的蜗壳或同一蜗壳的不同测压孔，其 K 值是另一不同的常数。这个关系符合水轮机蜗壳的实际情况。若取纵坐标代表流量 Q 值，横坐标代表$\sqrt{\Delta h}$值，则对于蜗壳上两固定点，Q 与$\sqrt{\Delta h}$的关系曲线是一条通过坐标原点的直线，如图 6－27 所示。直线与横坐标的倾角为 α，则蜗壳流量系数 K 是直线的斜率，即

$$K = \mathrm{tg}\alpha \qquad (6-32)$$

由于蜗壳上不同两点，其 K 值不相同，则其在 $Q \sim \sqrt{\Delta h}$ 关系图上就表示出不同斜率的直线。图中 K_1、K_2、K 即代表蜗壳上三对不同测点的 K 值。

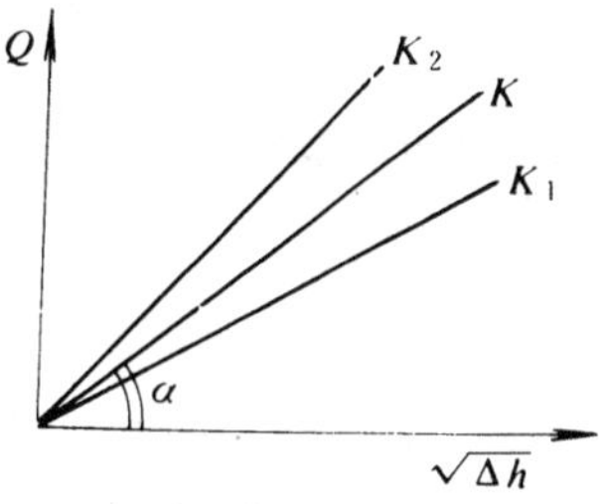

K 值只有通过其他精密测流法，例如水锤法、流速仪法和浓度法等实测流量的同时，测定两点的差压值 Δh 才能计算出来。对于电站水头低于 10m 的低水头电站，上述流量计算公式与实际情况有差异，因此必须进行修正。

图 6-27 $Q \sim \sqrt{\Delta h}$ 关系曲线

（二）测压点的布置

根据上面的分析，测压孔可以布置在蜗壳上的任意两点，也可以布置在蜗光上某一径向断面上的两点，只要这两点能符合所希望得到的差压值即可。但是为了布置和计算方便起见，通常测压孔是布置在同一径向断面上，这个测压断面应选择在蜗壳进水侧，当水流转过 45°～90°角的地方，如图 6-26 所示，因该处水流已能基本符合等速矩定律，并且有较大的流量通过其断面。

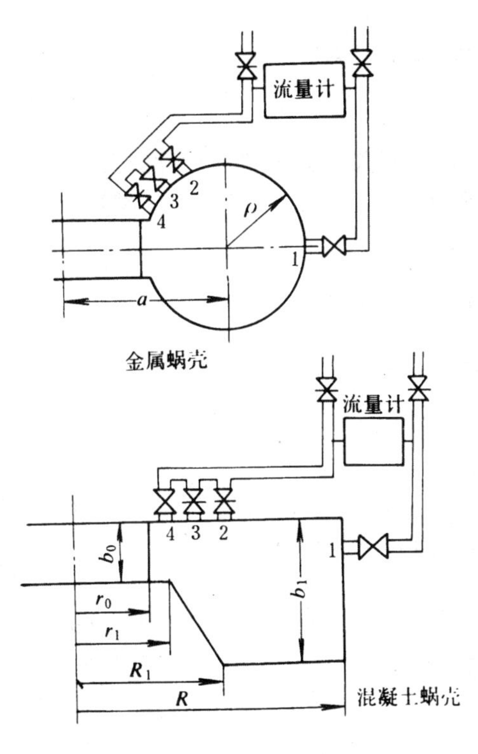

图 6-28 蜗壳测压断面上测压孔的布置

为了获得较大的压差，低压测压孔应尽可能靠近水轮机旋转轴，通常设在两个固定导叶之间上方的蜗壳内缘壁上；高压测压孔应设在离旋转中心最远的地方，即蜗壳的外缘壁上，相当于水轮机导水叶中心位置的平面与蜗壳外壁的交点上，如图 6-28 所示。为了适应流量的变化，通常在蜗壳内缘设置 2～3 个低压测孔，测量时根据仪表量程和流量变化范围选用其中一个低压孔，以保证所希望的压差值。当流量小的时候，为了获得足够的压差值，使仪表在最适宜的量程范围内工作，两测压孔之间的距离应尽量地大，低压孔应选用靠近水轮机轴线的孔；当流量很大时，两测压孔之间的距离应缩小，低压孔离水轮机轴线应远一些，即选用 2 号或 3 号孔。但应注意，测压孔变更之后，蜗壳流量系数 K 值亦随之变化，流量计表盘上应按相应的 K 值进行刻度。

在设计时，有时仪表量程已定，要求选择测孔距，有时已知测孔的 R_1、R_2，要选仪表量程，这时都需要估算出可能出现的压差与孔距的关系。例如：在水头和流量为定值时，已知两测压点之间的距离及其位置，并考虑到蜗壳中的水流（大小及方向）有某些不符合等速度矩定律，以及能量方程和速度矩定律中所使用的流速的差异，而引入一个小于 1 的流速系数，则两点之间的压差可表示为

$$\Delta h = \alpha \frac{V_2^2 - V_1^2}{2g} \tag{6-33}$$

利用面积定律：$V_1R_1 = C$；$V_2R_2 = C$ 的关系，把它代入式（6－33）得

$$\Delta h = \frac{\alpha C^2}{2g}\left(\frac{R_1^2 - R_2^2}{R_1^2 R_2^2}\right) \times 10^4 \quad (\text{Pa}) \tag{6-34}$$

式中　Δh——测压点 1，2 间的压差值，Pa；

R_1、R_2——分别为测点 1，2 到机组转轴中心的距离，m；

C——蜗壳常数；

α——流速系数，常取 $\alpha = 1$。

上式应取 $Q_{T\max}$ 代表 Q_T 值进行计算，所得的差压值 Δh 即为所需仪表量程上限，可作为选择仪表量程的依据。

而当已知外测压孔（高压孔）到机组转轴中心的距离 R_1 和差压计的最大量程 $\Delta h_{\max}$ 时，可根据流量变化情况，利用式（6－34）求内测点到机组转轴中心的距离 R_2（或 R_3、R_4）

$$R_2 = \frac{\sqrt{\alpha} C R_1}{\sqrt{\alpha C^2 + R_1^2 2g \Delta h \times 10^{-4}}} \quad (\text{m}) \tag{6-35}$$

式中诸符号的意义同式（6－34）。

蜗壳常数 C 可根据蜗壳进口条件，按水轮机蜗壳有关计算资料进行计算。下面介绍两个计算式是利用数学解析法求得的结果，可供选用：

对于圆形断面蜗壳，蜗壳常数 C 为

$$C = \frac{\frac{\varphi}{360} Q_T}{2\pi(a - \sqrt{a^2 - \rho^2})} \tag{6-36}$$

对于平顶混凝土蜗壳，蜗壳常数 C 为

$$C = \frac{\frac{\varphi}{360} Q_T}{b_1 \ln \frac{R}{R_1} + m \ln \frac{R_1}{r_1} b_0 \ln \frac{r_1}{r_0} + n(R_1 - r_1)} \tag{6-37}$$

其中

$$m = \frac{R_1 b_0 - r_1 b_1}{R_1 - r_1} \tag{6-37a}$$

$$n = \frac{b_1 - b_0}{R_1 - r_1} \tag{6-37b}$$

式（6－36）、式（6－37）中

Q_T——水轮机的全部流量，m^3/s；

φ——测量断面到蜗壳末端的包角；

m，n——系数；

r_0——固定导叶出口边半径，m；

R——蜗壳外缘半径，m；

b_0——水轮机导叶高度，m；

其他符号如图 6－28 所示，单位为 m。

（三）测量仪表

根据计算的测压点差压值 Δh 选择仪表量程。仪表的型式根据被测参数的显示和传输方法不同而选用不同的仪表。

对于只需要现场观测瞬时值或同时需要流量累计数时，可采用 CWD－280 型或 CWD－282 型双波纹管差压计，这种仪表有过压保护装置，可按计算的差压值 Δh 直接选择仪表量程的上限。

对于需要将流量参数用电信号传送到中控室或其他控制设备，实现自动监测控制时，可选用 CWC－276、CWD－276 或 DBL 型电动单元组含仪表的电动差压流量变送器，与其配套的二次仪表可按精度和指示方式选取。DBL 型差压流量变送器的结构和工作原理与 DBC 型差压变送器相类似，只是另有一个晶体管平方电流转换器，此时输出电流与被测压差的平方根成正比例，即与电流成正比例。

蜗壳测流法中的蜗壳流量系数 K 值是一个待率定的值，应在做机组效率试验时进行率定。为了率定蜗壳流量系数 K 值，通常采用 U 型管水银差压计来测量蜗壳内外缘两测压点间的压差。在测量中，由于蜗壳压力的波动会影响到水银表面的稳定，为了提高读数精度，必须在测量装置中加装稳压筒，其装置示意图如图 6－29 所示。

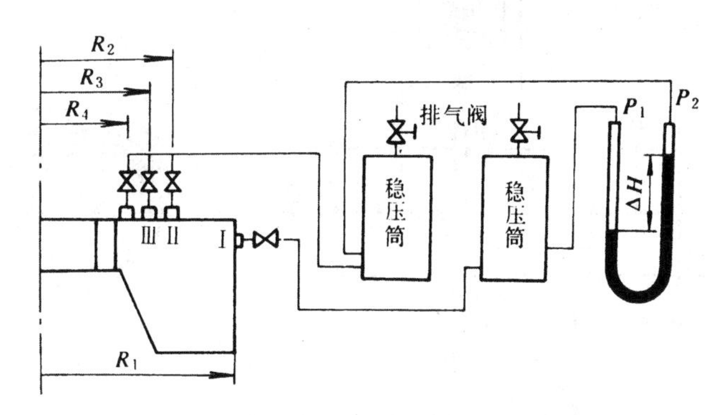

图 6－29 用 U 型管测量蜗壳压差的装置示意图

两测压点之间的压差值可表示为

$$\Delta h = P_1 - P_2 = \Delta H(\gamma_{工作液} - \gamma_{水})g \quad (\text{Pa}) \tag{6-38}$$

式中 P_1、P_2——分别为高压测点和低压测点的压力，Pa；

ΔH——U 型管工作液的液面高程差，m；

$\gamma_{工作液}$——工作液的密度（kg/m^3），对于水银，$\gamma_{Hg}=13600\text{kg/m}^3$；

$\gamma_{水}$——水的密度，$\gamma_{水}=1000\text{kg/m}^3$；

g——重力加速度，$g\approx 9.8\text{m/s}^2$。

CW 型差压计或 DBL 型差压流量变送器，通常安装在水轮机层或蜗壳层的仪表盘上。U 型管由于水银有毒性，要防止 U 型管破裂水银外溢，因此，只有在率定蜗壳流量系数 K 值时才装设临时装置，一旦 K 值率定完毕，应将 U 型管拆除，改装其它常设仪表，例如装设 CW 型差压计或 DBL 型差压流量变送器等仪表。

三、水锤测流法

（一）水锤测流法的基本原理

水锤测流法又称差压——时间法或吉普逊法。此法适用于封闭式管道（压力管道）中的流量测量。有单断面法和双断面法两种，在水轮机试验测流中都采用双断面法，所以下面只讨论双断面法。水锤测流法的测量精度可达±1%～±2%，用于原型水轮机的效率试验和率定蜗壳流量系数 K 值。水锤测流法不是水电站的常设装置，但是在电站设计和施工中对于适合采用此法的机组，均应在机组相应位置预埋可供测量的管道，以便在测量时装设仪表。

水锤测流法的基本原理是：当机组突然甩掉负荷时，水轮机导叶迅速关闭，压力钢管中水流速度突然减小到零；水流的动量转化为压力冲量，使得管道中的水压急剧升高，从而产生水锤现象。根据机械能转换和守恒定律，可以推导出流量和水锤的关系。如图 6-30 所示，在压力钢管上取断面Ⅰ-Ⅰ和Ⅱ-Ⅱ为测量断面，其断面积为 $F(\mathrm{m}^2)$，两断面的间距为 $L(\mathrm{m})$，压力管道中的初始流速为 $V_0(\mathrm{m/s})$，相应的机组流量为 $Q(\mathrm{m}^3/\mathrm{s})$，导叶关闭后的流速为 $V(\mathrm{m/s})$，漏水流量为 $q(\mathrm{m}^3/\mathrm{s})$，关闭导叶的时间为 $T(\mathrm{s})$，则有：

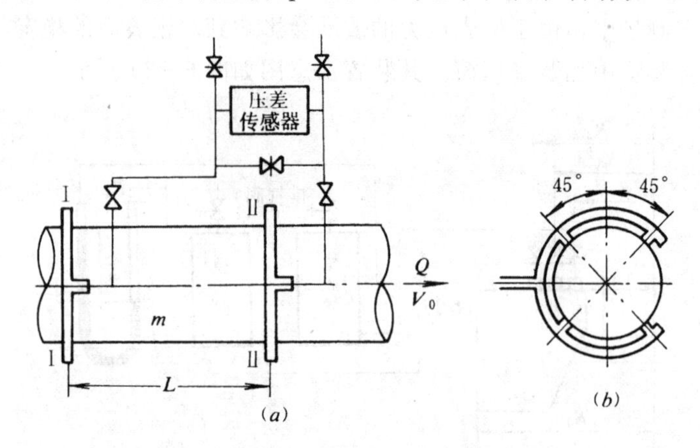

图 6-30 水锤测流法测压管路示意图
（a）测压管路；（b）测孔布置

测压段内水的质量为 $m=FL\gamma(\mathrm{kg})$；

水轮机流量为 $Q=FV_0(\mathrm{m}^3/\mathrm{s})$；

导叶关闭后的漏水流量 $q=FV(\mathrm{m}^3/\mathrm{s})$；

水的密度为 $\gamma=1000\mathrm{kg/m}^3$；

导叶关闭过程中，在微小时间段内两测压断面积上的瞬时压差值为 ΔP，它是随时间而变化的，即 $\Delta P=f(t)$。

导叶关闭过程中，在测压管段内的动量变化量为 $m(V_0-V)$；冲量变化量为 $\int_0^T \Delta PF\mathrm{d}t$ 。

根据动量与冲量转换守恒定律，则有

$$m(V_0-V)=\int_0^T \Delta PF\mathrm{d}t \tag{6-39}$$

把上述的有关量值关系代入式（6－39）可得

$$FL\gamma\left(\frac{Q}{F}-\frac{q}{F}\right)=\int_0^T \Delta PF\mathrm{d}t$$

$$Q=\frac{F}{\gamma L}\int_0^T \Delta P\mathrm{d}t+q \quad (\mathrm{m^3/s}) \tag{6-40}$$

式中各符号意义如前所述。

（二）流量的测量方法及流量值计算

为了求得流量值 Q，必须求得式（6－40）右边两项值。其中

（1）导叶漏水流量 q 值，可用容积法求得。即当压力钢管灌满水时，把导叶和进水闸门都关闭，用标准压力表测得钢管斜直段上的水位∇_1，如图6－31所示。经过某一时间段 t 秒后，由于导叶的漏水，使钢管内的水位下降，用标准压力表测得下降后的水位∇_2。压力表两次读数差就表示钢管内的水位在 t 秒内下降 h 值，若已知钢管的断面积为 F，钢管与水平方向的倾斜角为 α，则导叶的漏水流量为

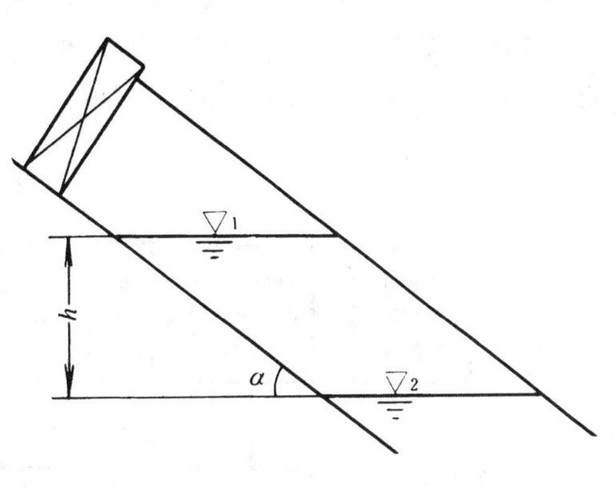

图6－31　用容积法测定导叶漏水流量

$$q'=\frac{Fh\sqrt{\frac{i^2+1}{i^2}}}{t} \quad (\mathrm{m^3/s}) \tag{6-41}$$

式中　F——钢管的断面积，$\mathrm{m^2}$；

h——在 t 秒内钢管的水位下降值，$h=\nabla_1-\nabla_2$，m；

i——钢管的坡度，$i=\mathrm{tg}\alpha$；

t——测量时间段，s。

导叶漏水量随导叶的磨损和变形不同而有差别，其中导叶变形随作用水头不同而不同。上述导叶漏水流量是在上游闸门关闭后，作用水头是压力钢管内水柱形成的水头 H'，这个水头比试验时实际作用水头 H 小得多，因此，导叶漏水流量必须换算到作用水头为 H 的流量值，即

$$q=q'\sqrt{\frac{H}{H'}} \quad (\mathrm{m^3/s}) \tag{6-42}$$

式中　q'——经测量、计算所得的导叶漏水流量，$\mathrm{m^3/s}$；

H'——进水闸门关闭之后，作用在导叶上的水头，m；

H——机组试验时的实际作用在导叶上的水头，m。

若上游闸门有漏水，则这部分漏水流量也可用容积法测定，并将所得值加到上述换算后的 q 值内，以此作为导叶的实际漏水流量值。

（2）积分式 $\int_0^T \Delta P\mathrm{d}t$ 的测定，是利用压差传感器（吉普逊仪表）和光线记录示波器配合录制的，用导叶关闭过程中两测压断面间水锤压差随时间变化的过程曲线所形成的压力

差示波图形面积来表示积分值。

压差示波图的形状和大小直接关系到测量的准确性。示波图的形状和大小取决于图形录制中所用的压差比例尺 M_p、时间比例尺 M_t 和导叶关闭的时间 T。在试验前，初步估算试验可能出现的最大压差值，然后结合记录纸带的宽度，大致定出压差比例尺 M_p(Pa/cm)；时间比例尺 M_t(s/cm)，由于 SC-16 型光线记录示波器有四种时间频率档可供选择，一般采用 $M_t=0.4$s/cm 的比例尺，可以获得合适的水锤压差示波图；导叶关闭时间过短，水锤压差曲线呈尖峰形，导叶关闭时间过长，曲线平展，均影响流量计算的精度。水锤法测流所需的时间 T 比机组正常运行所整定的值更大，根据经验，一般采用 $T=8\sim12$s，对高水头长管道的水电站，T 可增至 20～30s。选定 T 后，在开始试验前应将导叶关闭时间调整到所选定的 T 值。

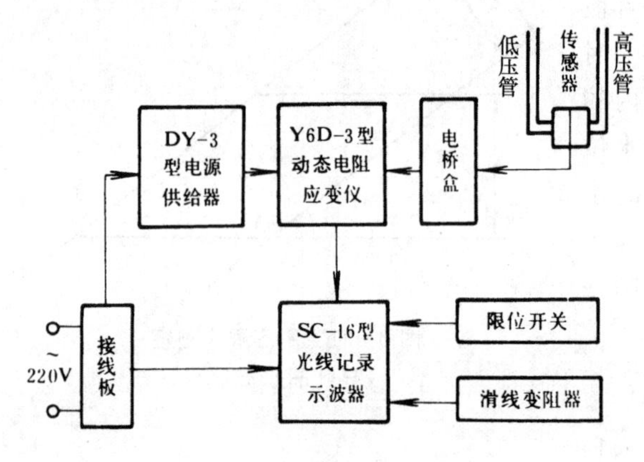

图 6-32　水锤法测流接线框图

当测量仪表接线完毕，经检查无误后就可以正式开始测试。启动机组并入电网，按拟定测试次数带上负荷，待运行工况稳定 10～15min 之后，机组立即甩去负荷，录下水锤压差示波图。试验时，在系统不解列的情况下，手动压下紧急停机电磁阀，导叶按整定时间均匀地关到全关位置。经过一段时间后，再手动操作紧急停机电磁阀复位，导叶开启，机组又转为发电工况运行，为下次试验作准备。水锤法测流接线框图见图 6-32，水锤压差示波图如图 6-33 所示。为了便于分析水锤压差示波图，除录制压差曲线之外，还应同时录取接力器行程曲线、导叶关闭终止标记和校正电阻光点偏移值等。

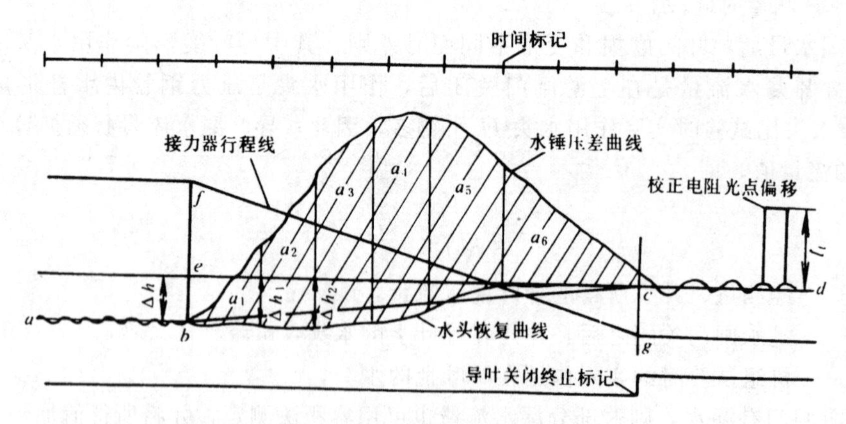

图 6-33　水锤压差示波图

对录制的水锤压差示波图进行分析，确定示波图的有效面积 A 的边界，以便计算流量：

1）导叶关闭的起始点。根据接力器行程曲线上的起动点 f，确定水锤压差曲线的起始点 b，在 b 点之后压差曲线应有明显的上升趋势，此点即为示波图左边边界点。由于机械、液压传动的滞后原因，往往会使示波图曲线有滞后现象，即有时压差曲线上升处并不与接力器起动点吻合，此时导叶关闭起始点应相应地后移。

2）导叶关闭的终止点。根据导叶关闭终止标记，确定导叶关闭终止点 g，过此点作一垂直线 cg，此线即为水锤示波图有效面积 A 的右边边界线。同样，由于传能的滞后现象，压差曲线也会有滞后现象。

3）两测压断面间的水力损失。导叶关闭前的压差过程线 ab 是一水平线，称为运行线，导叶完全关闭后，管道中水在静止情况下的压差过程线为一水平线，称为静压线（又称完全水头曲线），是示波图后波的包络线的平分角线 cd。延长 cd 线至 b 点上方的点 e，则 cd 与 ab 两平行线间的距离 Δh，即为导叶关闭前的稳定运行状态下流速为 V_0 时两测压断面间的水力损失。

4）水头恢复曲线。导叶在关闭过程中，Δh 逐渐减少，水头不断恢复，运行线与静压线逐渐趋于相等，表示该过程的曲线称为水头恢复曲线。水头恢复曲线相当于示波图下端的 bc 线，它是一条曲线，当水头损失 Δh 小于示波图上最大水锤压差值的 1%时（大多数测试中均能满足此要求），水头恢复曲线可用直线 bc 代替，因为此时按水头恢复曲线为下限求得的有效面积 A 与按 bc 直线为下限求得的面积相差极小。这样做可以减少大量的计算工作量。

（3）水轮机的流量 Q 值的计算。根据上述的分析结果，在导叶关闭过程中（即导叶关闭的起始点 b 到终止点 c），水锤压差曲线与水头恢复曲线（以 bc 直线代替）所围成的总面积，就是水锤压差示波图的有效面积 A，它与导叶关闭前稳定状态下通过水轮机流量 Q 成正比，用高精度的求积仪量出此面积 A 值，就可按下式算得水轮机在甩负荷前的过水流量 Q：

$$Q=\frac{F}{\gamma L}AM_pM_t+q \tag{6-43}$$

式中　Q——水轮机在甩负荷前的过水流量，m^3/s；
　　A——水锤压差示波图有效面积，cm^2；
　　M_p——水锤压差比例尺，Pa/cm；
　　M_t——导叶关闭过程时间比例尺，s/cm；
　　γ——水的密度，$\gamma=1000$，kg/m^3；
　　F——测量断面的断面积，m^2；
　　L——两测量断面之间的距离，m；
　　q——导叶的漏水流量，m^3/s。

（三）测压管路的布置

为了获得满意的测量结果，除了进行精密的测量和准确的计算之外，正确地选择测压断面和安装测压管路，对测量效果也会有直接的影响，选择时应满足下列条件：

（1）在两个测量断面之间的任何部位都不存在自由水面。

（2）导叶关闭后的漏水量不应大于所要测量的最小流量的 5%，或不大于所要测量的最大流量的 2%。

(3) 两个测压断面应选择在断面相等的直管段上。

(4) 为了能获得具有一定压差值的水锤示波图，两个测压断面之间的距离 L 与机组在设计水头下满负荷运行时测压断面平均流速 V 的乘积 $LV \geqslant 50$(m·m/s)。

(5) 每个测压断面上安装两个或两个以上直径不小于 9mm 的测压孔，如图 6-30 所示。测压孔应对称均布，圆形管道的测压孔应布置在与断面的中心水平线成 45°夹角的直径线上。钻孔必须严格垂直于管壁，孔口与管壁平齐，孔边应无毛刺，最好有半径为 1.5mm 的圆角。断面上各个测压孔用环管连通，然后用引出管引至装设测量仪表处，引出管路应尽量减少弯头和三通管，管路应尽可能的短，并从测压断面至引出管路末端应愈来愈高，保持 10%以上的坡度，以利于排气。

(6) 测压断面上游至少有 450mm 和下游至少有 150mm 的范围内，管壁面要求光滑并与水流方向平行。

(7) 测压管段的长度 L 和断面积 F 必须是实测值，应测量数次，取其平均值作为计算值，测量的准确度应达到 0.2%。

(8) 测压管路安装之后，应进行超过额定压力 30%～50%的耐压试验，不允许有漏气和漏水情况存在。

水锤法测流只适用于中、高水头电站。

四、流速仪测流法

流速仪测流法是一种最基本的测试方法。测量时是将若干个流速仪布置在测量断面各个选定的点上，测出断面上各测点的流速，然后对断面流速分布进行积算，就可求得流量。流速仪测流法在较好的现场条件下，其测量误差在±1%～±2%之间，用于机组效率试验的测流及率定蜗壳流量系数 K 值。

(一) 常用流速仪简介

常用的流速仪有旋杯式和旋桨式两种，水轮机测流只能用旋桨式流速仪，其结构如图 6-34 所示。下面仅就旋桨式流速仪做些简介。

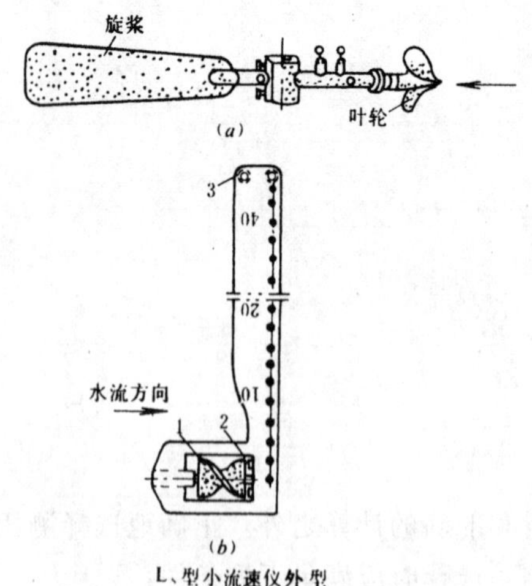

图 6-34　旋桨式流速仪外形

1—旋桨；2—电极；3—引线处

这种流速仪的测速范围有 0.07～1.5m/s 及 0.3～5.0m/s 两种规格。流速仪都带有一种计数机构，该机构中有一个齿轮（齿数有 10 及 20 两种），当叶轮转动一周时，齿轮就转过一个齿，当齿轮转完一圈时，电触头就接通一次并发出电信号。利用电信号的次数可以确定流速仪叶轮每秒钟的转数 n，n 与流速 V 之间存在着线性关系

$$V=a+bn \tag{6-44}$$

式中　V——流速，m/s；

a——常数，流速仪开始转动的流速，$a \leqslant$ 0.05m/s，仪器出厂时给定；

b——率定系数（亦称流速仪的倍常数或回归系数）；

n——桨叶转速，γ/s。

a、b 值在仪器出厂时即给定，使用前进行校验。有的流速仪在校正后得到 $V-n$ 曲线，称为流速特性曲线。当知道了流速仪叶轮转速 n 时，就可以从曲线上查得水流速度 V 值。

例如常用的 LS25-1 型旋桨流速仪，$a \leqslant 0.05$m/s，测速范围 $V=0.06 \sim 5.0$m/s，流速仪桨叶直径 $d=120$mm，每两次信号间旋桨转数 20 转（齿轮为 20 齿）。还有一种 L_s 型小流速仪，其测速范围在 0.02～4.0m/s，旋桨直径 $d=8 \sim 20$mm。

（二）测量断面的选择

测流断面的选择将直接影响到测量精度。测流断面应符合如下几个基本条件：

（1）测流断面应有足够大的尺寸。对矩形或梯形断面，最小宽度和最小水深均为 0.8m 或 $8d$，渠底应尽可能水平；圆形管道最小内径为 1.4m 或 $14d$（d 为流速仪桨叶直径）。

（2）测流断面应具有规则的几何形状，并能进行几何丈量。测流断面选定后，必须在现场直接丈量数次，取其平均值作为计算依据，几何测量的精度要求为 0.2%。对圆形断面应丈量 6 个直径。

（3）测量断面应与水流方向垂直，断面内流速分布必须正规，平均流速不小于 0.4m/s，不应有不平行于轴线的流向过分倾斜的流速，壁面附近不应存在死区和逆流区。

（4）测流断面应位于管道的直线段，断面上游侧的直管段长度 $L \geqslant 20D$，下游侧长度为 $L \geqslant 5D$，D 为管道直径。在断面上游侧 5m 内不应有畸化水流的建筑物，在下游 2m 内不应有能产生反推力的建筑物，以免水流变形或引起逆流。

（5）在测流断面与水轮机进口（或出口）断面之间不允许存在流量的渗漏损失。

（6）必须防止悬浮物进入测量断面。小型水电站如果以渠道引水或排水时，则测量断面可在渠道直线段内选取，但应离束水建筑物或尾水出口一定距离。

低水头河床式水电站常利用进水口闸门槽处作为测流断面，而两侧闸墙上的门槽可用作流速仪支架的支承。此情况下，保证水流的直线平行流动和水位的稳定是极其重要的。可装设适当的稳流栅、稳流筏、潜水顶板以及导水墙等。这样不仅可使流速分布尽可能均匀，而且可以获得精确测量水深的较好条件。但这些稳流装置应装在测流断面上游 3m 以上的距离。

具有较长压力引水钢管的坝后式和引水式水电站，若管径大于 1.4m，则测流断面常选在钢管直线段上。此直线段应有足够长度，以使水流在此直线段的上、下转弯处引起的流态破坏得以在此段内消失。

管径小于 1m 时，在压力钢管内安装流速仪比较困难，其测流断面可选在压力前池内。

（三）测点的布置

测流断面选定之后，要进一步确定断面内测速点数（流速仪台数）及其布置方式。测速点的多少应以能反映断面上流速分布的全貌为原则。测点过少，每点流速代表面积较大，影响测量精度；测点过多，扰乱水流速度的自然分布，亦影响精度。根据国际电工委员会（IEC）的规定，测点数 Z 可以这样决定：

（1）对矩形或梯形断面的渠道和进水口

$$24\sqrt[3]{F}<Z<36\sqrt[3]{F} \tag{6-45}$$

式中　F——测流断面面积，m^2。

如果进水口用支墩隔成几个孔口，则式中 F 和 Z 值仅指一个孔口而言。

在矩形断面上至少需布置 25 个测点，分布在 5 条水平线和 5 条垂直线的交点上。

在测流断面内，水流中部流速分布较均匀，测点间距可大些；在侧壁、底部和水面附近，流速变化较大，测点间距就应小一些。布置在边缘（包括底部）的流速仪应尽量靠近壁面，自边缘流速仪轴中心至壁面最近距离，一般在 100～200mm 范围内。最上面的流速仪应尽可能接近水的表面，但必须整个地埋入水下一定的深度，使水面的波动不影响流速的测定。因此，沿测流断面四周最好采用直径较小的流速仪。

如果已知断面流速分布较正规，则流速仪在每根测杆上的位置，可按下列对称方式排列

对于中、小型断面：

S—2S—3S—4S—4S……—3S—2S—S

对于杆长大于 4m 的大型断面：

S—3S—5S—6S—6S……—5S—3S—S

上述两表达式中，S 代表自最边缘流速仪轴中心至壁的距离，一般取 $S>d+30$mm，d 为流速仪直径。

某渠道引水径流式小型水电站，测流断面选择在引水渠道的平直段内，流速仪的具体布置方案，如图 6-35 所示。整个断面内布置 28 台流速仪。

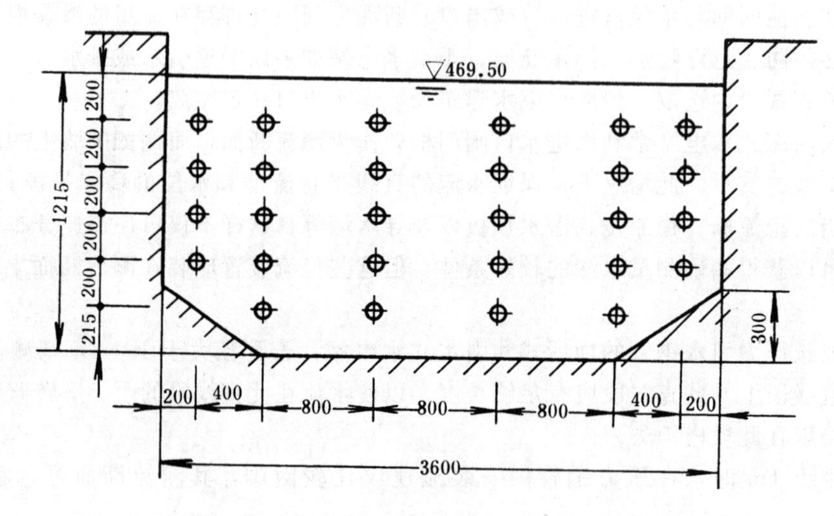

图 6-35　某水电站渠道测流断面流速仪布置图

（2）对圆形断面的管道，每个半径支臂上测点数 Z_R 按下式确定

$$4\sqrt{R}<Z_R<5\sqrt{R} \tag{6-46}$$

式中　R——管道半径，m。

流速仪测点通常布置在通过断面圆心的互相垂直且与水平呈 45°角的两直径测杆上，

对称于圆心，如图 6－36 所示。在圆心处必须布置一台流速仪，以测取圆心处流速，这样圆形断面的测点数可表示为

$$Z=4Z_R+1 \tag{6-47}$$

式中　Z_R——一个半径支臂上的测点数。

规程规定：圆形断面的压力钢管，至少需有 13 个测点（包括 1 个圆心测点），一般不超过 37 个。当流速仪台数较多时，可增加 1～2 个直径测杆。

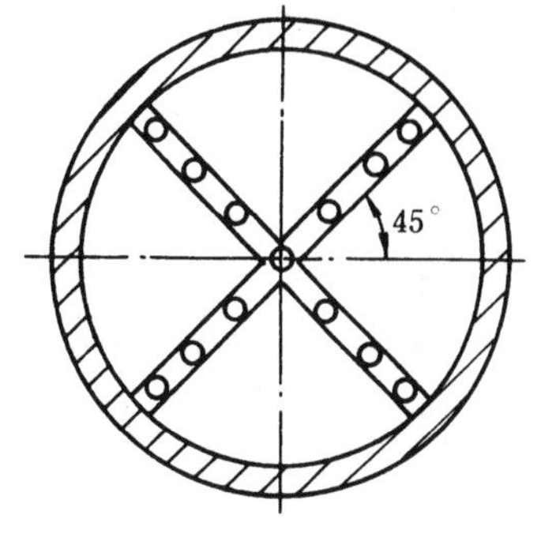

图 6－36　圆形测流断面流速仪布置图

流速仪之间的距离用等面积法按下式确定

$$r_n=R\sqrt{\frac{2n-1}{2Z_R}} \tag{6-48}$$

式中　r_n——半径测杆上第 n 个流速仪到圆心距离，m；

R——测流断面的半径，m；

n——从圆心开始向外数的半径测杆上流速仪序号；

Z_R——每一半径测杆上流速仪总台数（圆心处流速仪除外）。

（四）流速仪的安装和信号记录

流速仪校验之后，将其牢固地安装在测杆上。测杆一般采用钢管，根据测流断面的形状焊成框架（矩形断面）或通过圆心的相互垂直的杆架。流速仪安装固定之后，必须测量它们之间的距离，其准确度为±0.2%。流速仪轴的中心线与水流方向偏离角度不得超过 5°。

测量断面各测点上安装的流速仪用电缆与记录器相连接。电缆股数应比所用流速仪台数多一股，这股导线作为公共接地线。所有从流速仪引出的各股导线，应将他们扭成辫状，并捆绑在测杆上，然后将整根电缆引出接到记录器。

流速仪发出的脉冲信号可用多台光线示波器共同工作来记录，也可采用自动脉冲信号记录器记录，如图 6－37 所示。

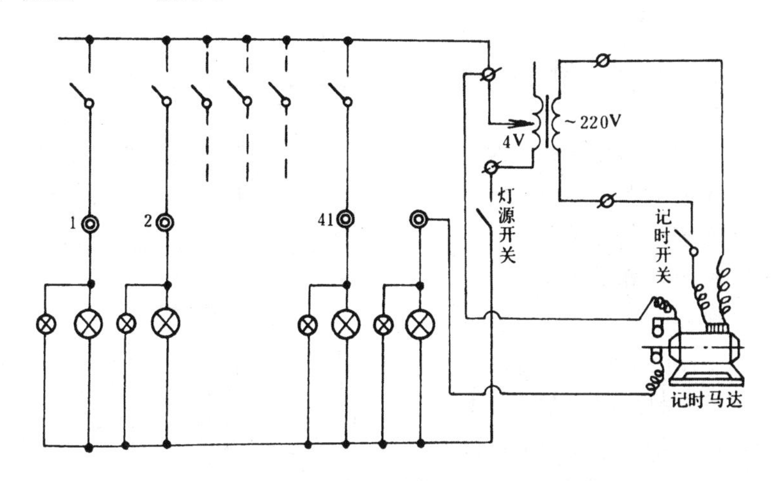

图 6－37　41 型流速仪脉冲信号记录器电路接线图

脉冲信号记录器由感光灯、指示灯、感光纸带转动机构和时间记录装置组成。当流速仪桨叶转动10或20圈时，流速仪电触头接点就接通一次，于是记录器上的感光灯与指示灯同时亮一次；另一方面，时间记录装置每秒接通一次，使时间感光灯和指示灯也随着每秒亮一次（作为时标带），由于感光纸带随转动机构以一定速度向前转动，这样就可把感光灯工作过程在纸带上感光而同时记录下标准时间带和每台流速仪测量的记数信号。记录图形，如图6-38所示。

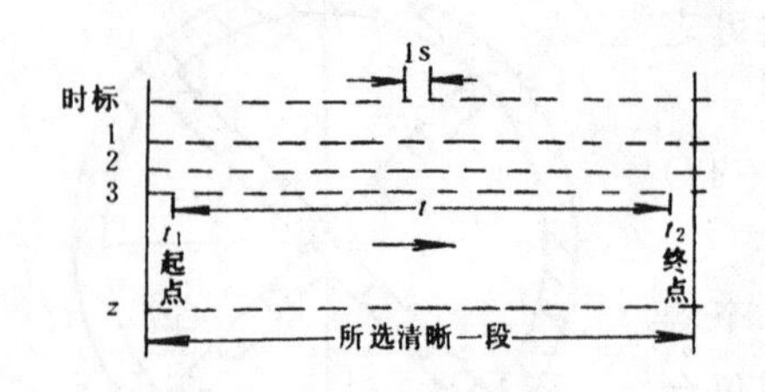

图6-38　流速仪脉冲信号记录图

由于流速仪只能在水流保持稳定流动时才能测准流速，故只有在运行工况稳定后才发出第一次读数信号，启动转动机构马达，进行记录。一般记录时间至少应持续5min。如果发现水流有周期脉动现象，则记录时间至少应延长到4个脉动周期。

最好采用机械式的时间记录装置，这样记录图上时间标记和周波变化无关。当采用与系统周期同期电源作为时间标记时，则必须按实际周波值对记录时间进行修正。

（五）流速分布图的绘制和流量的计算

1. 流速分布图的绘制

为了绘制流速分布图以便推求流量，首先要计算在某一导叶开度下每个测点的流速值。为此应在感光纸带上选取记录信号最清晰的一段，其持续时间不少于2～3min。在此段内，对流速仪所记录的每根点线，在其两端各选一记录信号作为起点和终点，其相应时间为t_1与t_2，见图6-38，则流速仪工作时间为$t=t_2-t_1$，再统计在t时间段内流速仪脉冲信号数为m（取整数），若流速仪信号每接通一次，桨叶需转动K圈（$K=10$或20），则流速仪转速n为

$$n=\frac{Km}{t}\quad (\mathrm{r/s}) \tag{6-49}$$

式中　n——流速仪转速，r/s；

t——流速仪工作时间段，s；

m——在t时间段内，流速仪脉冲信号数；

K——流速仪信号接通一次，桨叶转动圈数，$K=10$或20。

可用流速仪流速计算公式（6-44）或特性曲线将转速n换算成流速v。各测点流速计算应列表进行。

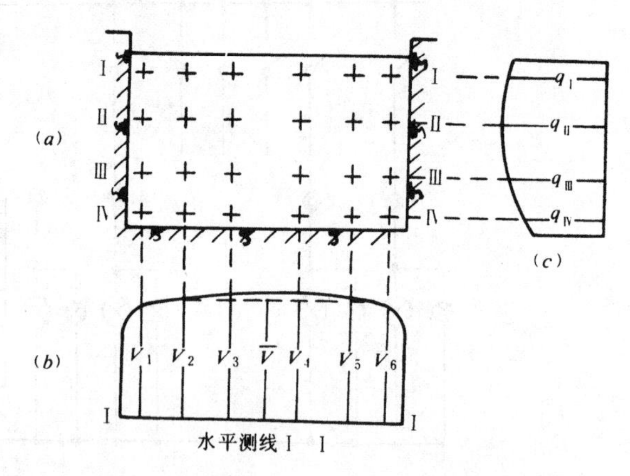

图6-39　矩形断面内流速和单位流量分布图

（a）测量断面；（b）流速分布；（c）单位流量分布图

求出导叶某一开度下断面内各测点的流速之后，就可绘制流速分布图。对矩形或梯形断面，可绘制沿垂直测线或水平测线的流速分布图，如图6-39（b）所示；对圆形断面则可绘制沿半径的流

速分布图，如图 6－40 所示。

从最靠近边缘的一个测点到壁面这段范围内的水流速度，由于无法安装流速仪而不能实测，但可用插补法来解决。假设这一段范围内流速分布规律遵循下列指数函数关系

$$V_x = K Y_x^{\frac{1}{C}} \tag{6-50}$$

式中 V_x——插补点的流速；

Y_x——插补点离壁面的距离；

K——某一常数；

C——与雷诺数有关的指数，取 $C=7\sim10$。

若已知最边缘上一个测点的实测流速 V_1，此点离壁面距离为 Y_1，如图 6－41 所示，则按指数函数关系插补点流速 V_x 值可用下式求得

$$V_x = V_1\left(\frac{Y_x}{Y_1}\right)^{\frac{1}{C}} \tag{6-51}$$

式中符号意义同式（6－50）。

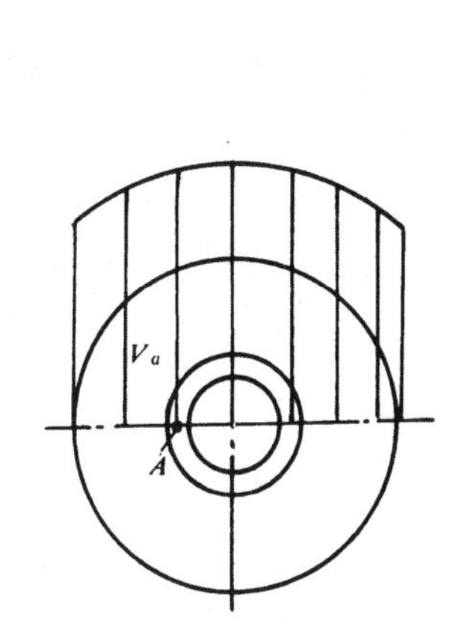

图 6－40 圆形断面沿直径的流速分布图

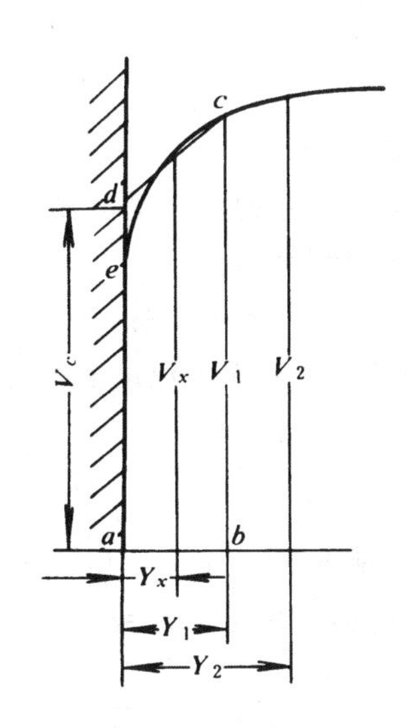

图 6－41 边缘流速的插补

根据确定的 c 值，可利用式（6－51）来插补近壁段 2～3 点的流速值。这样就可画出近壁段流速分布曲线，从而完成流速分布图的绘制，以便计算流量。

近壁段流速分布图也可用求虚拟流速代替上述的插补法。

2. 用图解法计算流量

对矩形或梯形的测流断面，其流量可用逐次图解积分法求得

即
$$Q = \int_0^h \mathrm{d}h \int_0^b V \mathrm{d}b \tag{6-52}$$

式中 h——测流断面的水深，m；

b——测流断面的宽度；m；

V——流速，m/s；

Q——流量，m^3/s。

断面流量可以这样求得：根据所绘制的某一水平测线上的流速分布图，如图 6-39（b）中水平测线Ⅰ-Ⅰ所示，用求积仪量出速度分布曲线和水平测线所包围的面积，它表示以此水平测线为基准的单位水深（$h=1$）的过水断面内通过的流量，此流量称为单位流量 q。如果绘制流速分布图时用的流速比例尺为 M_V（m/s/cm），宽度比例尺为 M_b（m/cm），则单位流量为

$$q=M_V M_b\int_0^b V\mathrm{d}b \tag{6-53}$$

按此法求出所有水平测线上的单位流量 $q_{\text{Ⅰ}}$、$q_{\text{Ⅱ}}$、$q_{\text{Ⅲ}}$……。如果用水深比例尺 M_h（m/cm）定出纵坐标上各水平测线的位置，用单位流量比例尺 M_q（$m^2/s/cm$）在横坐标方向标出相应于各水平测线的单位流量值，再以光滑曲线连接各顶点，则所得曲线称为单位流量分布曲线，如图 6-39（c）所示。其面积即为在某一导叶开度下通过测流断面的流量，即

$$Q=M_h M_q\int_0^h q\,\mathrm{d}h \tag{6-54}$$

其值可用求积仪量取。

对圆形测流断面，其通过流量可根据每个半径测杆上的流速分布图分别求得，然后取其算术平均值作为最终结果。

在计算中假定：半径测杆上任一点，如图 6-40 所示的 A 点，所测得的流速为 V_a，则 A 点所在的整个环形截面上流速值都是一样的，则通过圆形断面的流量为

$$Q'=2\pi\int_0^R Vr\,\mathrm{d}r \tag{6-55}$$

式中　Q'——通过圆断面的流量，m^3/s；

V——测点处的流速，m/s；

r——测点到圆心的距离，m；

R——圆断面的半径，m。

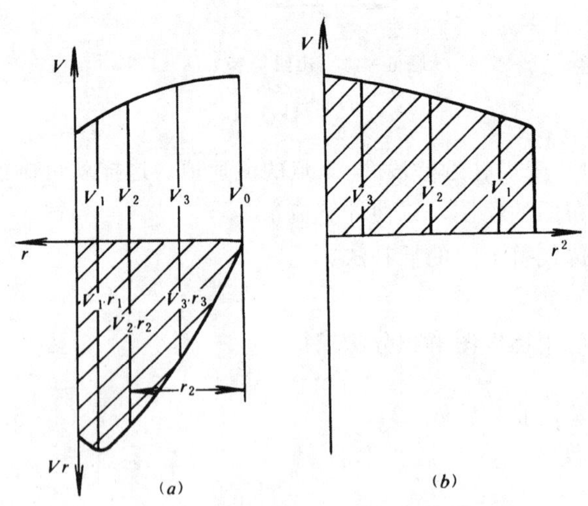

图 6-42　圆形断面计算流量的图解法

此积分式可用图解法求得：首先根据所绘制的半径测杆上的流速分布图，将各测点处流速 V 乘上各点到圆心距离 r，然后将所得之积 Vr 标在该点下方，再通过 Vr 值的端点作光滑曲线，如图 6-42（a）所示。用求积仪量出图上的阴影面积 f（cm^2），乘以 2π 和比例尺，即得上述积分式所表示的流量值 Q'：

$$Q'=2\pi f M_r M_{Vr}\quad (m^3/s) \tag{6-56}$$

式中　M_r——半径测杆比例尺，m/cm；

M_{Vr}——Vr 比例尺，$m^2/s/cm$；

f——阴影部分面积，cm^2。

如果测流支架是采用两根相互垂直的测杆，则按上述方法分别对四个半径测杆求出流量 Q'_{I}、Q'_{II}、Q'_{III}、Q'_{IV}，取其算术平均值作为计算结果，即

$$\overline{Q'}=\frac{1}{4}(Q'_{\mathrm{I}}+Q'_{\mathrm{II}}+Q'_{\mathrm{III}}+Q'_{\mathrm{IV}}) \tag{6-57}$$

式中　$\overline{Q'}$——流量的算术平均值，m^3/s；

$Q'_{\mathrm{I}}\sim Q'_{\mathrm{IV}}$——分别为依半径测杆Ⅰ～Ⅳ求出的流量，$m^3/s$。

五、混合稀释法（浓度法）测流量

（一）测量原理

混合稀释法测流量是标记法测流量中的一种测流量法。

在流过封闭管道或明渠的流体中，混入适当的物质作为标记物，通过测量此混合流体的浓度便可求得流量。所以，称这种方法为混合稀释法或浓度法。这种方法适合于测量各种流动的流体，它不受管道和水路形状、大小、管径的不均匀等因素影响，也不受管道的弯管和阀门的安装状态的影响。因此，它适合于水轮机和水泵的流量的测量，其测量精度可达1%～1.5%。

进行水轮机流量测量时，在管道或渠道的上游，以恒定的小流量注入适当的标记物。标记物必须能与被测流体很好地混合，且不妨碍流体的使用。在所注入的标记物与被测流体很好地混合的情况下，于下游处取样，通过测量标记物的浓度求出流量。

假设：上游侧的流体中在未加入标记物之前已有的标记物的质量浓度为 C_0(g/kg)；在上游侧所注入的标记物的质量浓度为 C_1(g/kg)；在混合得很好的情况下，下游侧流体中所测得的标记物质量浓度为 C_2；待测流体的质量流量为 G(t/s)；上游侧注入标记物流体的质量流量为 G_x(t/s)。

那么，在上游侧注入处单位时间流过的流体中标记物的质量应为 $C_0G+C_1G_x$；在混合良好的情况下，下游侧单位时间流过的流体中（质量流量为 $G+G_x$）标记物的质量应为 $C_2(G+G_x)$，这两者应该相等，即

$$C_0G+C_1G_x=C_2(G+G_x) \tag{6-58}$$

整理后得

$$G=\frac{C_1-C_2}{C_2-C_0}G_x \tag{6-59}$$

式（6-58）和式（6-59）中

G——待测流体的质量流量，t/s；

G_x——注入标记物的质量流量，t/s；

C_0——未加入标记物之前流体中原有标记物的质量浓度，g/kg；

C_1——上游侧注入的标记物的质量浓度，g/kg；

C_2——下游侧所测得的标记物质量浓度，g/kg。

工程上常用体积流量 $Q(m^3/s)$ 表示，它与质量流量 $G(t/s)$ 的关系为

$$Q=\frac{G}{\gamma} \tag{6-60}$$

式中 Q——流体的体积流量，m^3/s；

γ——流体的密度，t/m^3。

从式（6-60）可以知道，测量流体流量时，与所选用的标记物浓度的单位无关，只要它们所选用的是同一种浓度单位即可。

（二）测量方法

用浓度法测量流量时，有三个重要的操作步骤：

(1) 注入标记物。水轮机或水泵流量测量中使用的标记物常用食盐（NaCl）。把盐和水按预定的浓度调配成盐水，然后以恒定的微小流量注入，应严格地控制注入流量（可用齿轮式容积流量计测定或层流流量计测定），注入时保持盐水的浓度不变。要求标记物与待测流体能很好地混合，盐水能适合此要求。为了使标记物在注入后能与被测流体很好地混合，可在标记物注入口处（例如水电站的水轮机进水口闸门槽处）设置一个框架，此框架通常用钢管焊成，并以闸门槽作为安装框架的轨道。在框架上设置许多标记物注入口，尽量使整个进口断面均匀地注入标记物。

(2) 使注入物与待测流体很好地混合。在水轮机流量测量中，不宜再装设其它附设装置，因此，浓度测流法只适用于水轮机过水系统中水流有较多的紊流和旋流的机组中；对于其他管道的测流，为了使标记物与被测流体很好地混合，还可以装设特殊的混合装置，例如增加管路上的弯管段或阀门等。

(3) 对混合物进行取样分析。取样时，应在出口处（例如水轮机尾水管的出口处）分设几个不同位置的取样点，同时取样。尤其是当取样处管道横截面上的浓度不均布时，应取几个点，并求出平均浓度值为所测浓度值。平均浓度值可按下式计算

$$\overline{C}=\frac{\int_0^R 2\pi r V_r C_r \mathrm{d}r}{\pi R^2\overline{V}} \tag{6-61}$$

式中 $\overline{C}$——取样断面的平均浓度，g/kg；

R——管道半径，m；

r——沿半径方向距管道中心轴的距离，m；

V_r——与 r 对应点的流速，m/s；

C_r——半径为 r 处的浓度，g/kg；

$\pi R^2\overline{V}$——管道内流体的体积流量，m^3/s；

$\overline{V}$——管道内流体的平均流速，m/s。

取样处一般设在尾水平台上，把几个取样瓶固定在一个架上，同时伸入水中取样。

盐水浓度可用电传导法测定。测量标记物浓度的精度，将直接影响到流量的测量精度。

许多测流方法要求管道内流体的流态不要有旋流和紊流，而混合稀释法测流量恰好是利用紊流与旋流使标记物能均匀地混合，这是这种测量方法的最大特点；此外，用此法测

量时，不需对流动的流体进行测验，也是此法的特点。

对某些河床式或坝后式水电站，由于引水管道短，水流紊乱复杂，不便于布置水锤测量仪表或流速仪。因此，这类水电站使用浓度法测流量是一种行之有效的办法，可用浓度测流法率定蜗壳流量系数 K 值。但是，浓度法只适合于流量的短期测量，不宜用于长期的连续测量流量。

根据浓度测流法测量方法的三个主要测量操作步骤可知，不论何种流体，只要它能符合这三个步骤的要求，都可采用浓度法来测量流量。因此，它除了用于水流的流量测量外，还可用于气体流体的流量测量。

水泵的流量测量，常用流速仪测流法或混合稀释法测量。用流速仪法测量流量时，可以在流道内或进、出水渠道上选择一个合适断面装设流速仪。用浓度法测量流量时，则在进水渠投入标记物质，在出水渠取样测定。还可以在进水流道的进、出口之间建立压差，利用压差计作日常流量监测，其流量系数按流速仪法或浓度法率定。

第六节　水力监测系统的设计

一、设计步骤

水力监测系统首先应满足水电站的安全与经济运行的要求，同时还应考虑为改进设计而进行的科学研究提供资料。

目前，已有越来越多的中、小型水电站併入系统运行，因此对它们的自动化程度要求也较高。为了满足水电站自动控制的要求，应将有关的水力参数传送到中控室，甚至远传到系统调度所，以便合理分配负荷，提高水电站的运行效率。

在设计时，应根据水电站的型式、机组容量、台数、水电站在系统中的地位，以及水工建筑物的要求等方面，统一考虑确定测量项目、测量地点，仪表装设位置，以及参数的传递及接收方式和自动化程度等。

设计步骤包括以下几个方面。

（一）搜集有关资料

包括水电站所在地的水文、气象资料，上、下游水位及其变化幅度，水电站各种水头，机组型式，单机容量，机组台数，最大过流量和尾水管型式，电力系统对水电站的要求，水电站的总体布置，机电设备的特点等。

（二）根据电站的特点和要求，确定监测项目

在确定测量项目时，既要考虑满足水电站运行监测和试验性测量的近期要求，又要考虑将来发展的需要，在预埋管路的布置上应留有余地。测量项目包括以下两部分内容：

（1）全厂性测量：为了解水电站机组运行情况及为调度所提供水电站的水力参数资料，必须设置的项目有上游水位（水库水位或压力前池水位）、尾水位、装置水头和水库水温等。这些项目是全厂共有的，因此每个项目只装一套量测设备。

（2）机组段测量：主要是用于监测机组运行情况或为改进机组过流部件的设计提供资料。主要测量项目有拦污栅前、后压力差，水轮机工作水头，水轮机过流量，过水系统

（包括蜗壳、尾水管）的压力与真空压力，尾水管出口的压力等。因为每台机组的运行情况不同。因此，每台机组应该各有一套量测设备。

（三）监测设备的选择

根据国内仪表的生产供应情况和水电站自动化程度的要求，选择监测设备，包括以下内容。

（1）量程计算：计算被测参数的最大值和最小值，并依此选择仪表的量程。

（2）信号传输方式的确定，包括信号显示和传送方式的确定。

（3）选择仪表：包括仪表的型号、规格、数量和精度等级的选择。

（四）拟定水力量测系统图

在系统图中要求具体反映出测量项目、监测方式、测点的位置和仪表装置地点。图 6－43 为水力监测系统图示例。

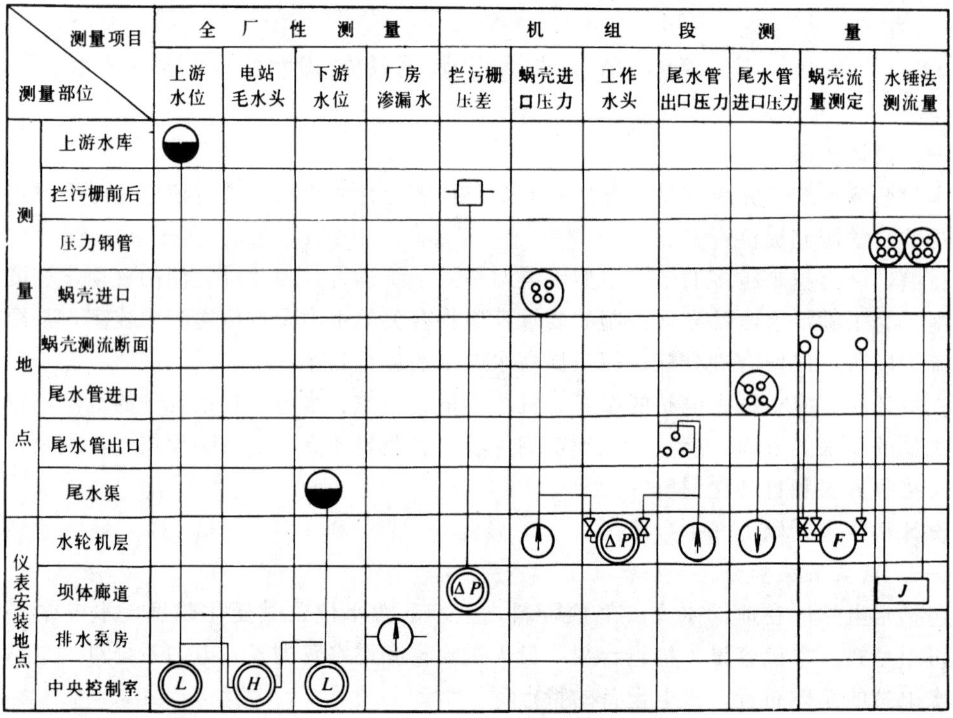

测量部位 \ 测量项目		全厂性测量				机组段测量						
		上游水位	电站毛水头	下游水位	厂房渗漏水	拦污栅压差	蜗壳进口压力	工作水头	尾水管出口压力	尾水管进口压力	蜗壳流量测定	水锤法测流量
测量地点	上游水库											
	拦污栅前后											
	压力钢管											
	蜗壳进口											
	蜗壳测流断面											
	尾水管进口											
	尾水管出口											
	尾水渠											
仪表安装地点	水轮机层							ΔP			F	
	坝体廊道					ΔP						J
	排水泵房											
	中央控制室	L	H	L								

图 6－43　水力监测系统图

（五）绘制施工详图

包括埋设管路布置图、仪表安装图和仪表盘面刻度图等。

二、测压管路的选择和布置

（一）测压管道的选择

测压管的管长和管径都会直接影响到测量的精度，因此，测压管的管长和管径要根据被测流体的流速、仪表的种类和布置条件进行选择。

（1）管径的选择。根据不同的测量对象选择管径：

1）对于测量瞬变压力的管路，如水锤法测流的管路，输水系统中压力或真空的测量等，应选用较大的管径，如 $\phi32$ 的管径。因为管径较大，管内介质流动的速度较低，惰性也就较小，反应速度较快，测量的灵敏度较高。

2）对缓变流动的管路，例如水轮机工作水头的测量，蜗壳流量计和拦污栅前、后压力差的测量管路，可选用较小的管径，如 $\phi20$。

均压环管选用 $\phi40$ 的管径。就地安装仪表的测压管可选用 $\phi6$ 或 $\phi8$ 的铜管或钢管。当管道较长时，采用较大的管径，管路短时采用小管径。

（2）管长的选择。根据仪表种类和布置条件而定。连接差压计的管长在 3～50m 之间；连接压力表、真空表和压力真空表的管长不超过 20m。

（3）管材：由于测压管中的存水一般很少流动，因此，测压管一般都采用镀锌水煤气钢管。对于就地安装的小管径（$\phi6$、$\phi8$、$\phi10$）的管道，可选用紫铜管或钢管。

（4）管道的布置：测压管道绝大部分埋设在水下部分的混凝土中，对布置无特殊要求。只要管道接头正确，管路尽量取直，并尽可能使测压管布置在测压孔水平线的下方即可。一般在测压管最高处应设置放气阀，以排除管道中积存的空气。

管道安装完毕后，应进行水压试验，试验压力一般为最大工作压力的 1.5 倍，但最低不得小于 300kPa。试验时间为 10～30min。

（二）测压孔的布置

测压孔的布置应考虑水流流态的影响，防止泥沙和杂物的淤堵和防止气泡的进入。因此，在选定的测量断面上通常都布置若干个测孔，为了防止淤堵，测孔不应布置在测量断面的底部；也尽量不要布置在顶部，以免气泡或飘浮物进入。

对于圆形断面，一般可取 4 个测孔，如图 6－20 所示。4 个测孔布置在与水平线呈 45°角的位置上，并用均压管将其连接起来，然后引至测量仪表。测压孔应垂直于测量断面的中心线。

对于矩形断面，测孔应布置在两侧垂直的壁面上。由于矩形断面的尺寸均较大，为取得压力的平均值，目前我国在水电站设计中，也有在顶部布置了测压孔。然后用均压环管连接起来再接到测量仪表，如图 6－20 所示。测压孔应垂直于壁面。

为了保证测量精度，在测压断面的附近一段距离内的管内壁应光滑，并与水流方向平行。这个距离按国际规程规定：进行水头测量时，测量断面以上为 200mm，以下为 100mm；用水锤法测流时，测量断面以上为 450mm，以下为 150mm。

测孔直径一般为 $\phi20$，测头不得突出壁外，测孔边缘无毛刺，如图 6－44 所示是小型水电站普遍采用的测压嘴。

由于中、小型水电站的规模及其在电力系统中的地位不同，其自动化程度也有很大的差异。因此，水力监测的项目和自动化的要求也各不相同，进行水力监测系统设计时，应根据具体电站的容量及其在电力系统中的地位等条件来选择水力量测项目及其自动化程度。

水泵站的水力监测系统的设计除测量项目有所不同之外，其余的要求均与水电站水力监测系统的设计相似。

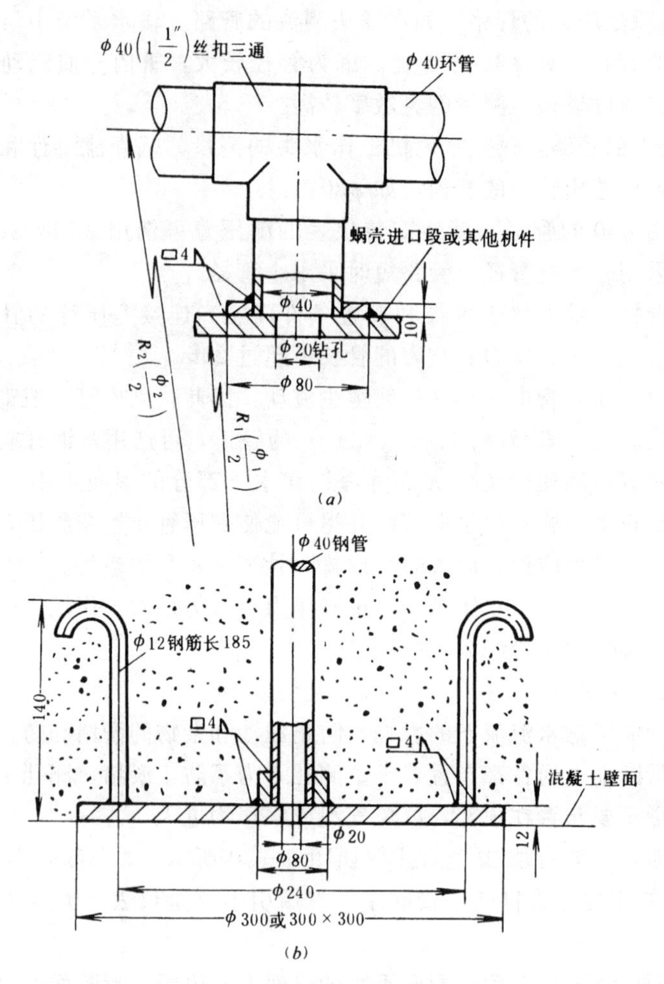

图6-44 测压嘴结构图（单位：mm）

第七节 水力机组的效率测定

一、效率试验的目的和意义

人们习惯上把供生产电能用的水轮机称为原型水轮机，也称为真机，以区别于作试验用的模型水轮机。测定原型水轮机实有效率的试验，称为原型水轮机的效率试验。

如前所述，原型水轮机各工作参数值，都是根据与其相似的模型水轮机在实验室中试验所得的综合特性曲线，利用相似定律换算得来的。而这些换算值由于各种原因，其误差是较大的。这是因为只有在由模型到原换算型方法十分正确，足以可信时，工作参数数值才是可靠和准确的。然而至今这是办不到的，因此，原型水轮机各工作参数实测值总不会和预先规定完全相等。其次，由于模型与原型在尺寸上的悬殊，这样在模拟水力损失，容积损失和机械损失时，常出现较大的误差。再者，实验室的试验条件和水轮机安装现场的工作条件不能完全相同，有些现场条件是无法在实验室内模拟的。即使是同一型号同一制造厂生产的水力机械，由于制造工艺的误差，其效率特性也不会一样。所有这些原因，使原型水轮机各工作参数实测值与从模型换算而来的工作参数值不可能完全相等。

为了电站经济合理地运行，需要确切知道最优效率及效率特性等工作参数；为了电站的安全可靠地运行，又需要正确了解机组的振动、汽蚀等一些参数。所以，为了电站的安全、经济运行，必须对原型水轮机各工作参数进行现场测试。也只有通过现场试验，才能客观地检验水轮机的制造质量，校核制造厂在供货合同上或其他技术文件上所提供的工作参数的保证值。

综合上述，原型水轮机效率试验的目的在于：

（1）鉴定水轮机的效率特性。利用实测所得的效率特性曲线，与制造厂所提供的根据模型试验换算来的特性曲线进行比较，就可以检验制造厂所保证的效率能否达到。

（2）率定蜗壳流量计。绘制水轮机的运转综合特性曲线，为电站的经济运行提供最可靠的原始资料。

（3）鉴定水轮机的其他特性，如机组振动、汽蚀、尾水管压力脉动等。这些项目对分析水轮机效率的变化是很有用的，对水轮机的安全运行也是非常必要的。

二、观测项目和观测点

水轮机与水泵的效率是不能直接测量的，需要通过间接测量的方法才能求得，即先要通过测量流量、水头或扬程、发电机输出功率或电动机的功率、转速等项目后，再应用相关公式进行计算得到效率。根据需要，有的电站还可能增加其他测量项目，如机组振动、气蚀等。从此可以看出，水力机组的效率试验，可以认为是水力监测各项目的综合系统工作。

为了测定上述基本参数，必须根据观测项目，测试方法，所用仪表及厂房内各设备的布置情况，合理地布置各观测点的部位。

1）中央控制点：是整个试验的指挥中心，用以操纵机组的起动和停机，负荷的调整以及发送指挥试验的统一信号。一般设在调速器旁。

2）导叶开度观测：观测接力器行程，设在作用筒刻度标尺处。

3）功率观测：测定发电机母线功率，设在机旁盘附近，尽可能在发电机出线端。

4）流量观测：测量水轮机的流量，根据不同的测流方法及使用仪器设置的观测点，应尽量靠近测量流量所在地。

5）上游水位观测：观测上游水位，可设在进水口附近或测压点引入处。

6）下游水位观测：观测下游水位，可设在尾水管出口附近或测压点引入处。

以下几项观测点，均可设在水轮机层设有测压点的引出管处：

7）蜗壳压差观测：观测蜗壳内外缘两测点间的压差。

8）蜗壳进口压力观测：观测蜗壳进口处压力。

9）尾水管出口压力观测：观测尾水管出口处压力。

10）尾水管真空观测：观测尾水管压力脉动。

根据试验要求，还可以对观测项目进行增、减。

三、测试工作

原型水轮机的效率试验是一件复杂而细致的工作，观测部位多，工作面广，技术性强。为了使试验工作顺利进行，试验前应作好充分的准备工作，其准备工作大致有：

（1）拟定试验大纲。由电站和协作单位共同拟定大纲，内容包括：试验目的、观测项目、采用方法、所需仪表、试验次数以及人员安排等。

（2）校验仪表。试验前需校验的仪表包括电流互感器、电压互感器、瓦特表、周波表、压力表和压力真空表等。若采用流速仪测流量法，还需率定流速仪及制作流速仪支架。

（3）校正标高。包括上、下游水尺的零点标高、压力表的安装高程，并与电站枢纽的统一标高相联系。

（4）冲洗测压管路。用压缩空气吹扫或高压水流冲洗平时不常用的测压引出管路。

（5）检查过流部件。若发现过流部件有严重损坏的应进行抢修，若不能抢修者应记入试验记录内。

（6）安装照明、联络信号。各观测点都应有足够的照明装置，并有电话等与中央控制室的联络设施。

（7）印制统一的记录表格。观测项目的所有观测值均应记录在表格内。根据试验项目的需要，其表格内容也有差异，例如表 6－6 及表 6－7 所示。

表 6－6　　机组效率试验实测数据汇总表

试验测次	接力器行程（mm）	上游水位（m）	下游水位（m）	蜗壳进口压力（Pa）	尾水管出口压力（Pa）	蜗壳压差（mm·Hg）			瓦特表读数		周波表读数（Hz）	功率因数表读数	备注
						高压	低压	压差	(W_1)	(W_2)			

表 6－7　　机组效率试验计算表

序号	导叶开度 a（%）	蜗壳压差平方根 $\sqrt{\Delta h}$	实测水轮机流量 Q（m^3/s）	水轮机工作水头 H_n（m）	水轮机平均工作水头 $\overline{H}_n$（m）	发电机输出功率 P_g（kW）	换算到平均水头 $\overline{H}_n=m$ 下		机组效率 η_n（%）	发电机效率 η_g（%）	水轮机效率 η_t（%）	水轮机功率 N_t（kW）	机组耗水率（m^3/kWh）	备注
							流量 Q'（m^3/s）	功率 P'_g（kW）						

（8）组织参加测试人员学习试验有关文件及试验进行的程序与方法。

（9）做好技术保安措施。试验中所有观测点应同时进行，其中关于流量、上、下游水位、水轮机工作水头等的测量已在前面介绍了，此处不再赘述。为了推算水轮机的效率 η_t，除了已知的发电机效率 η_g 外，还要通过机组的效率 η_u 进行换算才能得到水轮机效率。而机组效率 η_u 与发电机输出功率 P_g 有关，即

$$\eta_u = \frac{P_g}{H_n Q \gamma} \tag{6-62}$$

$$\eta_t = \frac{\eta_u}{\eta_g} \tag{6-63}$$

式（6-62）、式（6-63）中

η_u——机组效率；

P_g——发电机输出功率，kW；

H_n——水轮机工作水头，m；

Q——水轮机流量，m^3/s；

γ——水的容重，kN/m^3；

η_g——发电机的效率。

从上述两式可知，为了求得机组效率，必须对发电机的输出功率 P_g 进行测试。

发电机的有效功率，必须在与水轮机试验条件相同的情况下测定，也就是应在测量水轮机流量的同时测定，此时发电机在额定电压和额定转速下运行，而且尽可能使功率因数 $\cos\varphi=1$，至少应保持额定的 $\cos\varphi$，因为随着 $\cos\varphi$ 的改变，发电机效率亦会变化，所以，在试验时应将 $\cos\varphi$ 的数值记录下来。

如果效率试验是用水锤法测流量，则发电机功率应当是在水锤压差曲线记录前稳定工况下所测读的平均值。

发电机有效功率的测定位置，应尽可能在发电机出线端，如不可能，则在测定的功率上必须加上发电机出线端至测量装置之间所产生的损失。

测定发电机有效功率中对于三相四线制系统，必须采用三个单相功率表测量，取三只表读数之代数和作为三相有功功率。一般水轮发电机组的效率试验，最常用的是双瓦特表法测量发电机的有功功率，因为此法接线简单，所用的仪表也少，所用瓦特表的精度应为 0.2 级。其接线图，如图 6-45 所示。

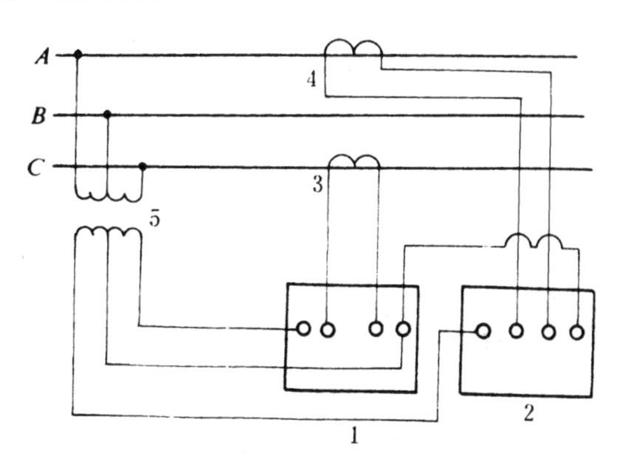

图 6-45 用双瓦特表测量发电机有功功率接线图

1、2—瓦特表；3、4—电流互感器；5—电压互感器

瓦特表中的电流线圈（电流互感器）任意串联接入两线，而瓦特表中电压支路（电压互感器）的发电机端接到电流线圈所在的线路上，电压支路的非发电机端必须接到没有电流线圈的第三线上。这样，不论负载是否对称，两个瓦特表读数之代数和就是三相电路总功率

$$P_g = \frac{CK_I K_V (W_1 + W_2)}{1000(1+\varepsilon_p)} \tag{6-64}$$

式中 $$C=\frac{I_H V_H}{a_H} \tag{6-65}$$

上述两式中

P_g——发电机总功率，kW；

C——瓦特表刻度常数；

I_H——标准电流，A；

V_H——标准电压，V；

a_H——标准满刻度，格；

K_I、K_V——电流互感器与电压互感器的变比系数；

ε_p——互感器的综合误差，包括比差和角差，%；

W_1、W_2——瓦特表1、2的读数，格。

用双瓦特表测量发电机有功功率时，可能其中一个瓦特表出现反转，为了取得读数，这时应把该瓦特表的电流线圈的两个端钮对换，使瓦特表向正方向偏转，相应地该瓦特表读数应是负值，此时三相总功率等于两个瓦特表读数之差。

四、成果计算与分析

机组和水轮机的效率特性曲线是在水头为定值的条件下绘制的，也只有在同一水头下方能作相互比较。但在试验过程中，由于上、下游水位的波动和引水管道在通过不同流量时所引起的水头损失不同，从而使各次测量时水轮机工作水头不能保持定值。因此，为了绘制效率特性曲线，必须将各不同开度下实测的流量和功率换算到平均试验水头下的流量和功率。其换算式为

$$Q'=Q\left(\frac{\overline{H}_n}{H_n}\right)^{\frac{1}{2}} \tag{6-66}$$

$$P'_g=P_g\left(\frac{\overline{H}_n}{H_n}\right)^{\frac{3}{2}} \tag{6-67}$$

式（6-66）和式（6-67）中

Q'、P'_g——分别为换算到平均试验水头时的流量和功率；

Q、P_g——实测的流量和功率；

H_n——实测的水轮机工作水头；

$\overline{H}_n$——平均试验水头，是各次实测水头的算术平均值。

上述换算是假定水轮机效率不变，也就是在实测水头与平均试验水头相差不超过±2%时才允许这样换算。此时

机组效率 $$\eta_u=\frac{P'_g}{\overline{H}_n Q'\gamma} \tag{6-68}$$

式中 γ——水的容重，kN/m^3；

其他符号意义同前。

水轮机效率 $$\eta_t=\frac{\eta_u}{\eta_g}=\frac{P'_g}{\eta_g\overline{H}_n Q'\gamma} \tag{6-69}$$

水轮机的出力

$$P_t=\gamma\overline{H}_nQ'\eta_t=\frac{P'_g}{\eta_g} \tag{6-70}$$

式中　η_g——发电机效率，可按相应的 $\cos\varphi$ 下的实测效率曲线确定，若发电机尚未进行效率试验，可按制造厂提供的效率曲线确定。

依据在不同导叶开度下计算所得 η_u，η_t，P'_g 和 P_t，就可绘制在平均试验水头 $\overline{H}_n$ 下的机组和水轮机的效率特性曲线 $\eta_u=f(P'_g)$ 和 $\eta_t=f(P_t)$。从而可与机组的效率保证值进行比较。还可根据各参数的测量误差进而确定效率测定的误差。

水轮机效率的综合误差 δ_η。

水轮机效率的测量误差是流量 Q、水头 H_n 及出力 P 等各单项测量误差的综合结果，可表示为

$$\delta_\eta=\pm\sqrt{\delta_Q^2+\delta_H^2+\delta_P^2} \tag{6-71}$$

式中　δ_Q——流量测量误差；

δ_H——水头测量误差；

δ_P——出力测量误差；

δ_η——效率综合误差，不应超过±1.5%～±2.5%。

把确定了的效率测量允许误差带宽 $\pm\delta_\eta$ 加到通过试验所得的效率曲线上，就得出了可以接受的水轮机效率试验的允差带。若再把制造厂提供的在该水头下所保证的效率曲线绘在同一图上，如果该曲线全部位于允差带内，则效率得到保证。曲线超过允差带上限，说明保证效率不能实现，低于允差带下限，说明效率超过保证值。

还可以用流量与蜗壳压差平方根 $\sqrt{\Delta h}$ 的线性关系来判断试验成功与否。若 $Q\sim\sqrt{\Delta h}$ 曲线是通过坐标原点的直线，证明流量与压差的测量、计算是精确无误的。

也可以根据试验所得数据绘制水轮机出力与效率、出力与导叶开度、流量与导叶开度和流量与出力等关系曲线是否协调一致来判断试验是否成功。只有证明了试验是成功的，试验成果才是可信的。

和水轮机效率试验相似，在水泵效率试验中，也要测定水泵的轴功率。水泵轴功率是通过测定电动机的功率损失和电机输入功率来确定电机的输出功率。对直接传动的机组，电机输出功率即水泵的轴功率。

电动机输入功率常用双功率表法测定，电表精度不低于 0.5 级，功率测量精度为±1%左右。电动机的各种损耗由电动机实验确定。

对于小功率泵的转矩，通常采用马达——天平测量，其测量精度可达±0.5%。

第七章 起 重 设 备

第一节 概 述

水电站和水泵站的设备在安装和维护检修过程中，都要使用起重设备。水泵站所使用的起重设备就其性质和内容要求与水电站均无区别，因此，为方便起见，本章所研究的内容将只提及水电站，而不再重复提及水泵站。

一、水电站设备安装工作的特点

相对于其他热能动力设备，水电站的发电工质单位载能容量较小，因此，水力发电机组运行时必定要通过较大的流量，这就决定了水力发电机组的外形尺寸较大，为了保证机组部件有足够的强度和刚度，就将使水电站动力设备零、部件的重量是很大的。例如发电机转子、水轮机转轮连轴、水轮机金属蜗壳等，都有几吨、几十吨甚至数百吨重，即便是小型水电站，这些部件也有数吨、数十吨重。这么重的零、部件单靠人力安装，不但不能保证质量和安全，而且必定使安装工期大为拖长，有的是无法单靠人力来完成的。因此，水电站机电设备的安装和检修工作就必须要借助于起重设备才能完成。

水电站安装工作的特点除了零、部件笨重而必须借助于起重设备外，还有安装工期短，要求速度快，质量高，在安装期间起重设备的利用率高，而在正常运行期间其利用率又很低；起吊大部件时要求速度慢，持续时间相应地较长，起吊小部件时速度可以快等这些特点。

二、水电站设备检修工作的特点

水电站动力设备在运行中要进行经常性的维护保养，一旦零、部件出现故障时要及时地进行更换或修复。水电站动力设备检修范围及项目大致可分为：定期检修与临时性检修两大类。

（一）定期检修

定期检修是有计划地进行维护与检修，包括定期检查、小修、中修与大修等。

(1) 定期检查：对运行中或停机的设备零、部件进行检查和维护保养。

(2) 小修：预防由于个别零、部件的过度磨损或自动化元件的动作不正常而突然停机，对已磨损的零、部件及不能正常动作的自动化元件进行修理或改进。按检修规程规定，一般每年小修两次。

(3) 中修：包括小修的全部内容，对于已磨损的零、部件予以更换，使设备恢复正常的工作状态。每两年进行一次中修。

(4) 大修：除中修的全部内容之外，对机组及其附属设备在运行中磨损了的零、部件或技术落后的进行改善或修正。这时，必须把机组的转动部分全部吊出。对需要进行扩大性大修者，还必须全机解体。一般五年左右进行一次大修。

实际上，根据电站设备质量不同和运行管理水平的差异，其大、中修时间是不能划一的，必须依具体设备的实际情况确定修理期限。水电站的定期检修一般安排在枯水期发电任务较少的时候进行，而水泵站的检修一般安排在不抽水的季节内进行。

（二）临时性的检修

临时性检修的时间及范围往往是不可预计的，是在设备发生事故后，对被损坏的设备及时修复。

三、水电站常用的起重设备

在水电站设备的安装与检修工作中，常使用的起重设备有：

1. 千斤顶

千斤顶使用灵活、机动，在安装与检修设备时广为应用，它的起重速度小、工作平稳可靠，但起升高度较小。常用的有机械式千斤顶和液压千斤顶两大类。机械式千斤顶包括LQ型螺旋千斤顶和齿轮齿条千斤顶，这类千斤顶是依靠机械传动工作的，传动可靠，但是起重量较小，且效率低，自身重量较大，只用于起重量较小的场合，起重量不大于50t。

YQ型液压千斤顶是依靠液压传动工作的，如图7-1。其工作平稳，工作效率较高，体积小，可顶起较大的重量，最大的起重量达500t，目前已获得广泛应用。

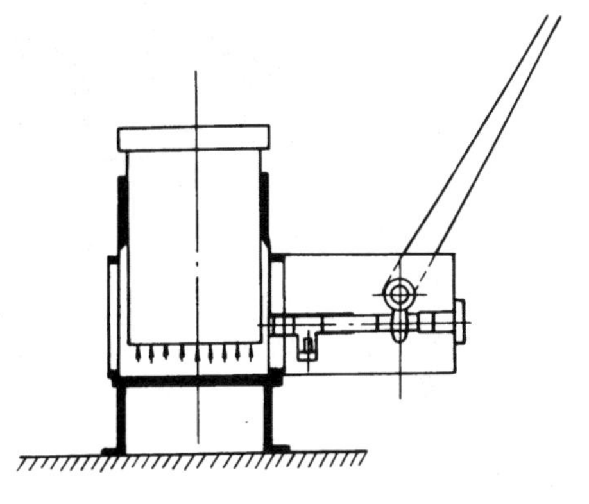

图7-1　液压千斤顶工作原理图

2. 起重葫芦

起重葫芦因其使用灵活、方便，在中、小型水电站中不论厂内、厂外均广为应用。常用的有手拉葫芦［如图7-2（*a*）所示］和电动葫芦［如图7-3所示］两种。

手拉葫芦的起升速度低，工作时必须悬挂在厂房天花板的吊环上或另设三脚支架的吊环上，也可悬挂在与之配套的手动单轨小车的吊环上，如图7-2（*b*）所示。手拉葫芦的最大起重量可达20t，尤其适用于没有电源的场所。

电动葫芦则悬挂在厂房内的工字钢轨上，常与电动单梁、电动悬挂、悬臂等起重机配套使用，起重量在10t以内。

3. 桥式类型起重机

桥式类型起重机的种类很多，可用作厂内、外的起吊设备，因为它是悬空架设的，不占厂房的使用面积，所以在水电站广泛应用。图7-4是几种桥式类型起重机的工作示意图，其中图（*a*）是安装于厂内的桥式起重机；图（*b*）是安装在厂外的桥式起重机；图（*c*）、（*d*）是门式和半门式起重机，用于露天作业，例如作为水电站进、出水闸门以及大型电气设备的起吊等，根据使用场合的不同，要求其起吊重量范围较大，可根据需要选择；图（*e*）是缆索起重机，因其跨度大，结构简单，尤其适用于水电站建设施工的起吊运输业务。

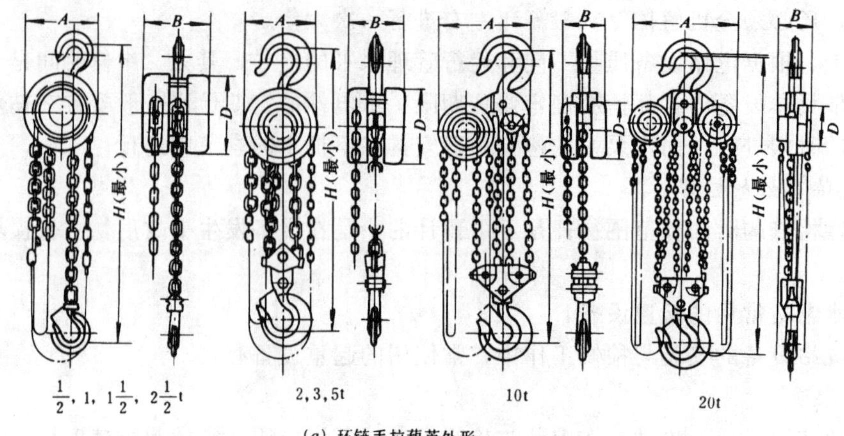

(*a*) 环链手拉葫芦外形

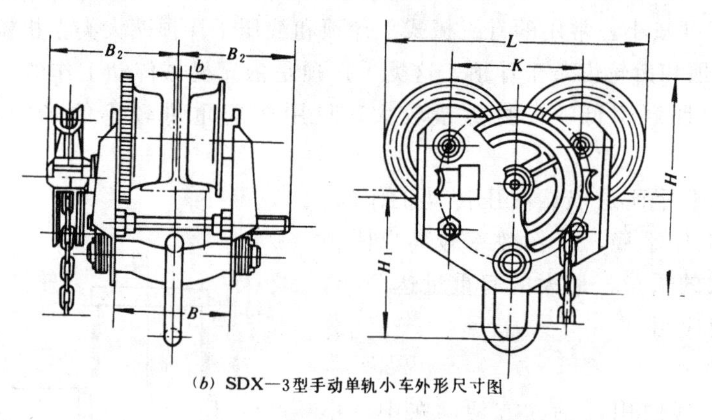

(*b*) SDX—3型手动单轨小车外形尺寸图

图 7-2　手拉葫芦及其单轨小车

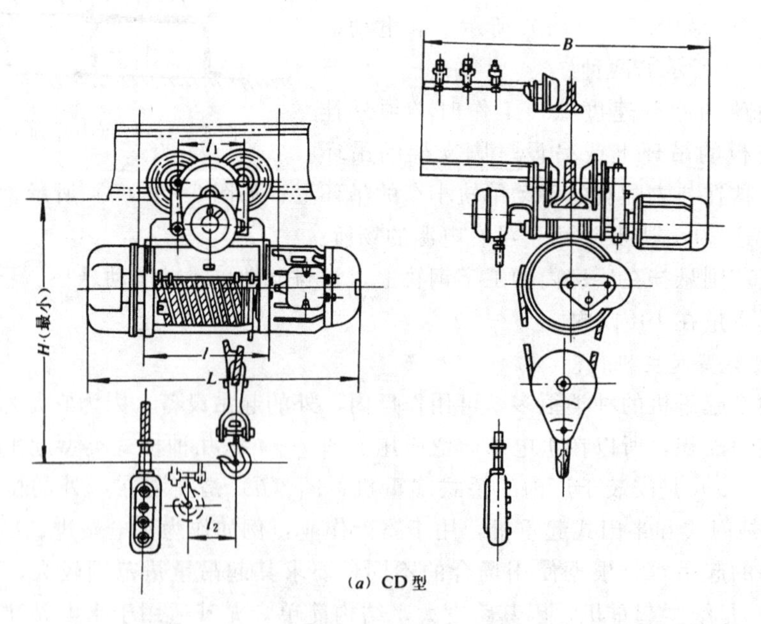

(*a*) CD型

图 7-3（一）　CD、MD 型电动葫芦外形图

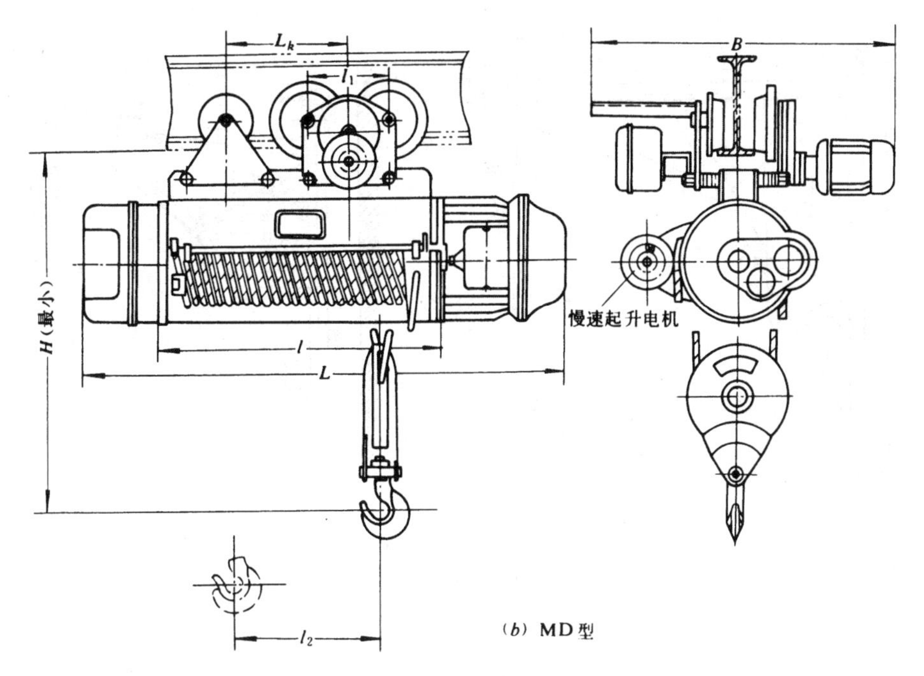

图 7-3（二） CD、MD型电动葫芦外形图

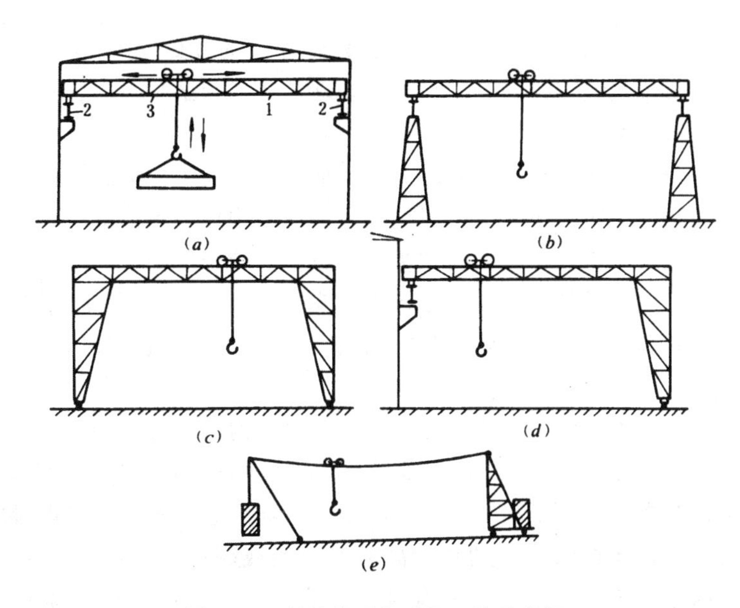

图 7-4 桥式类型起重机工作示意图

(a) 厂内桥式起重机；(b) 厂外桥式起重机；(c) 门式起重机；(d) 半门式起重机；(e) 缆索起重机

4. 悬臂式起重机

悬臂式起重机可以靠厂房内墙装设，能绕立柱旋转，使用方便，占地很少，主要用于有固定位置且设备重量较小的场合，例如水电站的辅助设备的吊装，起重量为 0.5～1t。图 7-5 所示为悬臂式起重机示意图。

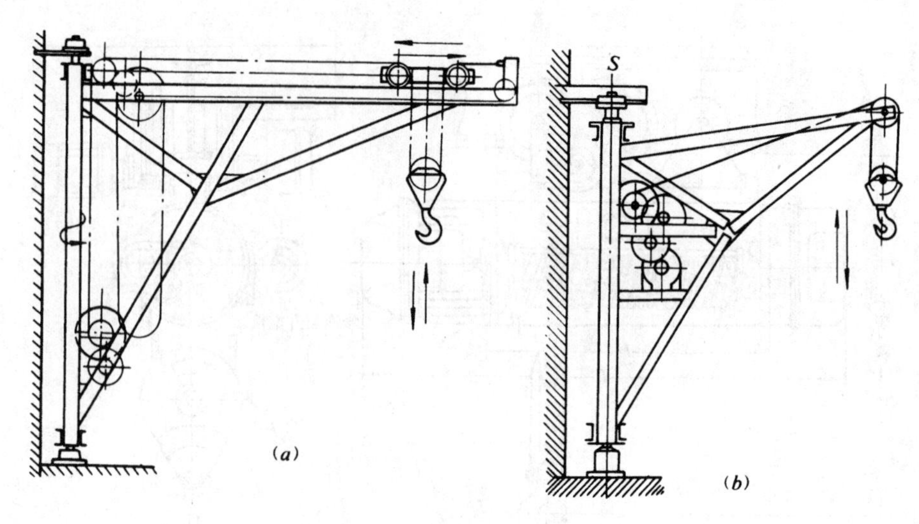

图 7-5　悬臂式起重机示意图
(a) 移动小车式；(b) 无小车式

第二节　桥 式 起 重 机

如前所述，水电站厂内的桥式起重机是水电站动力设备安装和检修的主要起重设备，所以，本节主要介绍桥式起重机的类型、工作原理、选择和试验等内容。

一、桥式起重机的类型

桥式起重机的种类很多，根据不同的结构特征，有不同的分类法，例如根据起重机驱动方式可分为手动和电动两大类；根据起重机桁架的结构可分为单梁式和双梁式；根据起升机构可分为单钩式及双钩式；根据起重机小车数量可分为单小车与双小车等。

手动桥式起重机的起重量较小，一般在1～20t之间，当起重量在5t以下时一般做成单钩单梁式结构，如图7-6（a）所示为SDQ型手动单钩单梁起重机，起重量大于5t一般做成双梁式。

电动桥式起重机起重量在10t以下的，一般采用单钩单梁式结构，如图7-6（b）所示，起重量在10t以上的采用双梁式，起重量在15t以上的采用双钩双梁式，如图7-7所示。双钩式起重机是在同一小车上装有两套起重量不同的起升机构，起重量较大的一个称为主起升机构或主钩，起重量较小的称为副起升机构或副钩，副钩的起重量约为主钩的1/5～1/3，副钩的起升速度较大，主副钩的起重量用一个分数表示，例如15/3，其中分母表示副钩起重量为3t，分子表示主钩起重量为15t。当有时需要吊装大部件，而大部分时间用于吊装小部件时，常采用双小车结构，其中单个主钩起重量在50t以上，平时吊一般部件时用一台小车，当吊装大部件时，双小车协同工作。

二、桥式起重机的工作原理

桥式起重机通常由桁架（主承重梁，亦称大车）、大车行走机构、小车及起升机构等组成，其中起升机构装设在小车上，依靠卷筒可使吊钩沿垂直方向上、下运动，小车可在

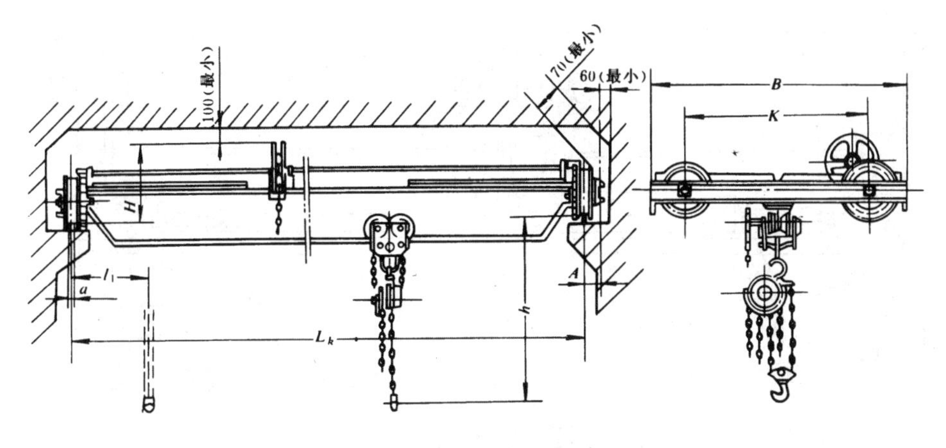

(a) SDQ 型手动单梁起重机外形图

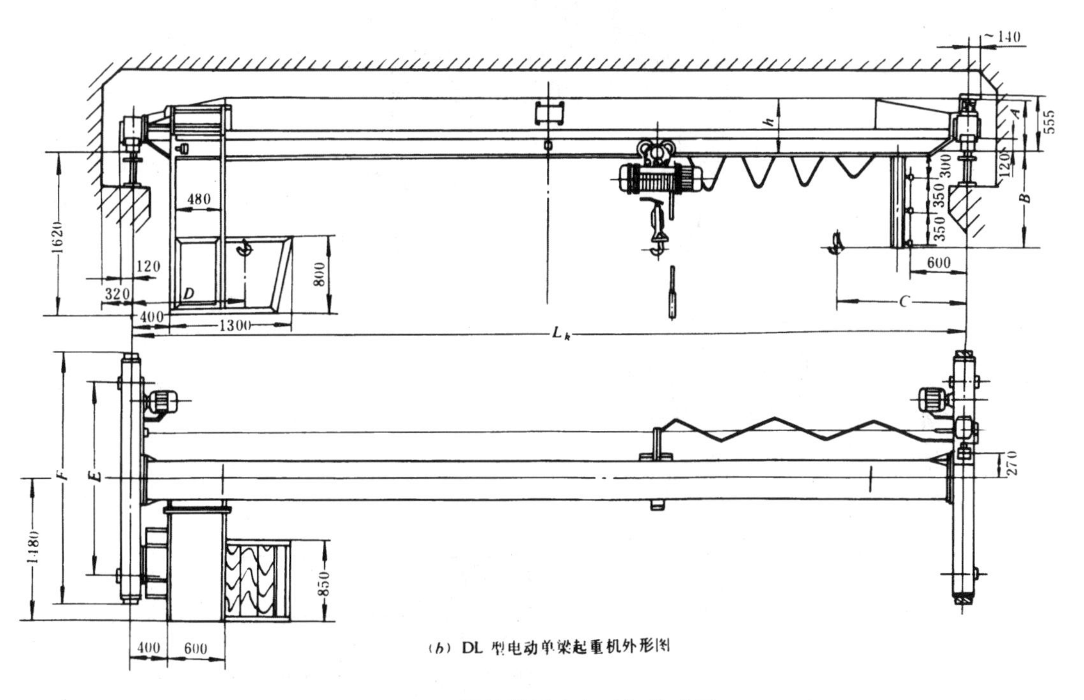

(b) DL 型电动单梁起重机外形图

图 7-6　单钩单梁式起重机外形图

主梁上沿厂房横向行走，大车可在厂房牛腿支架的钢轨上沿厂房纵向行走，如图 7-4 (a) 所示。这样就可吊装厂房空间内起重机运行所及的任一点的设备。

（一）起重机小车

起重机小车包括装设在车架上的电动机、制动器、减速器、卷筒、钢丝绳及吊钩等组成的起升机构，及小车的行走机构（包括电动机、制动器、传动装置及小车车轮和车架，其组合与大车行走机构相似）两部分。图 7-8 是起升机构工作示意图，工作时由电动机 1 经过制动轮 2、制动闸 3 和减速箱 4 带动卷筒 5 转动，卷筒上绕有钢丝绳，绳上悬挂着动滑轮及吊钩，当转动卷筒时，通过动滑轮使吊钩上下移动，完成吊物动作。一旦电动机

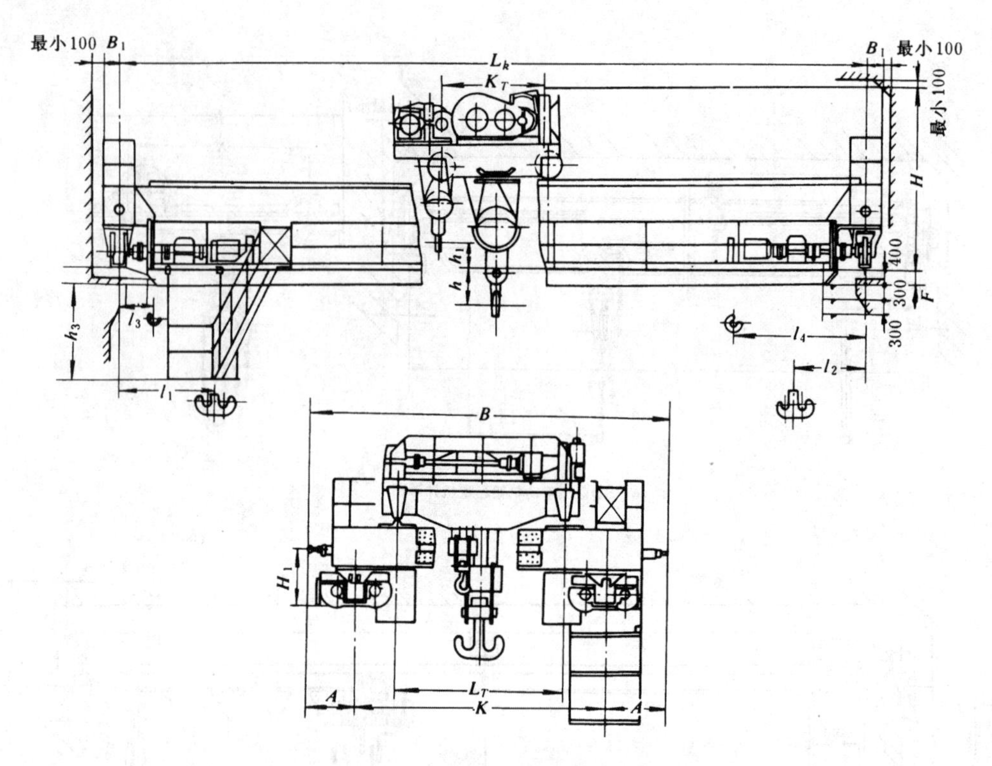

图 7-7 低速单（双）钩桥式起重机外形图

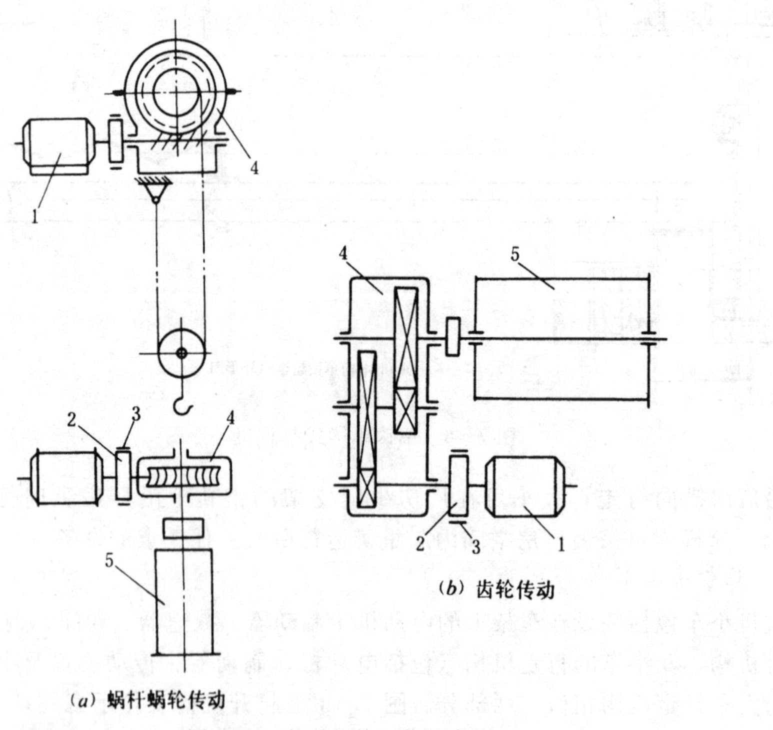

图 7-8 起升机构工作示意图

1—电动机；2—制动轮；3—制动闸；4—减速箱；5—卷筒

停止转动时，制动器即投入制动，使被吊物停留在空中原位，重物的升降均由电动机的正、反转运动来完成。

（二）行走机构

行走机构由电动机 3、制动器 4、减速器 5、车轮 6 及连接轴所组成。图 7-9 是行走机构的工作示意图。

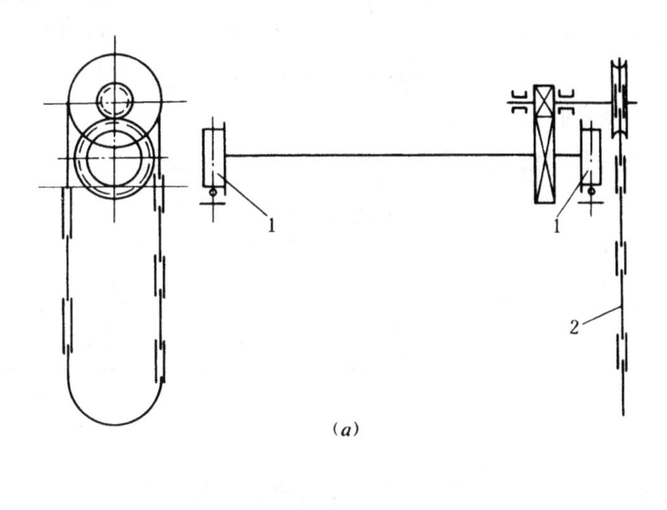

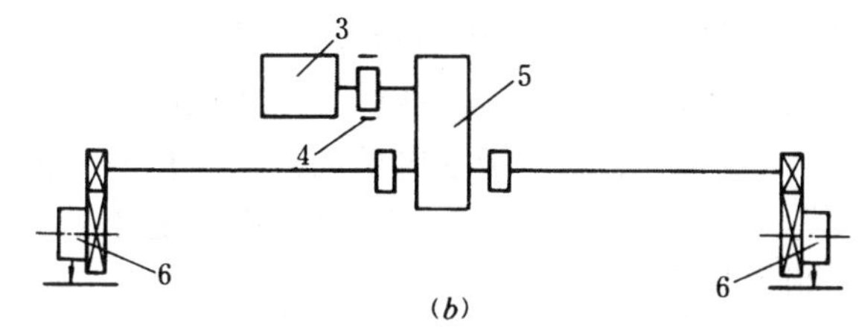

图 7-9　行走机构工作示意图

(a) 手动行走机构；(b) 电动行走机构

1、6—行走轮；2—驱动链；3—电动机；4—制动器；5—减速器

为了确保起重机工作的安全可靠，起重机各机构的制动器都是常闭式的，即当电动机停止运转时，制动器处于合闸制动状态；电动机转动时，制动器处于开闸状态，这就可以保证当运行中突然停电或电动机的故障不会酿成严重后果。

三、起重机的选择

水电站主厂房内的起重机的选择，需要确定的参数有：起重机的型式（名称）、台数、起重量、跨度、起升高度、起升速度、运行速度和工作制度（级别）等。根据已定的参数向制造厂订货，并填写订货附表。

（一）型式选择

水电站主厂房内通常选用桥式起重机。

（二）台数选择

中、小型水电站主厂房的起重机，因机组容量不大，一般只选用一台桥式起重机。对于多机组的大型泵站，则可选用两台起重机，以提高机动性，加快安装进度。

（三）起重机基本参数选择

1. 额定起重量 m_g

起重机允许起吊的最大部件的重量和取物装置（例如平衡梁、专用吊具等）的自重之和称为额定起重量。但吊钩及钢丝绳的重量相对地是很小，不计算在额定起重量之内。按国际惯例，将起重量定为吊重的质量，以 m_g 代表，单位为 kg 或 t。

水电站主厂房起重机的额定起重量，一般取决于发电机转子的重量，有些电站的主变压器装在主厂房内，还要考虑起吊主变压器的要求。对于主、副钩分开的起重机，应考虑最重翻身零、部件在翻身时副钩的载荷。

额定起重机起重量系列已列为国家标准，如表 7-1 所示。

表 7-1　　起重机起重量系列　　(t)

1	1.25		1.5		2		2.5		3		4		5	6	8
10	12.5		16		20		25		32		40		50	63	80
100	125	140	160	180	200	225	250	280	320	360	400	450	500		

注　摘自 GB 783—65。

2. 跨度 L_k

起重机运行轨道轴线间的垂直距离称为起重机的跨度，如图 7-7 所示。它是由厂房跨度决定的，厂房的跨度一般取决于水轮机蜗壳或发电机定子的尺寸和厂房布置。厂房的跨度应保证任何一台机组的最大起重件在检修时从机坑中吊出并送到安装间。起重机的跨度已列为国家标准，如表 7-2 所示。由于水电站的厂房宽度不一定符合标准，此时起重机跨度可按每隔 0.5m 为一档选定。对于 3～50t 起重机规定了两种跨度，较小跨度用于厂房吊车梁留有安全走道的情况。

表 7-2　　起重机跨度系列　　(m)

厂房跨度 L_c		9	12	15	18	21	24	27	30	33	36
起重机跨度 L_K	起重量 3～50t	7.5	10.5	13.5	16.5	19.5	22.5	25.5	28.5	31.5	
		7	10	13	16	19	22	25	28	31	
	起重量 80～250t				16	19	22	25	28	31	34

注　摘自 GB 790—65。

3. 起升高度 H

吊具上、下极限位置之间的距离称为起升高度。水电站中根据主钩吊运水轮机转轮带轴或发电机转子带轴所必须的高度来确定上极限位置，即主（副）钩能上升的高度极限。所以，当起重机大车轨顶高程已确定，则上极限位置即已定。主钩的下极限位置必须满足从机坑内（或水轮机进水阀吊孔中心）将发电机转子或水轮机转轮（或进水阀）分别吊运至安装间。若主钩只用于吊装发电机部分，则主钩的下限位置通常等于发电机层地板的高程。副钩下限位置应能保证水轮机转轮及埋设部件的安装和检修的需要，通常按吊运和安装座环的要求选定。有时还要满足吊尾水管里衬与吊运水泵及廊道内其他设备的要求。起升高度已列为国家标准，如表 7-3 所示。选择时只要满足吊装要求即可，不应随意增加起升高度的要求，以免增加起重机小车卷筒的长度。

表 7-3　　起升高度系列　　(m)

主钩起重量 (t)		3～50		80		100		125		160		200		250	
起升高度	主钩	12	16	20	30	20	30	20	30	24	30	19	30	16	30
	副钩	14	18	22	32	22	32	22	32	26	32	21	32	18	32

注　摘自 GB 7791—65。

4. 工作速度

(1) 起升速度：在起升机构电动机额定转速下，取物装置上升的速度称为起升速度。水电站主厂房起重机采用的起升速度为

主钩　0.5～1.5m/min

副钩　2～7.5m/min

起重量大者取小值，起重量小者取大值。

(2) 运行速度

在运行机构电动机额定转速下，起重机大车或小车行走的速度称为运行速度。水电站主厂房起重机采用的速度范围为

大车　20～35m/min

小车　10～20m/min

跨度小，小车行走速度取小值，反之取大值；厂房长度大者大车行走速度取大值，反之取小值。

5. 工作级别

起重机的工作级别（亦称工作类型）是表明起重机工作繁重程度的参数，它影响着起重机各机构的零部件、电动机和电气设备的强度、磨损与发热等。工作级别由机构载荷特性（载荷率）和工作忙闲程度（工作时间率）决定。起重机的工作级别也就是金属结构的工作级别，按主起升机构来确定。表 7-4 给出了起重机机构工作级别的分类。

表 7-4　　起重机机构工作级别分类

机构载荷率	工作忙闲程度		
	轻闲	中等	繁忙
	工作时间短、停歇时间长 $t_n<500$ (h/y)	不规则、间断工作 $t_n=500\sim2000$ (h/y)	接近连续、循环工作 $t_n>2000$ (h/y)
小	轻级	轻级	中级
中	轻级	中级	重级
大	中级	重级	特重级

注　t_n——机构一年工作总时数。

机构载荷特性（载荷率）按表 7-5 划分。

机构运转时间率 $JC\%$ 是起重机在一个工作循环中，机构运转时间所占的百分数，即

$$JC\%=\frac{t}{T}\times100\%$$

表 7-5　　机构载荷率的分类

机构载荷率	机构	
	起升机构	运行机构
小	经常吊相当于$\frac{1}{3}$的额定载荷，偶尔吊额定载荷	$\frac{t_q}{t_j}<0.15$
中	经常吊相当于$\frac{1}{3}\sim\frac{1}{2}$的额定载荷，但吊额定载荷机会较多	$\frac{t_q}{t_j}=0.15\sim0.25$
大	经常吊额定载荷	$t_q/t_j>0.25$

注　1. t_q——机构的平均起动时间 s；
　　2. t_j——机构开动一次的平均工作时间，$t_j=t_q+t_w+t_{zh}$；
式中　t_{zh}——机构平均制动时间 s；
　　t_w——机构的稳定运转时间 s。

式中　t——起重机一个工作循环中机构的运转时间；
　　T——起重机一个工作循环的总时间，包括工作时间和间歇时间。对于电动机 $T\leqslant10\text{min}$。

机构的 $JC\%$值不一定等于电动机接电持续率 $JC\%$值，对于那些在电动机断电后仍能依靠惯性运转的机构，机构的 $JC\%$值比电动机 $JC\%$值大。

一台起重机的各个组成机构，可以具有不同的工作级别。水电站主厂房的起重机属于轻级工作级别，电气设备按中级工作级别设计。

起重机的工作级别设计标准见表 7-6。

表 7-6　　起重机工作级别设计标准

工作级别	划分指标			
	工作繁忙程度		载荷变化程度	
	起重机年工作小时数 $t_{总}$ (h/y)	机构运转时间率 $JC\%$	$n_{循}$	$n_{机}$
轻级	1000	15	5	$\frac{30}{20}$
中级	2000	25	10	$\frac{60}{40}$
重级	4000	40	20	$\frac{120}{80}$

注　$n_{循}$——起重机一个工作小时内的工作循环数（取一年的平均数）；
　　$n_{机}$——机构每小时开动次数，分子数字适用于起升机构，分母数字适用于运行机构，$n_{机}=n_{循}\cdot n_{开}$；
　　$n_{开}$——起重机一个循环内机构的开动次数。起升机构 $n_{开}=6$，运行机构 $n_{开}=4$。

四、起重机的试验

主厂房内的桥式起重机是水电站的主要起重设备，因此，起重机在安装或检修之后，或是在吊装发电机转子之前，无论其容量大小，都应按试验规程要求进行负荷试验，以寻找制造上或安装检修后的缺陷，例如检查桥架的铆焊质量，主梁结构的强度刚度，电气控制质量，提升机构的可靠性，大、小车的行走情况以及制动器的工作情况等。曾发生过桥式起重机在安装之后没有按规定进行必要的试验，而出现大车出轨的事故。所以，试验的简繁可依容量大小而调整，但不能不进行试验。有关起重机试验中的观测项目、具体要求等参见《机械设备安装工程施工及验收规范》TJ 234（四）—78 及《通用桥式起重机技术条件》JB 1036—74 中的有关规定。下述的试验内容可供选择参考：

1. 试验准备

起重机在试验前，应进行如下项目的检查：

(1) 全面检查电气设备、表计、线路布置是否正确，绝缘电阻应符合要求，经模拟操作动作可靠。

(2) 轨道安装合格，起重机各转动部件灵活，制动器动作灵敏、可靠，各润滑部位已注好油。

(3) 对采用地锚——液压测力器负荷试验装置的，应检查油缸及管路系统的密封性，限位开关是否按工作行程动作。

(4) 清除试运行范围内的障碍物。

2. 空载试验

试验时，主、副吊钩分别升降三次；大、小车各沿轨道全长往返行走三次。在此过程中观测检查：

(1) 齿轮传动部分应无异常振动及冲击声，各轴的摆度及温度符合规定。

(2) 制动器、终端限位开关、缓冲器工作正常。

(3) 大、小车行走时无卡轨现象。

(4) 各极限位置符合设计要求。

(5) 电动机运行稳定，各电气元件工作正确、可靠，设备发热情况在限定范围内，滑线火花不严重。

(6) 润滑油管畅通，减速器运转灵活。

(7) 大、小车行走速度和吊钩起升速度符合要求。

3. 静负荷试验

在空载试验合格的基础上，进行静负荷试验。试验时可先以额定起重量的75%进行试验，合格后再以额定负荷的100%及125%逐级加载试验。

试验时，将起重机置于对应牛腿支撑的轨道位置上，在主梁跨度中部位置悬挂一根标准尺，用水准仪进行观测。标定零位后，将小车驶于主梁中部，用主钩将所试负荷提升100mm，停留10min，进行有关项目的观测：

(1) 测定起重机主梁下挠度$<L_K/700$。

(2) 测定桥梁永久变形<20%上拱值。

(3) 测定起重机轨道下沉值。

(4) 检查大车焊接质量。

4. 动负荷试验

静负荷试验合格后，才可以进行动负荷试验。试验时，吊起110%的额定负荷，分别开动提升机构和行走机构并反复进行，其运行累计时间应不少于10min。然后同时开动两机构，使其反复运转，按工作制累计时间也不少于10min。在试验大车行走机构时，应将小车置于主梁的一端，以便使这端的大车轮承受最大压力。

试验检查项目有：

(1) 制动器的急刹车、慢刹车工作情况。

(2) 限位开关和缓冲器的工作性能。

(3) 各轴承部位的温度。

(4) 齿轮的工作情况和噪声情况。

(5) 钢丝绳在绳槽中卧置是否正确。

(6) 各电气设备工作是否正常。

在上述各类试验中，通常设置由特别加重的混凝土制成的专用试块。但对于起重量大的起重机，不仅制造试块要耗费大量的钢筋混凝土，而且存放试块也会遇到困难。为此，有些电站利用地锚配以大容量的液压测力计对起重机进行试验，这种方法能够满足静负荷试验的全部要求，但由于设备长期搁置，会导致油缸和活塞锈蚀能影响测试精度，且地锚基础承受巨大的拉力，有时不易满足要求。

参 考 文 献

［1］ 范华秀. 水力机组辅助设备［M］. 北京：水利电力出版社，1987.

［2］ 水利水电建设总局. 水电站机电设计手册（水力机械）［M］. 北京：水利电力出版社，1983.

［3］ 湖北省水利勘测设计院. 小型水电站机电设计手册（水力机械）［M］. 北京：水利电力出版社，1985.

［4］ 哈尔滨大电机研究所. 水轮机设计手册［M］. 北京：机械工业出版社，1976.

［5］ 水电部部颁标准：水利水电工程制图标准 SDJ 209—82［S］. 北京：水利电力出版社，1983.

［6］ 电机工程手册编委会. 电机工程手册（第 8 卷）［M］. 北京：机械工业出版社，1982.

［7］ 机械工程手册编委会. 机械工程手册［M］. 北京：机械工业出版社，1982.

［8］ 湖北省水利勘测设计院. 大型电力排灌站［M］. 北京：水利电力出版社，1984.

［9］ 水电部西安热工研究所：电力系统油质试验方法［M］. 北京：水利电力出版社，1984.

［10］ 压缩空气站设计规程（TJ 29—78）［S］. 北京：中国建筑工业出版社，1978.

［11］ 给水排水设计手册［M］. 北京：中国建筑工业出版社，1986.

［12］ 武汉水利电力学院，华中工学院. 水力机组测试技术［M］. 北京：电力工业出版社，1982.

［13］ 李建威. 水力机械测试技术［M］. 北京：机械工业出版社，1981.

［14］ ［日］川田裕郎，等. 流量测量手册［M］. 北京：计量出版社，1982.

［15］ ［英］A. CAMERON. 润滑理论基础［M］. 北京：机械工业出版社，1980.

［16］ Jack J. Fritz Small and Mini Hydro - power Systems，1984.

参考文献

[illegible]